# 科技论文写作与发表

**Academic Writing and Publishing**

陶 明 著

科学出版社
北 京

## 内 容 简 介

本书立足于科技领域的中英文学术写作这一主线，针对科技论文写作原则和规范，将作者的科研写作经验贯穿全书，从论文的信息检索、组织与结构、常用句式与绘图习惯、投稿及发表等方面进行了全面而系统的介绍，收集并提供写作实例与分析，总结学术写作风格及品位，阐述了学术不端的界定与危害。

本书可用作高校和科研院所研究生开展科学研究的参考书，也可以供科研工作者阅读，旨在帮助读者掌握写作方法与技能，使写作成为各位读者在科研探索路上的得力工具。

---

**图书在版编目（CIP）数据**

科技论文写作与发表/陶明著. —北京：科学出版社，2024.1
ISBN 978-7-03-077734-8

Ⅰ.①科… Ⅱ.①陶… Ⅲ.①科学技术-论文-写作 Ⅳ.①G301

中国国家版本馆CIP数据核字(2023)第252502号

责任编辑：李 雪 李亚佩/责任校对：王萌萌
责任印制：师艳茹/封面设计：无极书装

科学出版社 出版
北京东黄城根北街16号
邮政编码：100717
http://www.sciencep.com

中煤（北京）印务有限公司印刷
科学出版社发行 各地新华书店经销

\*

2024年1月第 一 版　开本：720×1000 1/16
2025年1月第二次印刷　印张：20
字数：401 000
**定价：98.00元**
（如有印装质量问题，我社负责调换）

# 前　言

"没有写作，就没有发现。"科技论文是科学传承、国际合作交流的主要载体。不可否认，发表论文的数量和质量仍然是国际上衡量科研人员水平的主要标准。文无定式，但有章法。科技论文的写作需要遵从一定的原则与规则，具有规范性。另外，每个科研工作者对科学研究的感受是不一样的，通常会发展其独特的研究方法和写作风格。由于多年传承，在同一师门、同一团队甚至同一区域也会形成某种共同风格，使得科技论文具有独特性。优秀的科技论文总以规范性与独特性并存。

近年来，作者在中南大学主讲"论文写作与学术道德"一课，经多年探索，发现理工科学生渴望获取实用的写作技巧。基于讲义编写一部关于科技论文写作与发表教材的想法由此萌生，旨在更系统、准确地阐述作者在长期科研工作中学习并领悟的科技论文写作技巧和方法。在每年"论文写作与学术道德"的第一课，作者常以两句话作为开场白。第一句是："各位千万别以为上了我这门课就能写好科技论文了。"第二句是："如果我提及的内容与各位导师传授的知识有所冲突，大家不必纠结，那肯定是我错了，你们导师是正确的。"这两句话往往使同学们感到困惑，可能心想这位老师是在开玩笑吗？其实，这两句乃肺腑之言。科技论文的写作需要长期实践和训练，短短 32 课时的课程只能学习到科技论文写作最基本的规则与方法。课堂教学主要侧重于传授共性与规范性的知识，科研写作则各有各的独门绝技。初期研究者的写作风格和科研品位通常深受研究者所在科研团队的影响，其中尤以导师的影响最深。随着研究实践的深入，研究者才在长期的科研生活中找到独特的风格。纸上得来终觉浅，一堂课或一本书的作用仅为启蒙，科技论文之所成在于不断实践。我认为这两句话同样需要与各位读者朋友分享与说明。本书立足于阐述科技论文基本的写作方法和技巧，以期对论文发表经验尚浅的读者有所助益，驾轻就熟的读者可不劳翻阅。

科技论文的力量不仅在于文字本身，更在于它所传递的见解与思想。掌握写作方法和技巧能够帮助研究者更准确地传递自身的思想，希望本书能帮助读者掌握出色的科技论文写作技能，突破思维界限，使写作成为自身的得力工具与坚实支持。亟须对初涉科研领域的学子们强调的是，第一篇文章的写作往往非常重要，切记扎实。科技论文写作更是一个不断成长与改进的过程。祈愿本书的出版能使读者更好地利用写作这一工具，为科技领域的发展和进步做出自己的贡献。

本书的撰写得到了许多人士的支持，如湖南师范大学的蒋懿博士、迪肯大学（Deakin University）的公劲喆博士、帝国理工学院（Imperial College London）的曹文卓博士等。我的学生杨政、隋易坤、洪志先、向恭梁、赵瑞、赵华涛、路道明等也为本书的出版做出了贡献，在此一并表示感谢。同时，撰写本书参考了相关领域的著作以及期刊文献等，在此致以我诚挚的谢意。

由于作者水平有限，本书不可避免地存在一些局限性，请同行及读者批评指正。

陶 明

岳麓山下

2023.10.13

# 目 录

前言
第1章 论文信息检索与分析·················································································1
  1.1 引言······································································································1
  1.2 论文检索工具·························································································2
    1.2.1 Web of Science 平台········································································3
    1.2.2 ScienceDirect···············································································10
    1.2.3 SpringerLink················································································14
    1.2.4 Engineering Village········································································18
    1.2.5 中国知网·····················································································21
    1.2.6 万方数据·····················································································25
    1.2.7 维普数据库··················································································28
  1.3 论文数据管理·······················································································31
    1.3.1 EndNote······················································································31
    1.3.2 Mendeley····················································································34
    1.3.3 Zotero························································································36
    1.3.4 Citavi·························································································42
  1.4 论文数据分析·······················································································46
    1.4.1 CiteSpace····················································································46
    1.4.2 VOSviewer··················································································53
    1.4.3 HistCite······················································································60
  1.5 基于人工智能的文献检索工具··································································64
    1.5.1 ChatGPT·····················································································64
    1.5.2 Semantic Scholar···········································································66
    1.5.3 Elicit··························································································68
第2章 科技论文的分类与基本结构·········································································71
  2.1 科学研究与科技论文的概念及特点····························································71
    2.1.1 科学研究的概念············································································71
    2.1.2 科技论文的概念············································································72
    2.1.3 科技论文的特点············································································72
  2.2 科技论文的分类····················································································75
    2.2.1 根据科技论文的作用分类································································75

  2.2.2 根据科技论文的类型分类 ········· 76
  2.2.3 会议论文的分类 ················· 77
 2.3 常见的论文类型 ························ 78
  2.3.1 研究论文 ·························· 78
  2.3.2 综述论文 ·························· 80
  2.3.3 技术报告 ·························· 82
 2.4 科技论文的结构 ························ 83
  2.4.1 科技论文结构的概念 ············· 83
  2.4.2 科技论文结构的要求 ············· 84
  2.4.3 科技论文的结构及组成 ··········· 84

**第 3 章 科技论文的写作规范与常用句型** ··········· 88
 3.1 综合语体特征 ·························· 88
 3.2 科技英语的特点 ························ 93
  3.2.1 语法特点 ·························· 94
  3.2.2 词汇特点 ························· 109
 3.3 常用句型 ······························· 114
  3.3.1 常用正文内容的描述 ············ 114
  3.3.2 科技论文各部分内容常用句型 ··· 121
  3.3.3 常用描述性句型句式 ············ 124
  3.3.4 题目中常用的句式 ·············· 125
  3.3.5 其他常用句式 ···················· 126
 3.4 英汉文体对比 ·························· 127

**第 4 章 图表制作与描述** ························· 129
 4.1 插图 ···································· 129
  4.1.1 插图的特点与类型 ·············· 130
  4.1.2 插图的原则与要求 ·············· 142
  4.1.3 插图的规范与描述 ·············· 144
  4.1.4 插图的设计与制作 ·············· 148
 4.2 表格 ···································· 156
  4.2.1 表格的使用原则 ················· 157
  4.2.2 表格的基本结构 ················· 159
 4.3 图表设计制作中常见的错误 ·········· 159

**第 5 章 科技论文解析与撰写范例** ················ 161
 5.1 标题页 ································· 162
  5.1.1 内容规范表达 ···················· 164

- 5.1.2 语言规范表达 ································ 165
- 5.1.3 英文题名规范表达 ···························· 168
- 5.1.4 缩略语正确使用 ······························ 173
- 5.1.5 页眉 ········································ 173
- 5.1.6 系列题名 ···································· 174
- 5.1.7 中英文题名内容一致性 ························ 174

## 5.2 摘要 ············································ 175
- 5.2.1 摘要的特点 ·································· 175
- 5.2.2 摘要的作用 ·································· 175
- 5.2.3 摘要的基本结构及内容 ························ 176
- 5.2.4 摘要的基本类型 ······························ 177
- 5.2.5 摘要规范表达一般原则 ························ 181
- 5.2.6 英文摘要规范表达 ···························· 182
- 5.2.7 EI 对英文摘要规范写作的要求 ················· 187

## 5.3 关键词 ·········································· 188
- 5.3.1 关键词分类 ·································· 189
- 5.3.2 关键词标引 ·································· 189
- 5.3.3 关键词标引常见问题 ·························· 191

## 5.4 引言 ············································ 193
## 5.5 材料和方法 ······································ 201
## 5.6 结果 ············································ 203
## 5.7 讨论 ············································ 204
## 5.8 结论 ············································ 205
## 5.9 致谢 ············································ 206
## 5.10 参考文献 ······································· 207
## 5.11 撰写范例 ······································· 208
- 5.11.1 研究论文的范例 ····························· 208
- 5.11.2 综述论文的范例 ····························· 209
- 5.11.3 技术报告的范例 ····························· 212

# 第 6 章 论文投稿与同行评议回复 ······················ 215
## 6.1 期刊选择 ········································ 215
- 6.1.1 期刊选择考虑因素 ···························· 215
- 6.1.2 期刊选择方式 ································ 218

## 6.2 投稿 ············································ 220
- 6.2.1 投稿前准备 ·································· 220

6.2.2 稿件处理流程 ································································· 227
6.3 稿件评审过程 ········································································· 229
　　6.3.1 编辑和审稿人的职责 ························································· 229
　　6.3.2 审稿意见回复 ································································· 231

# 第7章 科技论文发表与版权许可 ··················································· 239
7.1 科技论文校对工作 ··································································· 239
　　7.1.1 校对工作的重要性及其任务 ················································ 239
　　7.1.2 校对程序和方法 ······························································ 240
　　7.1.3 校对工作的内容 ······························································ 242
　　7.1.4 校对符号及其用法 ··························································· 243
　　7.1.5 校对工作的要领 ······························································ 243
　　7.1.6 对校对人员的基本要求 ······················································ 246
　　7.1.7 作者做校对工作的注意事项 ················································ 248
　　7.1.8 校对实例 ······································································ 248
7.2 科技论文的版权与出版 ····························································· 251
　　7.2.1 科技论文的版权与许可 ······················································ 251
　　7.2.2 科技论文的出版信息 ························································· 254

# 第8章 其他科技写作 ··································································· 260
8.1 学术会议 ·············································································· 260
　　8.1.1 会议流程 ······································································ 260
　　8.1.2 开幕词撰写 ··································································· 261
　　8.1.3 闭幕词撰写 ··································································· 262
　　8.1.4 主持词撰写 ··································································· 264
8.2 简历与履历 ··········································································· 264
　　8.2.1 简历包括的内容 ······························································ 265
　　8.2.2 简历撰写 ······································································ 266
　　8.2.3 履历包括的内容 ······························································ 266
　　8.2.4 履历撰写 ······································································ 267
8.3 求职信 ················································································· 268
　　8.3.1 求职信撰写注意要点 ························································· 268
　　8.3.2 求职信撰写 ··································································· 269
8.4 推荐信 ················································································· 270
　　8.4.1 决定是否写推荐信 ··························································· 270
　　8.4.2 收集信息 ······································································ 271
　　8.4.3 推荐信撰写 ··································································· 271
　　8.4.4 请人写推荐信 ································································· 272

## 8.5 学术短评 273
### 8.5.1 学术短评的要求 273
### 8.5.2 学术短评撰写 274
## 8.6 个人陈述 275
### 8.6.1 什么是个人陈述 275
### 8.6.2 个人陈述包含的内容 275
### 8.6.3 个人陈述撰写 275
## 8.7 书评 278
### 8.7.1 书评的要求 278
### 8.7.2 书评撰写 279

# 第9章 学术风格与品位 281
## 9.1 学术写作风格 281
## 9.2 学术论文品位 285
### 9.2.1 学术品位的表现 285
### 9.2.2 论文写作与品位考量 287
### 9.2.3 学术品位的意义 288

# 第10章 学术道德与学术规范 289
## 10.1 学术道德与伦理概述 289
### 10.1.1 学术道德概述 289
### 10.1.2 学术伦理概述 293
## 10.2 学术不端的界定及危害 294
### 10.2.1 国内关于学术不端的定义 294
### 10.2.2 国外对学术不端的认定：以美国为例 298
### 10.2.3 学术不端行为的危害 299
## 10.3 科研人员如何遵循学术规范 301
### 10.3.1 学术规范概述 302
### 10.3.2 文献合理使用 303
### 10.3.3 规范进行各项科研工作 305

# 参考文献 307

# 第1章　论文信息检索与分析

*"The information is there. You have to go find it."*
　　　　　　　　　　　　　　　　　　　　　　　***Thomas Friedman***

## 1.1　引　　言

在当今信息时代，学术界和科技领域的知识呈现爆炸性增长，带来了前所未有的挑战，将大量学术文献纳入研究范围成为迫切需求。在科技领域的论文创作和研究中，论文信息检索与分析的关键性不可忽视。科技论文检索是一个关键步骤，需要精准查找适用的文献资源和信息，而科技论文分析则是从众多文献中抽取、归纳和解读知识的核心过程。高效地进行信息检索与分析不仅有助于探索学术前沿和研究进展，还有助于读者确定研究方向、优化论文结构，提高学术质量。

本章的主要目标在于介绍科技论文检索、管理和分析的关键方法和技巧，以帮助读者克服信息过载的问题，高效地利用学术资源，深入探索学术领域的未知领域，为撰写卓越的论文提供有力支持。通过有效的论文信息检索与分析，我们将为科技领域的学术研究和创新发展贡献自己的一份力量。

狭义的检索是指根据特定需求，按照一定方法，从已经搜集和组织好的大量文献信息的集合中查找并获取特定相关文献的过程。广义的检索包括信息的存储和检索两个过程。信息存储涉及将大量无序信息整合，经过筛选、加工和整理等处理，使其有序化、系统化，形成具有检索功能的数据库（检索系统），供人们检索和利用。

社会信息数量急剧增加，流速不断加快，分散且多样，其中优势和劣势并存，将我们置于"信息超载"的时代，与此同时，我们也处于"知识贫乏"的境地。人们逐渐认识到，大量无序信息并非财富，而可能成为一种灾难。文献检索是解决文献生产、分发和利用的无序性与人们对文献的有序性和特定性需求之间矛盾的有效方法。文献检索的对象可以概括为各种载体形式、各种出版类型以及各种文献处理层次的文献集合。这些文献集合通常是对文献进行有序化处理的产物。

序列是事物的一种结构形式，涉及事物或系统组成要素之间的相互联系，以及这些联系在时间和空间结构中的具体表现。当事物组成要素之间存在某种约束性，呈现出时间和空间结构上的规律时，我们可将这一事物视为有序的。有序化即指按一定标准，通过特定方法和手段对杂乱无序的事物进行整理，形成易于理解的序列的过程。

## 1.2 论文检索工具

Science Citation Index（SCI）、Engineering Village（EI）和 Chinese Science Citation Database（CSCD）等论文检索工具在科技领域的学术研究中扮演着重要角色。然而，随着学术文献数量的快速增长，读者正面临着巨大的信息检索挑战。为了帮助读者高效地获取和利用学术资源，论文检索工具成为不可或缺的助手。本章旨在向读者介绍多种卓越的论文检索工具，涵盖了 Web of Science、ScienceDirect、SpringerLink 等国际知名工具，以及适用于中文文献的中国知网、万方数据、维普数据库，甚至一些基于人工智能的智能文献检索工具。这些工具在检索范围、特点和功能方面各具特色，为读者提供了多样化的学术探索途径。我们将简要介绍每个论文检索工具的特点和适用领域，并分享实用的技巧和方法，以帮助读者在庞大的学术信息海洋中找到所需的卓越论文。

进行文献信息检索时，应遵循一定的检索方法，采取一种快速、准确、有效、省时间的检索方式去检索所需要的信息。常用的检索方法有以下几种。

1. 直接法

直接法是以主题、分类、著者等为检索点，通过检索工具获得文献信息的一种方法。这是一种常规的科学检索方式，使用这种方法首先要明确检索目的和检索范围，熟悉检索工具的编排体例和作用，根据不同的检索要求进行检索。直接法又分为三种，即顺查法、逆查法、抽查法。

(1) 顺查法是指按照时间的顺序，利用检索工具由远及近地进行文献信息检索的方法。这种方法能收集到某一课题的系统文献，它适用于较大课题的文献检索。例如，现在已知某课题的起始年代，如果需要了解其发展的全过程，就可以用顺查法从最初的年代开始，逐渐向近期查找。

(2) 逆查法又称倒查法，是指由近及远，从新到旧，逆着时间的顺序利用检索工具进行文献检索的方法。此方法的重点在近期文献上，使用这种方法可以最快地获得最新资料。

(3) 抽查法是指针对项目的特点，选择有关该项目最可能出现或最多出现的文献信息的时间段，利用检索工具进行重点检索的方法。

2. 追溯法

追溯法是指利用已知文献的引用文献或参考文献查找相关文献的方法，又称追踪法、引追溯法。它包括两种情况：一种是利用原始文献所附的参考文献进行追溯；另一种是利用各种引文索引进行追溯。前者一般利用与研究相关的综述和专著进行追溯，因为其后所附的参考文献实际上相当于专题索引，所以以此为起点进行追溯，可以得到很多针对性较强的文献；后者则是利用引文索引进行追溯，先查到一位有关文献的作者姓名，然后利用引文索引查到引用者的姓名和引用文献来源，以此为起点进行循环追溯，进而可以查到许多相互引用的作者姓名和文献来源。此方法的优点是在没有检索工具，或检索工具不全的情况下，借助参考文献也能追查到一些相关文献，但查全率往往不是很高。

3. 循环法

循环法又称分段法、交替法。它是通过追溯法和工具法交替使用来进行检索的检索方法，即先利用检索工具从分类、主题、著者、题名等入手，检索到一批文献资料，再利用这些文献所附的参考文献追溯查找，这样分期、分段地交替进行，循环查找，直到找到满足检索要求的课题信息为止。这种方法兼有工具法和追溯法的优点，是一种多向、立方体的查找方法，具有很大的灵活性，即获取文献信息量较大、检索效率较高，尤其适用于检索历史悠久、文献信息量较大的检索课题。

这些方法可根据具体的检索需求和资源情况进行选择，以确保高效的文献信息检索。

## 1.2.1 Web of Science 平台

1. 数据库简介

Web of Science（以下简称 WoS）是 Clarivate Analytics 公司开发的信息服务平台，是全球获取学术信息的重要数据库，通过这个平台用户可以检索到关于自然科学、社会科学、艺术与人文学科方向的几乎所有文献信息，包括国际期刊、免费开放资源、图书、专利、会议录、网络资源等。

WoS 平台默认检索方式为多数据库跨库检索，同时支持选择单个数据库进行单库检索。平台开发的文献管理与论文写作工具 Endnote 网页版支持用户根据自己的专业方向建立个人文献数据库。另外，WoS 中的 Incites Benchmarking & Analytics 产品支持用户对检索结果进行统计分析，利用引文报告功能可以查看每年该领域发文数目等信息，判断领域的发展趋势，同时也可以很方便地知道该领域最具影响力的论文(包括领域中的高被引论文以及热点论文等)、主要研究机构、领域内的知名研究人员等。

WoS 平台（© 2022 版本）共包含 5 个文献数据库，而每个数据库都有自己独特的内容和索引。

1) Web of Science Core Collection（WoS 核心合集数据库）
   - Science Citation Index Expanded（SCIE）(1999 年至今)
   - Social Sciences Citation Index（SSCI）(1999 年至今)
   - Arts & Humanities Citation Index（AHCI）(1999 年至今)
   - Emerging Sources Citation Index（ESCI）(2015 年至今)
   - Conference Proceedings Citation Index（CPCI）(2002 年至今)
   - Book Citation Index（BKCI）

2) Beyond Published Literature
   - Derwent Innovations Index
   - Data Citation Index
   - Preprint Citation Index
   - ProQuest Dissertations & Theses Citation Index

3) Specialty Collections
   - Current Contents Connect
   - Zoological Record
   - BIOSIS
     - ❖ BIOSIS Citation Index
     - ❖ BIOSIS Previews
     - ❖ Biological Abstracts

4) Specialty Hosted Collections
   - MEDLINE
   - Food Science & Technology Abstracts（FSTA）
   - CABI: CAB Abstracts & Global Health
   - Inspec

5) Regional Collections
   - Chinese Science Citation Database
   - KCI Korean Journal Database
   - SciELO Citation Index
   - Arabic Citation Index

WoS 强大的分析功能，能够在快速锁定高影响力论文、发现国内外同行权威所关注的研究方向、揭示课题的发展趋势、选择合适的期刊进行投稿等方面帮助用户更好地把握相关课题，寻求研究的突破点与创新点，为用户建立了"检索—分析—管理—写作"的创新型研究平台。

2. 论文检索

1) 检索规则

WoS 平台中参与文献检索的布尔运算符号（检索符）有 3 个，分别为 AND（与）、OR（或）和 NOT（不）。字段标识共有 17 个，分别为 TS=主题、TI=标题、AU=作者、AI=作者标识符、GP=团体作者、ED=编者、AB=摘要、AK=作者关键词、KP=Keyword Plus®、SO=出版物/来源出版物名称、DO=DOI、DOP=出版日期、PY=出版年、AD=地址、SU=研究方向、IS=ISSN/ISBN 和 PMID= PubMed ID。

该平台检索组配符中还有两个位置限定运算符——NEAR/x 和 SAME。使用 NEAR/x 可查找由该运算符连接的检索词之间相隔指定数量的单词的记录。用数字取代 x 可指定将检索词分开的最大单词数。在"地址"检索中，使用 SAME 将检索限制为出现在"全记录"同一地址中的检索词。您需要使用括号来分组地址检索词。如果在检索式中使用不同的运算符，则会根据 NEAR/x、SAME、NOT、AND、OR 的优先顺序处理检索式。WoS 的截词检索允许右截断和中间截断，"*"为无限截断符，表示零至任意数的字符截断，如 P*T*，可表示 patrol, petrol, patron, patriot, patient；"?"为有限截断符，一个"?"表示一个字符截断，两个"?"则表示两个字符截断。可用双引号对一个特定的短语进行检索，如"Rock Blasting"，这样可以精减检索结果；如果不使用引号，系统会按照 Rock AND Blasting 的方式进行检索。WoS 系统检索不区分大小写，当两个检索词之间无运算符连接时，系统默认为逻辑与检索。

2) 快速检索

快速检索的技巧包括：①如果要更改检索设置，请转至检索页面的时间跨度和更多设置部分。②可在一个或多个检索字段中输入检索词；如果要精确地检索某个短语，应将其放置在双引号内（如"Rock Fragmentation"，否则相当于同时检索两个关键词 Rock 和 Fragmentation）。③在执行检索时也可以使用一些选项，例如，添加另一字段链接用于向"基本检索"页面添加更多的检索字段；重置表单链接用于清除已输入的任何检索式；从索引选择链接用于在执行"出版物名称"或"作者检索"时选择一个项目。④单击"检索"转至"检索结果"页面。WoS 基本检索界面如图 1-1 所示。

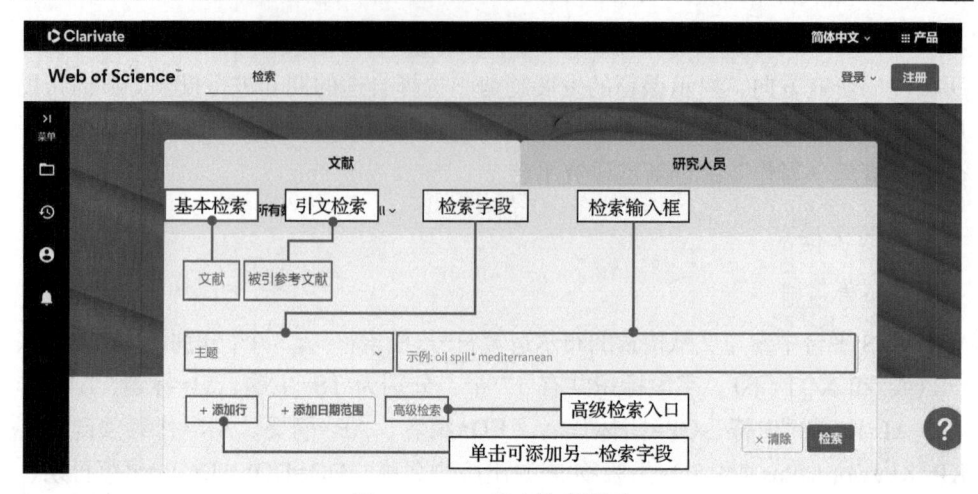

图 1-1　WoS 基本检索界面

3) 引文检索

被引参考文献检索是检索论文被引用的情况（如一篇文献被多少人引用），查看被引次数等相关记录。可从开始页面上单击"被引参考文献检索"按钮，进入被引参考文献检索界面，如图 1-2 所示。输入检索词时请注意缩写情况，WoS 规定被引作者的姓是全拼而名是首写字母，如检索中南大学陶明的论文时在被引作者框中应输入"Tao M"。

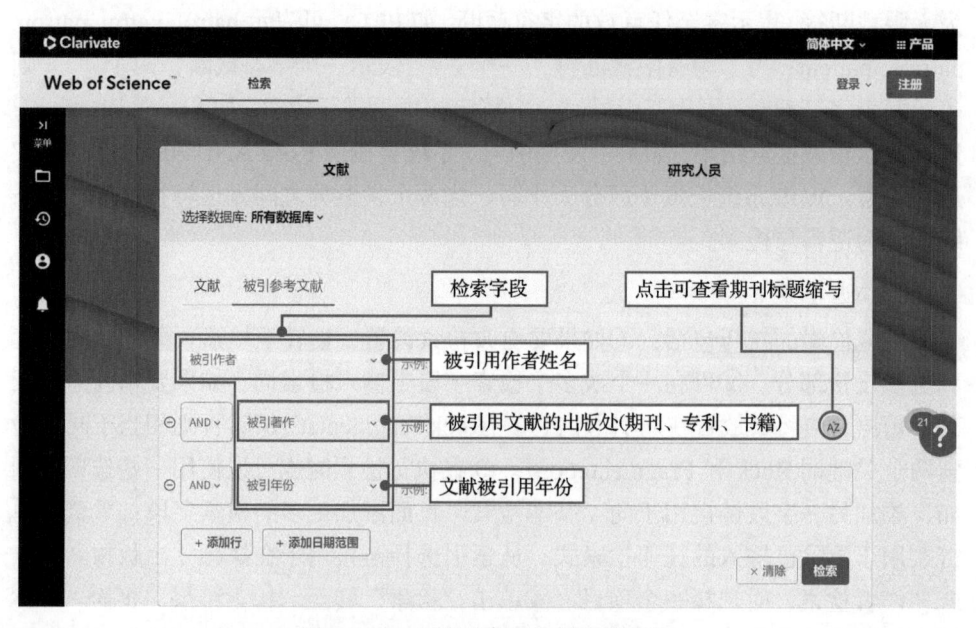

图 1-2　WoS 被引参考文献检索界面

4) 高级检索

高级检索中输入检索字段的方式有两种：其一是在检索输入框中输入检索字段逐个添加到检索预览框中，其二是通过字段标识符和布尔运算符的变换组合将多个检索字段直接输入到检索预览框中。第一种方法对于初次使用 WoS 平台的用户而言上手容易，而第二种方法具有更高的检索效率，但这两种方法对于文献检索结果没有影响。在 WoS 平台首页单击"高级检索"按钮，即可进入如图 1-3 所示的高级检索界面。例如：检索收录在 *International Journal of Rock Mechanics and Mining Sciences* 和 *International Journal of Mining Science and Technology* 期刊上有关动态应力破坏的论文，可创建检索式：((TS=(Dynamic stress )) AND TS=(failure) AND SO=(INTERNATIONAL JOURNAL OF ROCK MECHANICS "AND" MINING SCIENCES)) OR SO=(INTERNATIONAL JOURNAL OF MINING SCIENCES "AND" TECHNOLOGY)。

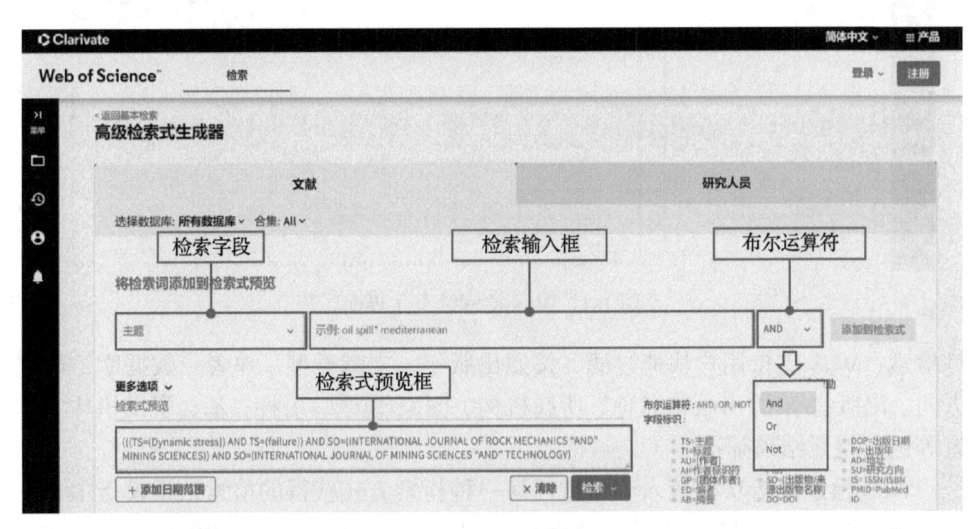

图 1-3　WoS 高级检索界面

5) 检索结果

通过快速检索、引文检索和高级检索获得的检索结果概要页面完全一致，因此以基本检索方式为例，输入"Dynamic stress"和"failure"字段并使用"AND"运算符进行检索，结果如图 1-4 所示。页面左侧栏中显示检索出这些结果的检索式，同时还会显示检索出的结果数量。检索结果概要页面上的所有题录记录都是来源文献记录。这些来源文献记录来自收录在产品索引中的项目(如期刊、书籍、会议和专利)。每篇来源文献记录都有用户可以访问的"全记录"。此外，用户还可以将来源文献记录添加到自己的标记结果列表中。

此外，在检索结果概要页面的左侧栏用户可根据多种方式对检索结果进行精

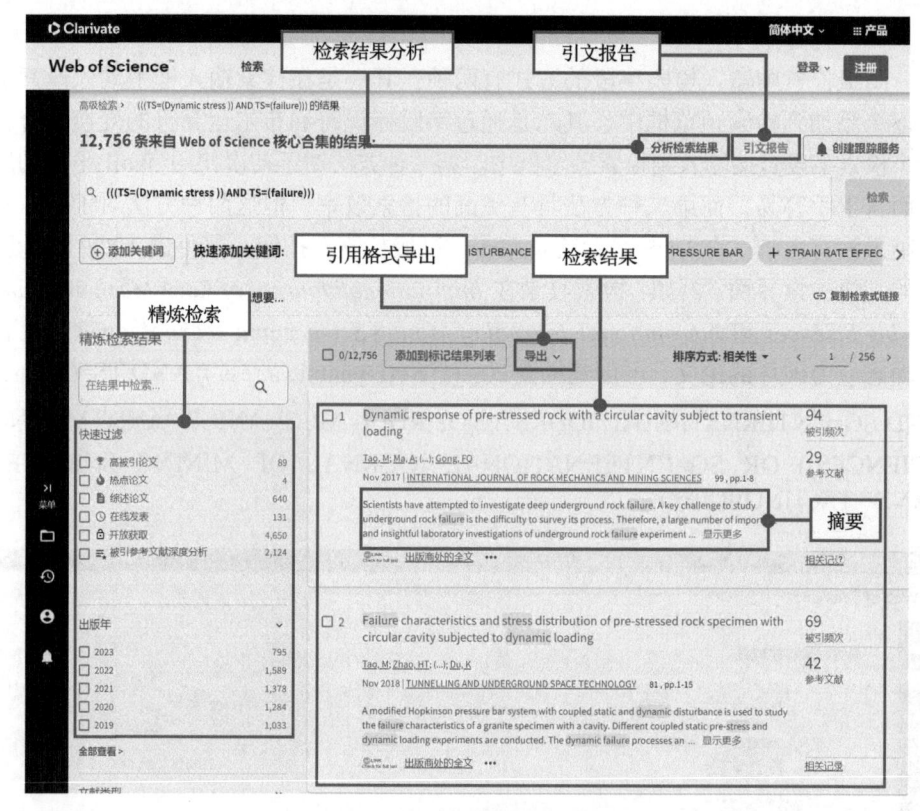

图 1-4  WoS 检索结果主界面

炼检索，WoS 支持用户快速过滤，按照出版年、文献类型、作者、数据库、研究方向、出版物/来源出版物名称、所属机构、国家/地区、语种、基金资助机构、编者等进行检索结果筛选。

WoS 检索分析功能植入于通过任何一种检索方式获得的检索结果模板中，不仅能够分析检索结果，还可以分析相关记录(related records)和施引文献(citing articles)。检索结果分析界面如图 1-5 所示。可按照多种途径对多达 10 万条记录进行分析，包括作者、刊名、国家/地区、文献类型、出版年、语种、基金、团体作者、机构、来源出版物名称等。还可以先对检索结果按照被引用次数排序，再进行分析而得到更有意义的结果。分析结果能够以 Tab-Delimited 格式保存下来，用于其他软件包(如 Excel)。另外，WoS 还可以导出引文报告，如图 1-6 所示。

WoS 的检索结果页面包含文献的多种信息，如图 1-7 所示。

(1) corresponding author(通信作者)视同责任作者；reprint author(转载作者)可帮助读者获取该文献，通常原文中的通信作者作为转载作者。

(2) DOI 是 digital object identifier 的简写，是一篇文章的唯一永久性的标识号，由国际 DOI 基金会(International DOI Foundation)管理，与 WoS 无关。关于

WoS 核心合集更多的检索指南信息，可单击其主页面的"帮助"按钮。

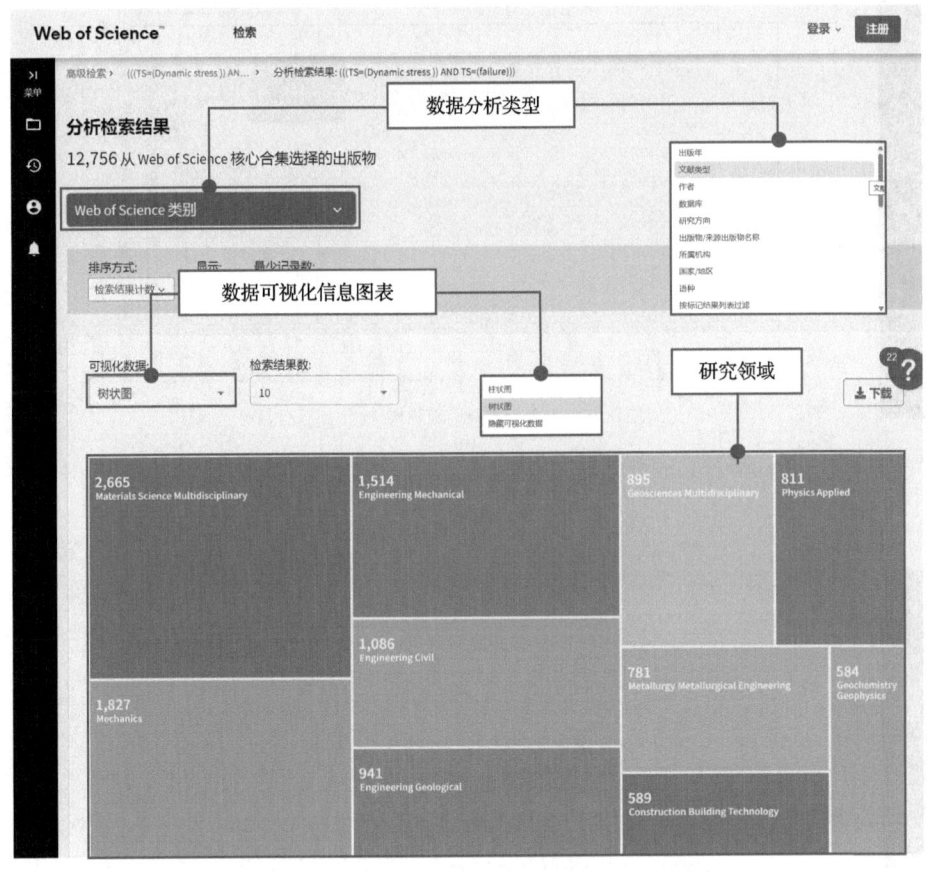

图 1-5　WoS 检索结果分析（按研究方向）界面

(a)

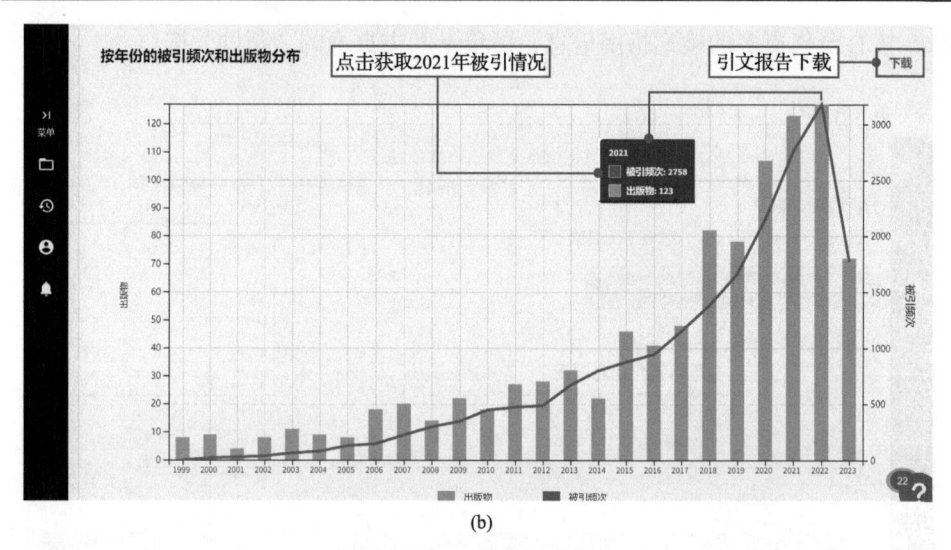

图 1-6  WoS 检索引文报告

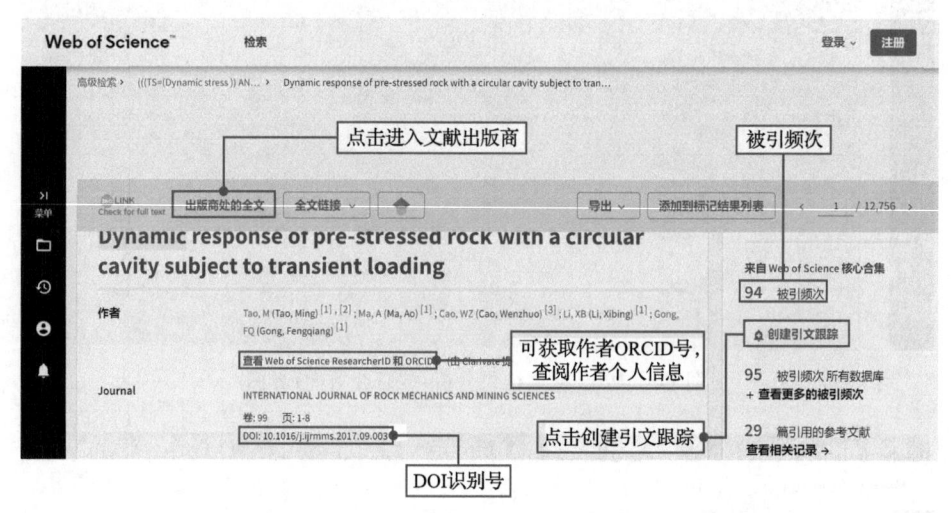

图 1-7  WoS 检索结果全记录页面

### 1.2.2  ScienceDirect

1. 数据库简介

ScienceDirect 是爱思唯尔（Elsevier）公司旗下的同行评议全文数据库，是全球最大的科学、技术和医学领域的学术文献在线平台之一。它涵盖了 3500 多种同行评议期刊和 38000 多种系列丛书、手册及参考书等，数据库收录全文文章总数已超过 1500 多万篇。ScienceDirect 将专业权威的内容与智能直观的功能结合，为用户提供文字、视频、数据等多种类型的内容。学科范围涉及数学、物理、化学、天文学、医学、生命科学、商业及经济管理、计算机科学、工程技术、能源科学、环境科学、材料科学等。

2. 论文检索

1) 检索规则

（1）ScienceDirect 检索工具支持的布尔运算符包括 AND、OR、NOT 和连字符（或减号）。布尔运算符必须以大写字母输入。连字符（或减号）被解释为 NOT 运算符。例如：输入 muck–pile 将返回包含"muck"的结果，但不包括"pile"与之同时出现的任何情况。

（2）布尔优先级如下：NOT＞AND＞OR。嵌套子句时可以使用括号，以便分组清晰明确。例如：要检索 a OR b AND c OR d，可以使用（a OR b）AND（c OR d）。

（3）引号可用于指定必须相邻出现的术语。例如：（"excavation damaged zone" OR "overbreak"）AND rock fracture NOT porosity。上述示例可以更简洁地表述为（"excavation damaged zone " OR " overbreak"）rock fracture–porosity。

（4）在短语检索中忽略标点符号，例如检索"muck–pile"和"muck pile"将获得相同的检索结果。

（5）检索关键词包括复数和拼写变体："EDZs"包括"EDZ"，"Deep tunnel"包括"Deep tunnels"。

2) 快速检索

如图 1-8 所示，在 ScienceDirect 首页上方，可以通过关键词、作者、期刊名/书名、卷、期、页码等信息直接检索。

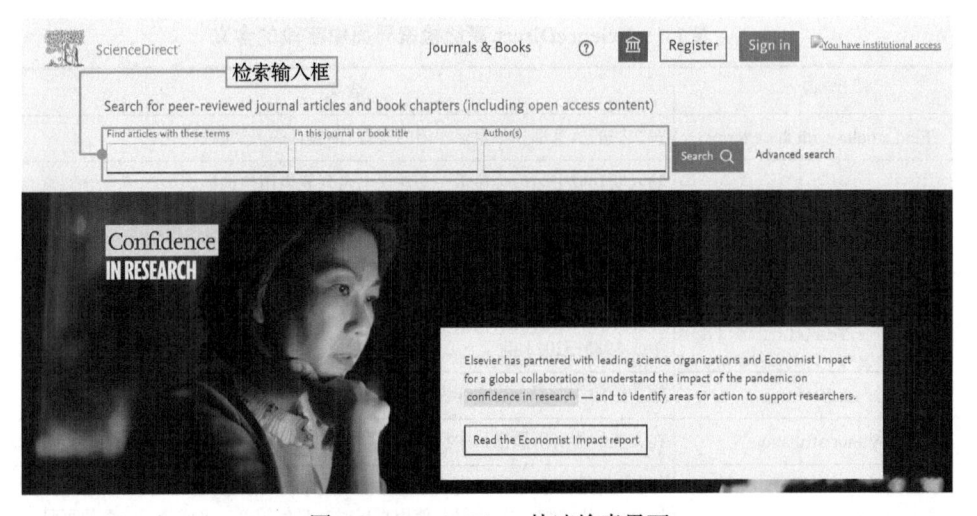

图 1-8　ScienceDirect 快速检索界面

3) 高级检索

在 ScienceDirect 首页单击 Advanced Search 可以进入高级检索(图 1-9)，在高级检索中，可以通过一个或多个字段来检索相关的文章，检索字段可扩展至文献发表年份、作者单位、文章类型，并可以通过逻辑运算连接多个检索词，编辑复杂检索式实现精准检索。

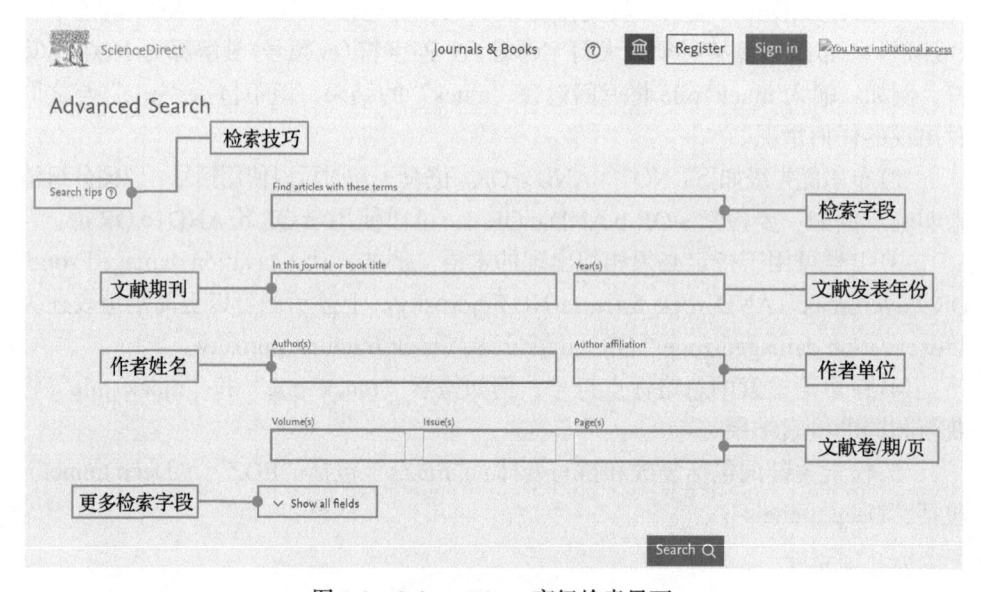

图 1-9  ScienceDirect 高级检索界面

ScienceDirect 高级检索界面中字段的含义见表 1-1。

表 1-1  ScienceDirect 高级检索界面中字段的含义

| 字段 | 含义 |
| --- | --- |
| Find articles with these terms | 在文档的所有部分检索该术语的实例(不包括参考文献) |
| In this journal or book title | 输入期刊或书名后会显示一个建议书名列表供用户选择。注意：选择自动建议可将检索限制在特定出版物上；在字段中输入术语可检索标题中包含该术语的所有出版物。例如，输入 Mining 可检索标题中出现 Mining 的所有出版物 |
| Year(s) | 检索输入年份或年份范围内的文件。注意：所有年份必须是四位数，如 2023 年或 1985—2023 年 |
| Author(s) | 在文档的作者部分检索作者姓名 |
| Author affiliation | 在文档的作者所属栏目中检索作者联系方式 |
| Volume(s)/Issue(s)/Page(s) | 在卷和期数字段中，只输入数值；使用连字符检索范围，如 1-35；也可以使用页码字段检索文章编号；使用页码时，只使用第一页或最后一页的页码，或者定义整个范围 |

续表

| 字段 | 含义 |
| --- | --- |
| Title, abstract, or author-specified keywords | 在文档的这些片段中检索相关实例[选择 Show all fields(显示更多字段)以显示该字段] |
| Title | 检索包含文档标题中术语的文档(选择 Show all fields 以显示该字段) |
| References | 检索文档末尾引用的参考文献(选择 Show all fields 以显示此字段) |
| ISBN or ISSN | 检索文档所在书籍或刊物的国际标准书号或国际标准期刊号(选择 Show all fields 以显示此字段) |

ScienceDirect 检索结果主界面信息如下(图 1-10)。

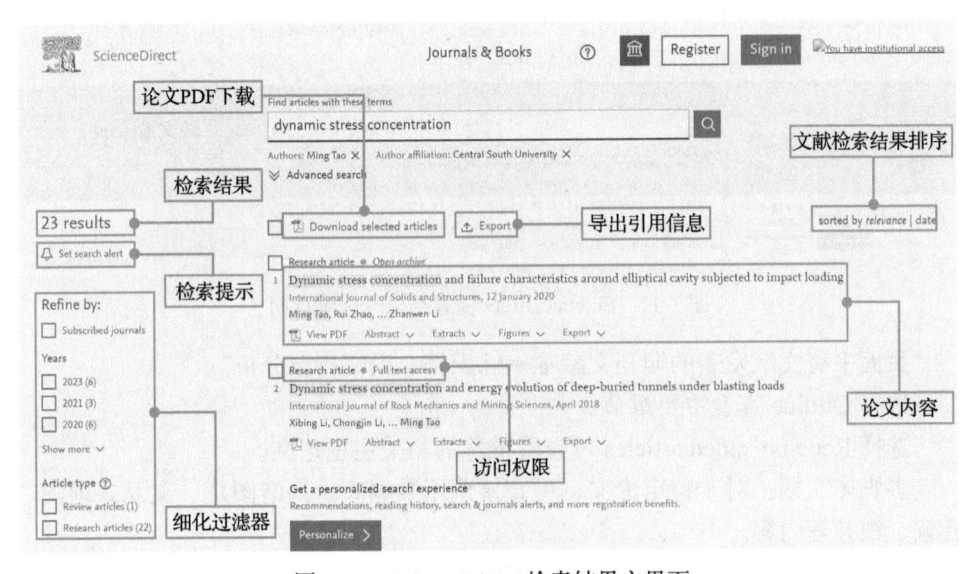

图 1-10　ScienceDirect 检索结果主界面

检索结果：显示检索结果数量。

检索提示：当满足检索条件的论文可用时，系统将通过电子邮件(保存检索提示)通知用户(仅限注册用户)。

细化过滤器：根据发表年份、内容类型、出版物名称等限制检索结果。

下载 PDF：一次性下载指定论文的全文 PDF，根据具体规则自动分配名称。

导出引用信息：将指定论文的引用信息直接导出至 Mendeley，也可导出为特定格式。

文献检索结果排序：将文献按照日期或相关性排序。

显示论文内容：单击论文标题，显示论文内容(HTML 全文或摘要)。

访问权限：查看用户是否有权访问检索结果的全文内容(订阅内容或开放获

取内容或解密内容），还是只能访问摘要（非订阅内容，可选择购买全文）。

单击文献名可查看文献具体信息，如图 1-11 所示。

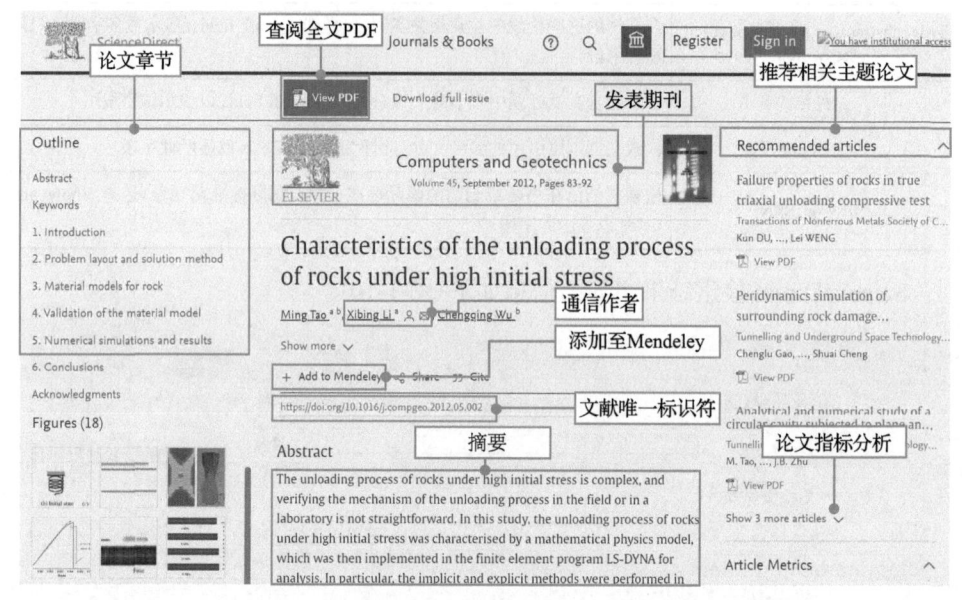

图 1-11 ScienceDirect 检索结果全记录页面

页面中有文献发表的期刊文献唯一标识符、论文指标分析。

选择 Outline 查看主要章节。

选择 Recommended articles 可查看推荐的相关主题论文。

多媒体文摘：对于特定论文，可直接调用数据表、高清图片、交互式地图、音频、视频等内容。

使用 View PDF 查阅论文的完整内容。

Science Direct 数据库期刊普遍规定有 Highlights，用以概括整篇论文中最重要的结论，使审稿人和读者能快速了解全文。

将论文添加到自带的文献管理工具 Mendeley 中，同时可将链接分享于社交媒体/邮件中，也可将参考文献格式导出。

### 1.2.3 SpringerLink

1. 数据库简介

Springer 是世界著名的学术出版社之一，其检索系统为用户提供了广泛的学术文献资源和知识服务。Springer 的学术出版范围涵盖自然科学、工程技术、医学、社会科学、人文科学等多个学科。

Springer 的检索系统为用户提供了便捷的学术文献检索功能。用户可以通过关键词检索、高级检索、作者、期刊名等多种检索方式快速找到所需的学术文献。检索结果包括期刊论文、图书、会议论文等多种文献类型，同时提供了文献摘要和全文链接，方便用户深入阅读和研究。

Springer 的学术文献在全球学术界具有较高的影响力和学术水平，其中不乏一流的期刊和重要的学术著作。Springer 的出版内容不断更新和扩充，为用户提供了丰富多样的学术资源，涵盖了各个学科领域的前沿研究和最新进展。

除了文献检索功能，Springer 还提供了一些实用的学术工具和服务。用户可以订阅期刊、购买学术图书，也可以在 Springer 平台上查看和下载学术资源。Springer 还提供了引用分析和作者指数等功能，帮助用户评估学术文献的影响力和贡献度。

SpringerLink 检索优势如下。

(1) 跨出版物类型检索。目标是解决用户的特定问题，无论答案是在期刊、图书等任何一种类型的出版物中。

(2) Google 风格的检索方式。用户可以先进行模糊检索或浏览，得到一个较宽泛的检索结果，然后结合自己的检索需求，按照主题、作者、出版时间等检索条件进一步限定。

(3) 参考文献提供 CrossRef 链接。在线即可浏览参考文献全文，即使该参考文献由其他出版社出版。

2. 论文检索

1) 检索规则

关键词之间的逻辑关系。用户可以在关键词之间输入逻辑运算符（当选择 Boolean Search 时，此时若不输入逻辑运算符，则默认的逻辑运算关系为"与"）；也可以让系统用用户选择的默认逻辑关系进行检索（当选择 All Words 时，检索全部关键词；当选择 Any Words 时，检索任意一个或多个关键词；当选择 Exact Pharse 时，全部输入的内容按词组进行精确查找）。

逻辑运算符：当选择 Boolean Search 为检索策略时，输入 AND 表示逻辑"与"，输入 OR 表示逻辑"或"；输入 Not 表示逻辑"非"。

截词符 "*"：截词符表示前方一致，用于关键词的末尾，以代替多个字符。

优先级运算符 "("、")"：优先级运算符可使系统按照用户要求的运算次序，而不是默认的逻辑运算优先级次序进行检索。

Order By 选项：该选项用于设置检索结果的排序方式。选择 Recency，检索结果将按照出版时间排序，新近出版的排在前，较早出版的排在后；选择 Relevancy，检索结果将按照与检索关键词的相关度（或称符合度）排序，相关度高的排在前。

Within 选项：可以使用该选项设置检索范围。选择 Full Text 时，在全文、文摘和篇名中检索；选择 Abstract 时，在文摘和篇名中检索；选择 Title 时，只在篇名中检索。

2) 快速检索

输入关键词：在 Search 后的文字输入框内输入关键词。关键词可以是一个单词，也可以是多个单词。SpringerLink 快速检索界面如图 1-12 所示。

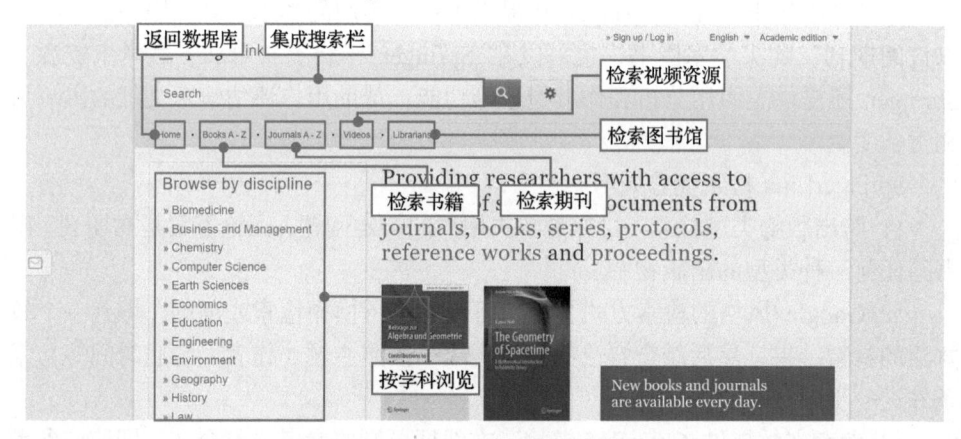

图 1-12  SpringerLink 快速检索界面

系统中使用英文双引号" "作为词组检索运算符，在检索时将英文双引号内的几个词当作一个词来看待。

例如：输入检索字段 Dynamic stress 后只能检索到 Dynamic stress 这个词组，检索不到 Dynamic stress concentration 或 Dynamic stress concentration factor。

3) 高级检索

高级检索用于多个检索词的组合检索，可以实现多途径联合检索。检索时先在检索项的下拉框中选择检索入口，然后在对应框中输入检索词，多个词组配后执行检索。

单击快速检索页面中的 Advanced Options 按钮，可显示高级检索选项，如图 1-13 所示。可限定文献的出版时间，最早出版时间和最晚出版时间都必须填写，格式为"月/日/年"，如"12/12/2022"。可以选择 Entire Range of Publications Date 选项以取消出版时间限定。

可将检索范围限定在选定的期刊内。用鼠标在期刊列表中（按刊名的字母顺序排列）单击要检索的期刊名，再单击 Include Selected 按钮，即可将期刊添加到已选中的期刊列表中。单击已选中期刊列表中的期刊名，然后单击 Exclude Selected

第 1 章 论文信息检索与分析

按钮，即可取消选择。单击 All Publications 选项，可以取消期刊范围限定。

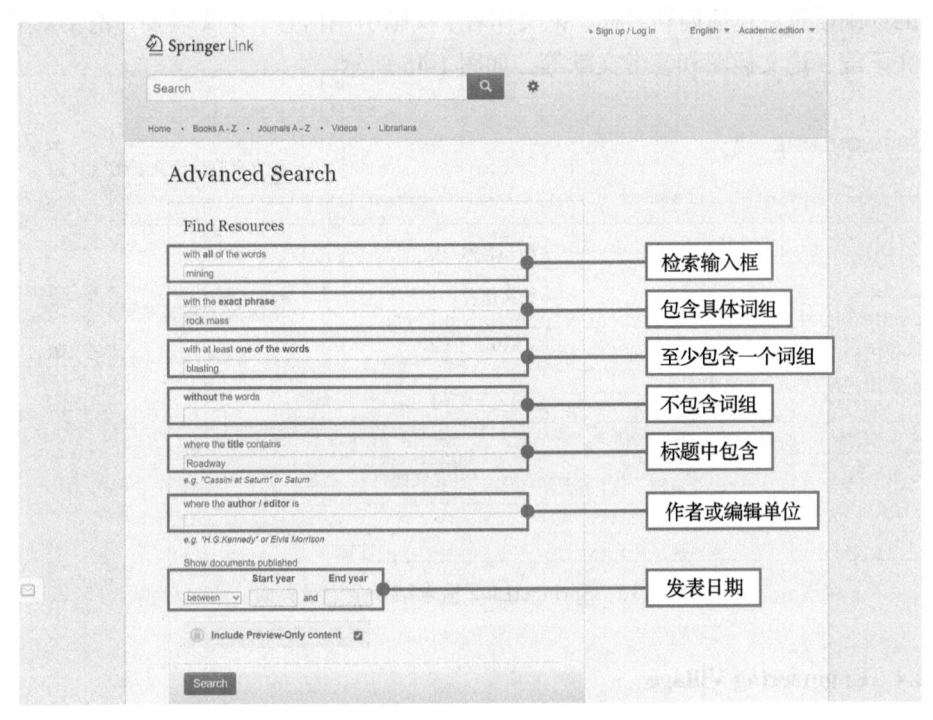

图 1-13 SpringerLink 高级检索功能

SpringerLink 快速检索结果和高级检索结果页面布局一致，包含检索结果数量、检索结果过滤、按相关性和时间顺序排序、文献类型、查阅文献详细信息以及下载 PDF 等模板，如图 1-14 所示。

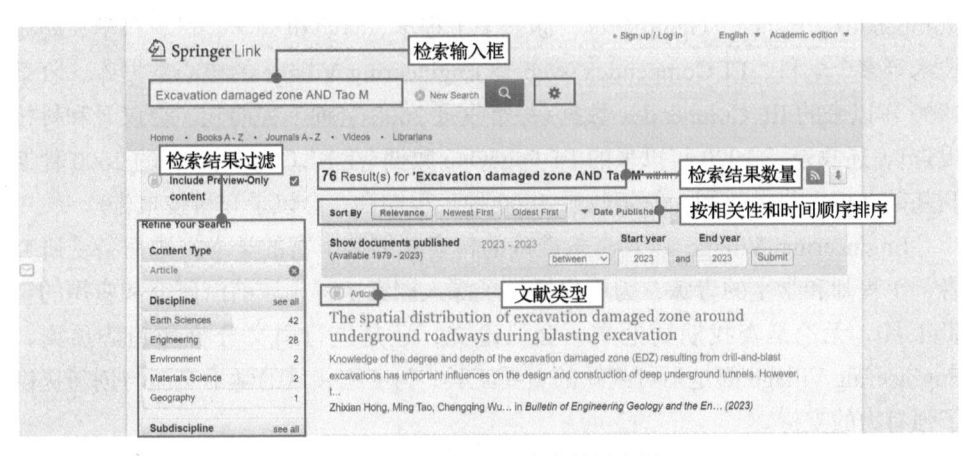

图 1-14 SpringerLink 检索结果主界面

单击某一篇论文的论文名进入检索结果全记录页面，该页面将显示被检索论文的详细信息，包括期刊名称、论文作者、文献引用信息、论文摘要、论文章节、论文下载、论文插图和参考文献等，如图 1-15 所示。

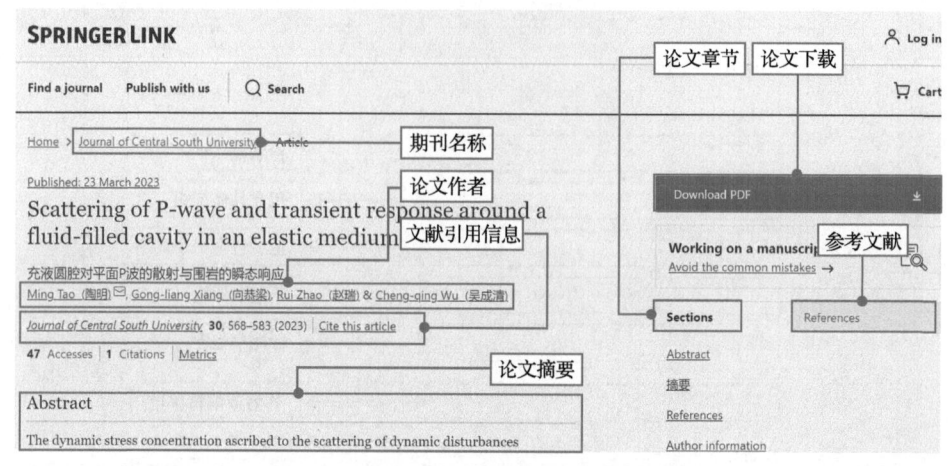

图 1-15　SpringerLink 检索结果全记录页面

## 1.2.4　Engineering Village

### 1. 数据库简介

*The Engineering Index*（EI，《工程索引》）是供查阅工程技术领域文献的综合性情报检索刊物，它的检索平台为 Engineering Village，它聚焦于提供广泛的工程技术相关资源。Engineering Village 平台整合了多个权威的工程数据库，包括 Compendex、Inspec、GeoRef 等，涵盖了工程学、计算机科学、材料科学、能源技术等多个学科。EI Compendex Web 是 Engineering Village 的核心数据库，收录 1969 年以来的 EI Compendex 数据（每年收录 2600 余种工程期刊、会议录和科技报告），还收录了 1990 年以来的 EI PageOne 数据（在 EI Compendex 的 2600 种期刊基础上扩大收录范围，每年收录 5600 种工程期刊、会议录和科技报告）。

Engineering Village 以其高效准确的检索功能和丰富的学术资源而备受研究者、工程师和学生的青睐，为用户提供了深入探索工程领域前沿研究和应用的宝贵工具。无论是查找期刊论文、会议论文，还是进行引文分析和趋势预测，Engineering Village 都是不可或缺的重要工具，为工程领域的学术交流与创新提供了强有力的支持。

## 2. 论文检索

### 1) 快速检索

Engineering Village 快速检索界面如图 1-16 所示,使用该方法进行论文检索的流程如下。

快速检索(quick search):以关键词搭配字段勾选来做检索。

选择检索字段:可以选择所有字段(all fields)、摘要(abstract)、作者(author)、标题(title)、出版社(publisher)、来源刊名(source title)、控制词汇(controlled term)等。

自动控制词汇提示(auto suggest):在输入三个英文字母后,自动提供索引词典内的相关控制词汇让用户挑选,用户可以更快速且准确地做检索。

检索历史:可以将这些检索记录做不同组合后再进行检索。

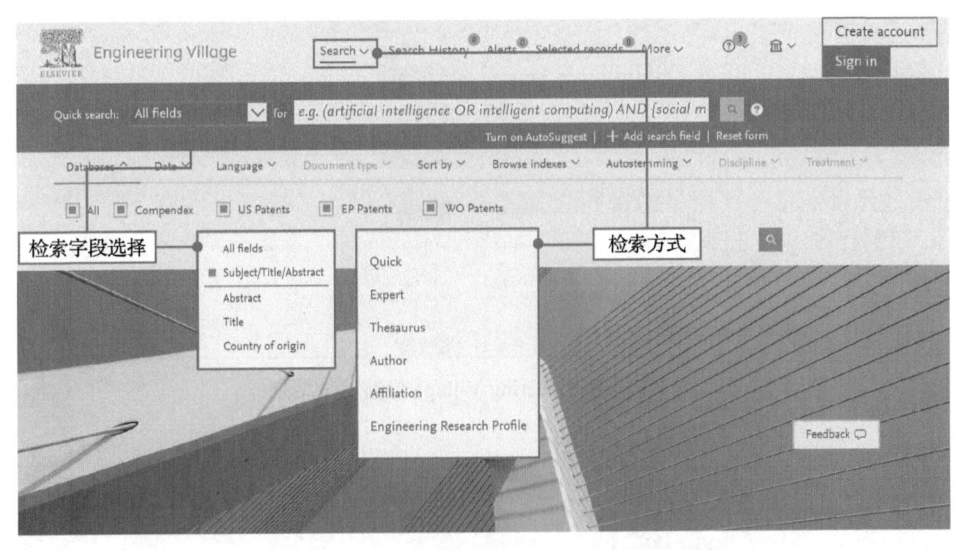

图 1-16  Engineering Village 快速检索界面

### 2) 高级检索

高级检索方式提供更强大而灵活的检索功能,与快速检索相比,高级检索方式只有一个独立的检索输入框,用户可以综合使用布尔逻辑运算符、字段限定、截词检索等技术构建一个更复杂的检索表达式。以检索关键词 Dynamic stress concentration 和 failure 为例进行导航检索,如图 1-17 所示。

使用 Engineering Village 检索文献浏览界面如图 1-18 所示。检索结果分为摘要形式和详细格式,摘要预览可在同一个页面预览该篇摘要。引用次数(Cited by in Scopus):显示文章被引用次数,可单击选项查看这些引用文献。全文链接(Full text)：可查看全文。管理多篇检索结果：可同时勾选多篇文献进行管理，如 Email、打印、下载数目信息等。

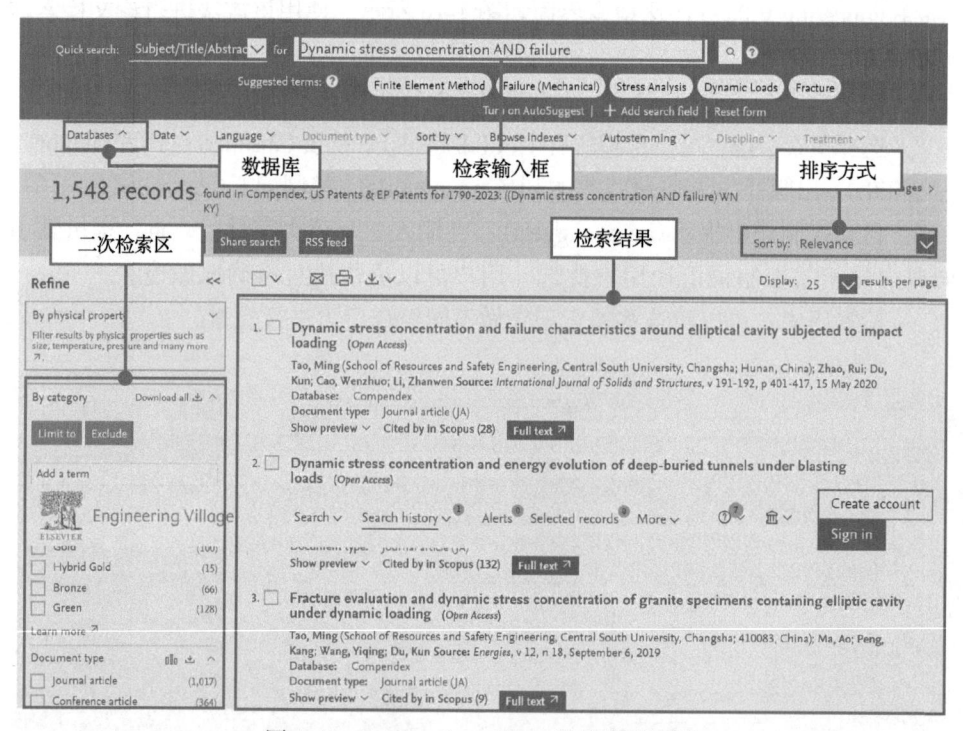

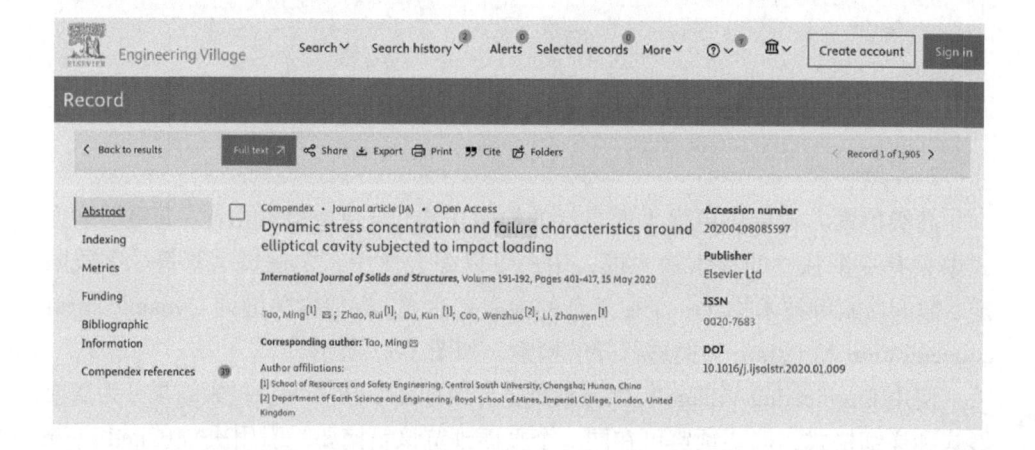

图 1-17　Engineering Village 导航检索结果

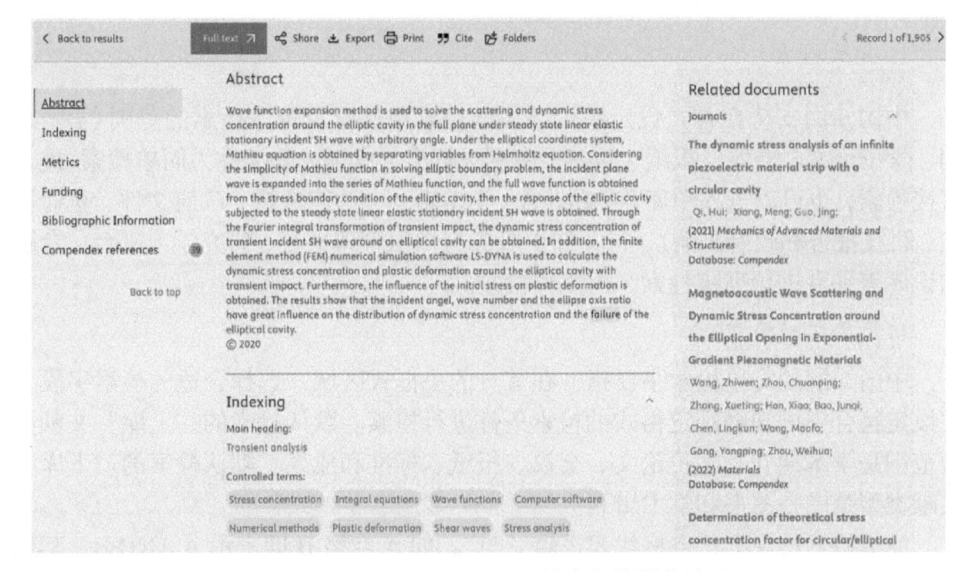

图 1-18　Engineering Village 检索文献浏览界面

## 1.2.5　中国知网

**1. 数据库简介**

中国知网(China National Knowledge Infrastructure, CNKI)是中国最大的综合性学术文献数据库和知识服务平台，拥有丰富的中文学术文献资源，同时集成了多个外文数据库的文摘检索，几乎覆盖所有文献类型和学科，对绝大多数中文文献提供全文下载服务（图 1-19）。其多样化的检索方式和个性化的管理功能使用户能够快速准确地找到所需文献，并可在线阅读摘要和内容，实现全文相似性检测、学术趋势分析等。中国知网为广大学者、学生和科研人员提供了全方位的学术资源支持，成为国内学术研究不可或缺的重要工具。

图 1-19　中国知网首页的检索功能

### 2. 论文检索

中国知网支持在首页设定单个字段的检索条件以及跨库检索的范围(学术期刊、学位论文、会议、报纸、年鉴、专利、标准、成果，此类称为简单检索)进行直接检索，也可以进入单库(包括图书、学术辑刊、法律法规、政府文件、企业标准、科技报告和政府采购)、行业知识服务与知识管理平台、研究学习平台、专题知识库等平台进行高级检索、出版物检索。

#### 1) 简单文献检索

中国知网的简单检索主要指：在首页的一框式区域，选择合适的检索字段，并设定符合中国知网规定格式的检索条件进行检索。默认检索的"上库"文献类型范围是学术期刊、学位论文、会议、报纸、标准和成果。默认检索的"下库"文献类型范围是图书和学术辑刊。

简单检索的规则：空格代表逻辑"与"，如 A 空格 B 即表示 A AND B，其他逻辑算符不能识别。

检索结果页面如图 1-20 所示，可以从年度、文献类型、来源、关键词等多个角度进一步筛选。另外有主题、发表时间、被引次数、下载数排序等功能。选中合适的文献，单击"导出文献"按钮，进入文献题录下载界面，可以下载多种格式的文献题录。单击某篇文献的题名，可以进入该文献的详细介绍页面，包括文摘、知网节点及知识网络，并提供下载全文的功能。中国知网提供 CAJ 和 PDF 两种格式的原文，前者需要下载安装中国知网提供的 CAJViewer 阅读器。

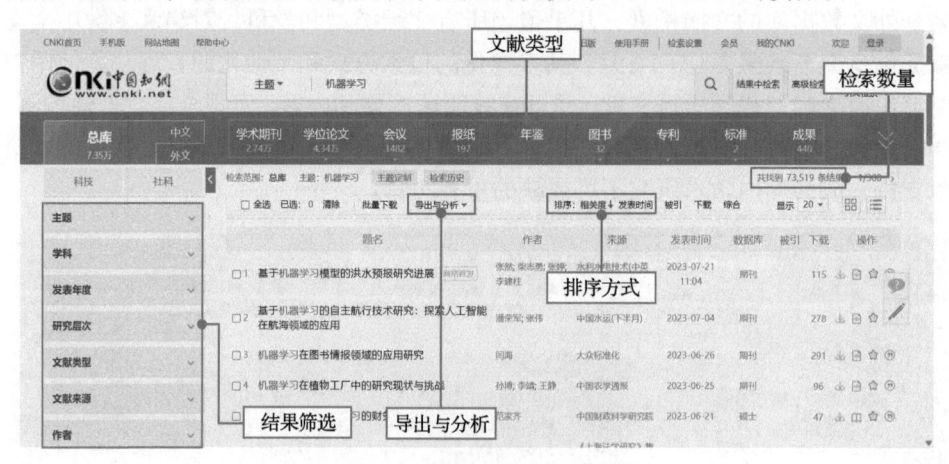

图 1-20 中国知网检索结果页面

#### 2) 出版物检索

出版物检索提供通过出版物查找特定出版物或文献来源所发表文献情况，对于期刊类出版物，还可以了解期刊的影响因子、所属刊源目录索引库(包括 SCI、

SSCI、EI、CSSCI 及中文核心期刊目录等)等情况。单击中国知网首页上的"出版物检索"进入出版物检索界面，默认的检索字段有来源名称(包括期刊名称或图书名称)、主办单位(主要针对期刊)、出版者(即出版社)、ISSN(国际标准连续出版物号)、CN(中国期刊的邮发代号)、ISBN(国际标准书号，一些会议论文集以专著形式出版，故也有 ISBN 编号)。为了提高检索效果，建议首先单击"出版来源导航"选择不同的出版来源，如期刊导航、学术辑刊导航、会议导航、学位授予单位导航、年鉴导航、报纸导航、工具书导航，不同出版来源的检索字段不同。出版物检索结果如图 1-21 所示。一般而言，中国知网的简单检索仅适合一个检索字段的检索条件，且检索条件的关系不能是逻辑"或"。当检索条件多于一个字段，或者检索词关系较复杂时，应选择高级检索或专业检索。

图 1-21  中国知网出版物检索结果界面

3)高级检索

单击中国知网首页上的"高级检索"即可进入高级检索界面。在高级检索界面上，单击"专业检索"、"作者发文检索"和"一框式检索"，可以分别进入相应的检索界面(图 1-22)。其中"一框式检索"界面即为简单检索界面。

系统默认可以同时检索期刊、博硕士学位论文、会议论文等多种文献类型，如果单击导航条上的"期刊、博硕士、会议、报纸"等不同文献类型可以仅检索单一类型的中文文献，单击"外文文献"将检索来自 Emerald、Tailor 等著名出版社的文献摘要，单击"跨库检索"则可设定同时检索的多种类型文献，勾选不同的学科可以设定检索的学科范围。每个检索的字段除作者、作者单位、文献来源外，还可设定两个检索词，定义检索词间的关系，调整检索词的频率以及选择匹配方式。值得注意的是，在检索词输入框内不能使用任何逻辑运算符等。系统会提供基于出版年、文献来源、出版物、相关词等分类统计功能，单击相应的统计条目可查看相应条目对应的相关文献，输入新的检索条件后，单击"在结果中检索"将在上一次检索结果中增加新的条件再次检索，进而筛选出更精确的文献。

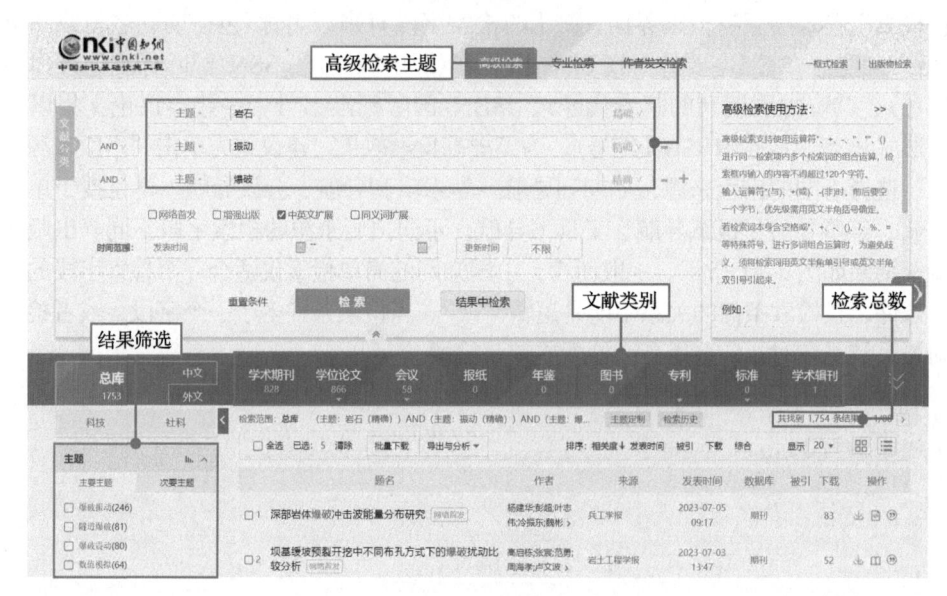

图1-22 中国知网高级检索结果页面

4) 专业检索

除了上述使用菜单选择检索字段的表单式简单检索或高级检索界面外，中国知网还提供直接输入复杂检索式的检索界面，称为专业检索，如图1-23所示。

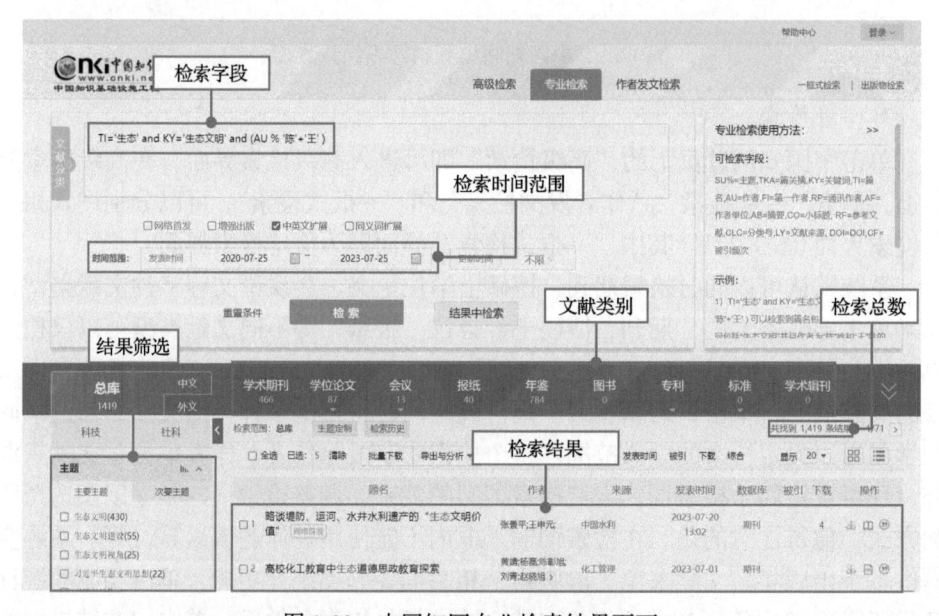

图1-23 中国知网专业检索结果页面

可检索字段：SU%=主题，TKA=篇关摘，KY=关键词，TI=篇名，AU=作者，FI=第一作者，RP=通信作者，AF=作者单位，AB=摘要，CO=小标题，RF=参考文献，CLC=分类号，LY=文献来源，DOI=DOI，CF=被引频次。

中国知网的专业检索式需要注意以下几点。

(1) 检索字段代码必须大写。

(2) 检索词和*、+、-(分别表示同一个检索字段的检索词之间的逻辑与、或、非)之间没有空格，字段和 AND、OR、NOT(分别设定不同检索字段之间的逻辑与、或、非)之间需空一格。

(3) 如果检索词中含有*、+、-，或检索词为词组、短语时，则使用单引号括起来，如'Blast-induced damage'。

## 1.2.6 万方数据

### 1. 数据库简介

万方数据(Wanfang Data)是中国著名的学术文献检索与服务平台之一，涵盖广泛的学科领域，包括科学技术、医学、农业、人文社科等。它提供丰富的中文学术资源，包括期刊论文、会议论文、学位论文、报纸、专利等，满足用户对中文文献的多样化需求。万方数据的检索功能高效且灵活，同时提供个性化的文献管理工具，帮助用户轻松收集、阅读和管理学术文献。作为中国学术界的重要信息平台，万方数据致力于促进学术交流与研究发展，为用户提供了重要的学术支持。

### 2. 论文检索

打开万方数据网站：在浏览器中输入万方数据的网址(http://www.wanfangdata.com.cn/)，进入万方数据的主页。

1) 初级检索

在首页检索框中输入题名、作者、作者单位、关键词和摘要等信息，然后单击"检索"按钮。例如：选择题名字段，在检索框中输入"超欠挖"，然后单击"检索"按钮，即可检索获得471条记录，如图1-24所示。但获得的记录数量太大，需进行一次或多次在"结果中检索"。在"结果中检索"栏目的"标题"文本框中输入"激光扫描"，然后单击"结果中检索"，即可缩小记录条数(仅为10条)，提高检索精确度，如图1-25所示。

2) 高级检索

如果需要更精确的检索结果，可以单击检索框右侧的"高级检索"按钮，在弹出的高级检索界面中选择更多的检索条件，如文献类型、检索信息和发表时间。

文献类型：万方支持9种文献类型的检索，包括期刊论文、学位论文、会议论文、专利、中外标准、科技成果、法律法规、科技报告和地方志。

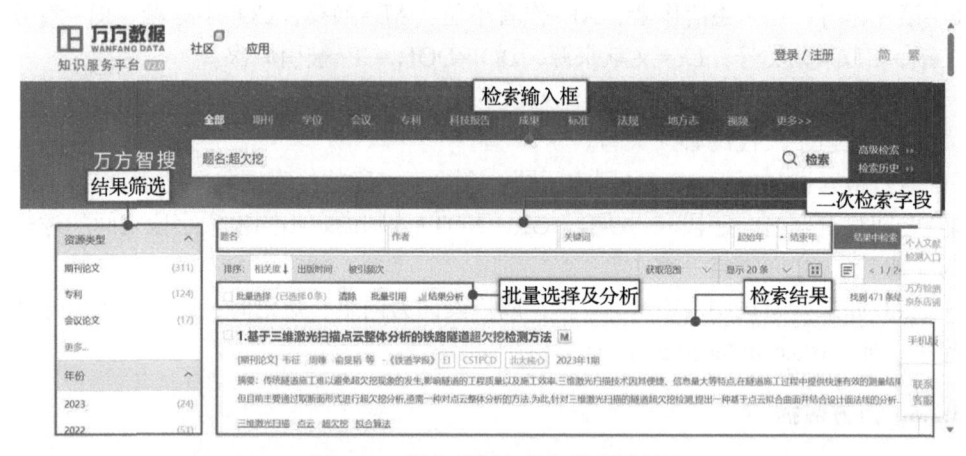

图 1-24 题名"超欠挖"检索结果

图 1-25 在"结果中检索"栏目的"标题"文本框中输入"激光扫描"的结果

检索信息：万方最多可允许输入 6 条检索信息，支持检索 14 种信息类型，包括主题、题目或关键词、题名、作者、作者单位、关键词、摘要、中图分类号、DOI、第一作者、期刊-基金、期刊-刊名、期刊-ISSN/CN 和期刊-期；与此同时，检索信息支持模糊和精确检索两种方式。

发表时间：万方支持根据文献出版年限进行过滤，以便更快地找到用户所需的文献。

例如：检索要求为中南大学陶明发表的所有有关动应力集中主题的期刊论文。

具体操作：选择"高级检索"，文献类型选择"期刊论文"，在检索信息的主题栏中输入"动应力集中"，作者栏中输入"陶明"，作者单位栏输入"中南大学"，发表时间栏不限，单击"检索"，即可获得4条结果，如图1-26所示。

图1-26 检索结果

除此之外，万方还可以筛选检索结果：在检索结果页面会有与检索词相关的文献列表。可以根据需要进行筛选，如按照文献类型、作者、期刊等进行过滤，以便更快地找到用户所需的文献。

如图1-27所示，查看文献详情：单击检索结果列表中的文献标题，可以进入文献的详细页面，查看文献的摘要、作者信息、引用信息等。阅读或下载文献：根据用户的访问权限，可以在线阅读文献全文，或者下载PDF版本。引用分析（可

图1-27 文献详情及引用

选)：万方提供了文献的引用分析功能，用户可以查看该文献被其他文献引用的情况，了解该文献的影响力和学术价值。在"引用"选项中，万方支持6种参考文献格式，分别为查新格式、NotewExpress、RefWorks、NoteFirst、EndNote 和 Bibtex。
收藏文献(可选)：如果用户对某篇文献感兴趣，可以将其收藏到个人图书馆中，方便日后查阅和管理。

### 1.2.7 维普数据库

1. 数据库简介

维普(VIP)数据库是中国主要的学术期刊文献数据库之一，专注于收录中文学术期刊文章。它涵盖了广泛的学科领域，包括自然科学、社会科学、医学、工程技术等，提供了丰富的中文期刊论文资源。维普数据库具有优质的检索功能和高度可靠的文献质量，帮助用户快速准确地找到所需的学术文献。此外，维普还提供文献阅读、引文分析和学术数据等服务，为用户提供了重要的学术支持与信息服务。

2. 论文检索

打开维普数据库网站：在浏览器中输入维普数据库的网址(https://lib.cqvip.com/)，进入维普数据库的主页，如图1-28所示。

图 1-28　维普数据库检索界面

1) 快速检索

通过进入维普中文期刊服务平台，用户可以进行多字段检索。可选字段包括题名或关键词、题名、关键词、摘要、作者、第一作者、机构、刊名、分类号、参考文献、作者简介、基金资助和栏目信息。除此之外，用户还可以进行发表时间、期刊范围、学科范围的限定。

例如：检索超欠挖关键词相关文献。

在检索框中输入"超欠挖"，单击"检索"，获得1126篇文章。在庞大的检索结果中可以进行二次检索进一步精确所需的结果文件，在"二次检索"中可以筛选年份、学科、期刊收录、主题、期刊、作者和机构。比如想要在结果文件中筛选出2020年收录北大核心期刊的所有与"超欠挖"相关的文献，在左侧年份栏选择2020，期刊收录栏选择北大核心期刊，维普筛选出24篇文章，如图1-29所示。

图1-29　2020年收录北大核心期刊的有关"超欠挖"的文献筛选结果

2）高级检索

在维普首页，用户可以通过单击"高级检索"，进入高级检索页面。高级检索分为向导式和直接输入检索式两种方式。

①向导式高级检索

向导式高级检索方式为用户提供分栏式检索词输入方式，除了可以进行布尔逻辑运算、检索字段入口、匹配度等选择外，还可以进行相应字段的扩展信息限定，以提高查准率。例如，在选择"题名或关键词"字段后，用户在检索框中输入"隧道"，并单击"同义词"按钮后，系统会推荐相关的同义词。用户可以选择"tunnel"、"tunneling"、"tunnels"和"隧洞"等多个同义词，单击"确定"后，这些检索词就会被推送到原先输入"隧道"的检索框中，一起作为检索词出现，并用逻辑或符号"+"连接。除此之外，维普最多可允许输入5条检索信息，支持检索14种信息类型，包括任意字段、题名或关键词、题名、关键词、摘要、作者、第一作者、机构、刊名、分类号、参考文献、作者简介、基金资助和栏目信息。

与万方数据相同，维普同样支持模糊和精确两种检索方式。

时间限定：维普支持根据文献出版年限进行过滤，以便更快地找到用户所需的文献。

期刊范围：维普支持检索6类期刊的文献，分别为北大核心期刊、EI来源期刊、SCIE期刊、CAS来源期刊、CSCD期刊和CSSCI期刊。

学科限定：维普支持包括医药卫生、农业科学、矿业工程在内的35类学科的文献检索。

例如：检索要求为中南大学陶明自2020年发表在北大核心期刊上有关岩石动力学主题的学术论文。

在"题名或关键词"栏输入"动应力集中"，"作者"栏输入"陶明"，"机构栏"输入"中南大学"，"时间限定"栏选择年份"2020-2023"，"期刊范围"栏勾选"北大核心期刊"，检索到1篇文章，如图1-30所示。

图1-30 向导式高级检索结果

②直接输入检索式高级检索

用户可以在检索框中直接输入由布尔逻辑运算符、字段标识符组成的检索式进行检索。其中，"*"表示逻辑且，"+"表示逻辑或，"-"表示逻辑非；M代表题名或关键词字段，T代表题名字段，K代表关键词字段，R代表文摘字段，A代表作者字段，S代表机构字段，J代表刊名字段，U代表任意字段。

例如：检索中南大学自2010年发表有关爆破主题的学术论文，或可包括陶明的论文(U=爆破 OR A=陶明 AND S=中南大学)。在检索框中依据题名、作者、作者单位、关键词和摘要输入信息，然后单击"检索"按钮。检索结果如图1-31所示，检索到5篇文章。

第 1 章　论文信息检索与分析

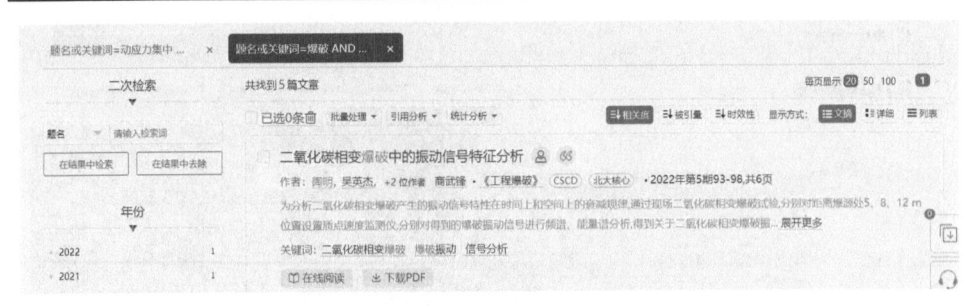

图 1-31　直接输入检索式高级检索结果

维普数据库提供了文献的引用分析功能，用户可以查看该文献被其他文献引用的情况，了解该文献的影响力和学术价值。在"引用"选项中，维普支持 9 种参考文献格式，分别为查新格式、文本、XML、NotewExpress、RefWorks、EndNote、Note First、自定义导出和 Excel 导出。收藏文献（可选）：如果用户对某篇文献感兴趣，可以将其收藏到个人图书馆中，方便日后查阅和管理。

## 1.3　论文数据管理

本节选取四种科技数据文献管理软件进行说明，分别为 EndNote（Clarivate Analytics）、Mendeley（Elsevier）、Zotero（George Mason University）、Citavi（Swiss Academic Software GmbH）。

### 1.3.1　EndNote

1. 软件简介

EndNote 是 Clarivate Analytics 开发的用于管理文献的软件，能够有效帮助科研人员管理文献并协助其科技论文写作（图 1-32）。EndNote 的核心功能包括：创建个人文献数据库，辅助论文撰写。

EndNote 可以为文献记录增加附件，如 PDF、音频、视频等各种类型文件，一条文件记录最多可添加 45 个文献相关附件。

EndNote 支持对保存的 PDF 文档进行阅读及标注。

2. EndNote 文献管理与论文写作

安装 EndNote 后，该软件被嵌入到 Word 中，如图 1-33 所示。撰写论文时，EndNote 与用户的 Microsoft Word 相关联，可迅速找到相关的文献、图片、表格，将其自动插入论文所引用的位置，并在文中及文后生成相应的参考文献。EndNote 能自动生成超过 6000 种期刊的参考文献格式，可自动按照投稿期刊的要求将文中文后的参考文献格式化。

图 1-32　EndNote 官网

图 1-33　EndNote 与 Microsoft Word 关联

在工具栏中单击 Go to EndNote，进入 EndNote。在 EndNote 中选择需要插入的文献，然后单击""即可插入文献，如图 1-34 所示。

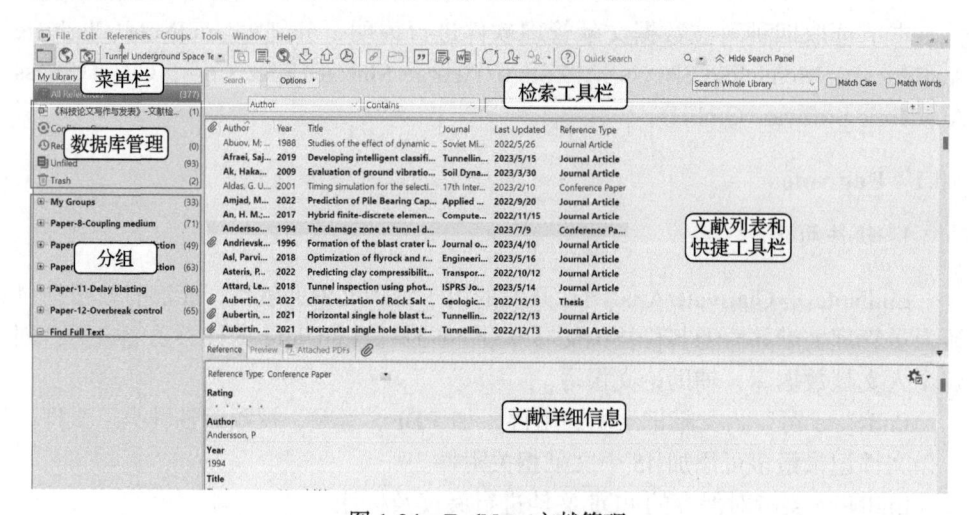

图 1-34　EndNote 文献管理

在 Word 中成功插入参考文献后可以选择论文拟要发表期刊的引文格式，如 GB2015 格式通常是中文期刊投稿需要的格式。用户可以根据所投稿期刊的要求，在 Style 中选择相应的参考文献格式，如可以将参考文献格式修改为 Tunnel Underground Space Technology 格式。EndNote 安装包只提供了部分学术论文的参考文献格式，因此用户可以在 EndNote 网站上下载指定期刊的 Output styles，如图 1-35 所示。

第1章 论文信息检索与分析 · 33 ·

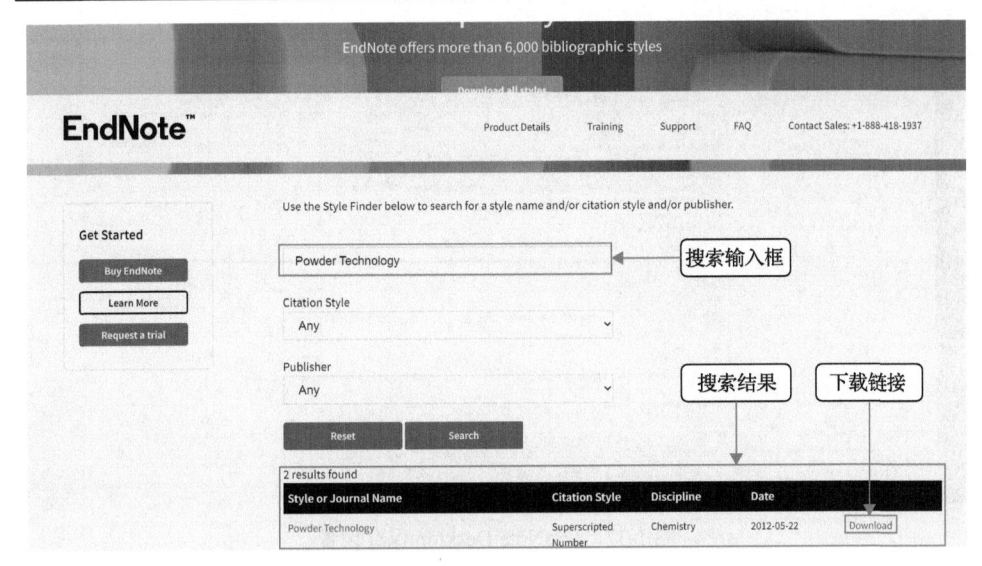

图 1-35 EndNote 中学术论文参考文献格式下载

将下载得到的期刊 Output style 文件拷贝到 EndNote 目录下的 styles 文件夹中，重启 EndNote 软件后将自动加载期刊参考文献格式。

3. EndNote 数据的获取

在 WoS 检索结果界面，选择 Export—EndNote desktop，如图 1-36 所示。随即弹出对话框，如图 1-37 所示，每次只能导出 1000 条记录。

图 1-36 从 WoS 中导出 EndNote 参考文献格式数据

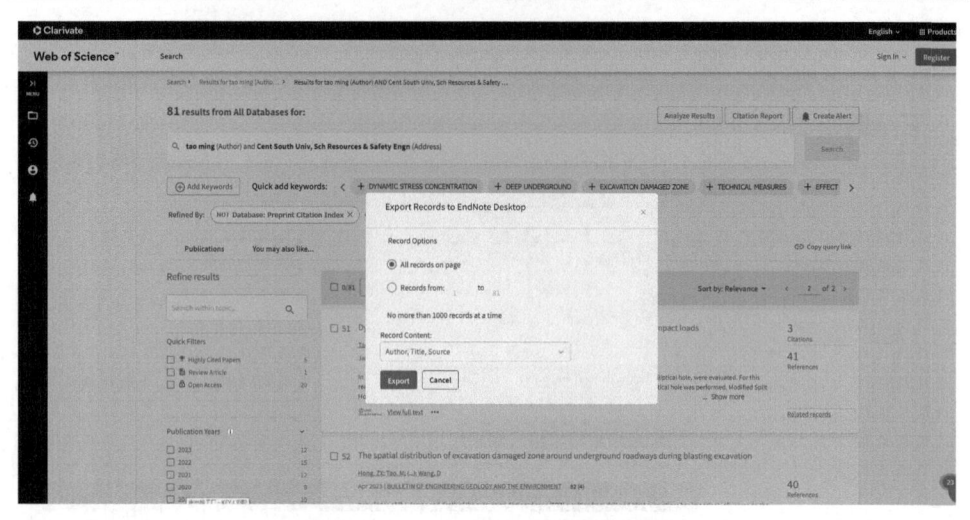

图 1-37　EndNote Desktop 保存设置

生成的文件名称为 savedrece.ciw。数据下载后，在已安装 EndNote 的前提下，可以直接打开下载的文件，数据会自动导入 EndNote 软件中。

### 1.3.2　Mendeley

1. Mendeley 简介

Mendeley 是隶属于 Elsevier 公司的文献管理及在线写作平台，与其旗下的 Scopus 索引数据库和 ScienceDirect 数据库实现了良好的对接。Mendeley 是一款免费的文献管理工具，用户只需要登录 Mendeley 首页即可完成注册，下载并安装软件即可使用。Mendeley 首页界面如图 1-38 所示。

图 1-38　Mendeley 首页界面

打开 Mendeley 首页后，单击 Create a free account，按照提示填写信息并提交后，完成注册。注册成功后，可以在该界面中登录个人的 Mendeley 账号。用户可以登录在线的 Mendeley 平台来查询和使用文献(图 1-39)，也可以下载和安装本地版的 Mendeley 来进行文献管理，如图 1-40 所示。

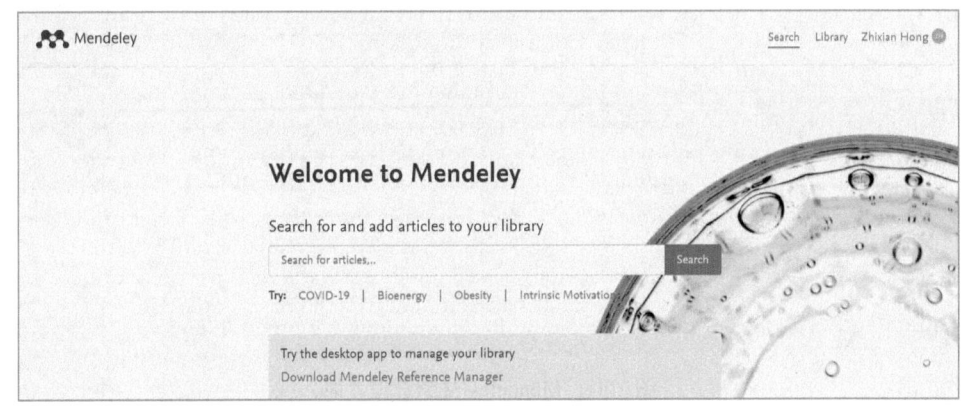

图 1-39　Mendeley 网页版

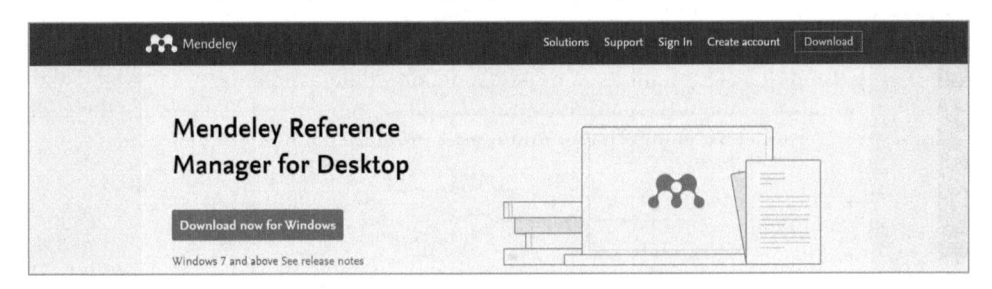

图 1-40　Mendeley 安装包下载

2. Mendeley 文献管理

使用 Mendeley 辅助论文写作，首先要打开 Mendeley，并安装 Word 插件。如图 1-41 所示，在 Mendeley Reference Manager 菜单栏中选择 Tools—Install MS Word Plugin，Word 插件安装完成后，在 Word 的菜单中就会出现关于 Mendeley 的信息，此时就可以将 Mendeley 中的文献插入到 Word 中。注意在安装时要暂时关闭 Word 等办公软件，安装结束后再打开 Word。

3. Mendeley 数据的获取

在 WoS 中，选择 Export—BibTeX，如图 1-42 所示，数据将以 savedrecs.bib 格式进行保存。然后将下载好的数据导入 Mendeley 中。打开 Mendeley，依次选择 File—import—BibTeX (*.bib) 即可。

图 1-41　Mendeley 文献管理界面

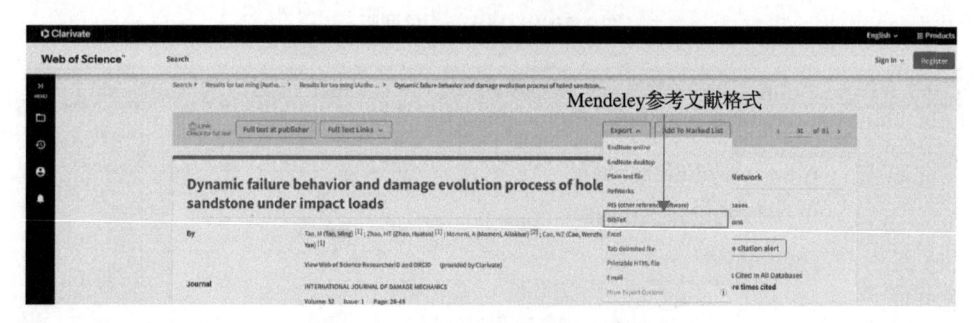

图 1-42　从 WoS 中将参考文献导出

### 1.3.3　Zotero

**1. 软件简介**

（1）文献收集与整理：Zotero 允许用户在浏览器中快速保存学术期刊、图书、论文、网页和其他资源。它可以从大多数学术数据库和在线图书馆导入文献信息，并自动提取关键信息，如标题、作者、摘要等。

（2）文献库管理：Zotero 提供了一个直观的界面，让用户能够组织和管理收集的文献。用户可以创建文件夹、标签和子文件夹，以便根据需要对文献进行分类和归档。

（3）引用生成与插入：Zotero 支持多种引文风格（如 APA、MLA、Chicago 等），用户可以选择所需的引文样式，并通过简单的单击在写作时将引文插入到文档中。

（4）文献共享：Zotero 允许用户与其他用户共享文献库，这对于合作研究和团队项目非常有用。

（5）支持多平台：Zotero 可在 Windows、macOS 和 Linux 操作系统上运行，并提供浏览器插件，方便用户在不同平台和设备上同步和使用文献库。

（6）备份与同步：Zotero 允许用户将文献库备份到云端，并通过 Zotero 账户在不同设备之间同步。

（7）附件管理：Zotero 还支持附件（如 PDF 文件、图像等）的管理和存储，用户可以将相关附件与对应的文献关联起来。

2. Zotero 文献管理

Zotero 为多款浏览器开发了应用插件，当用户进行在线研究时可即时收集文献信息资源。使用 Chrome、Firefox 和 Safari 等浏览器时，如果单击搜索栏旁边的 Zotero 图标，源文件或网页将自动保存其书目信息。

向 Zotero 库添加条目的另一种方法是使用 ISBN、DOI 或 PubMed ID 搜索源。如图 1-43 所示，在 Zotero 中，单击顶部栏中的"通过标识符添加条目"工具并输入信息。也可以选择"新建条目"工具手动输入一个条目，并选择适当的文档类型（书籍、期刊、报纸等），使用右侧的空白面板添加书目信息。

图 1-43 Zotero 库添加条目方法

3. 整理文件库和做笔记

Zotero 的"新建分类"功能让用户根据不同目的，轻松地将文献来源整理成不同分组。资源可以直接导入分组中，或者在已有的文件库中添加。如果要创建一个集合，可单击"新建分类"图标并输入标题，新的集合将出现在"我的文库"下面，如图 1-44 所示。

如图 1-45 所示，如果要创建子集合，可右键单击特定的集合，将出现一个工具箱。然后选择"新建子分类"，然后添加标题。使用同一个工具箱，可以根据需要重命名和删除集合。

直接将在线资源导入集合时，可以在保存之前选择集合。

Zotero 也有标签功能，可以根据不同的标准，如主题、中心思想等，来描述具体条目。如果要添加标签，可先单击具体条目，工具箱将出现在右侧。选择顶部栏中的"标签"选项，然后单击"添加"（图1-46）。

图1-44　Zotero集合创建方法

图1-45　Zotero子集合创建方法

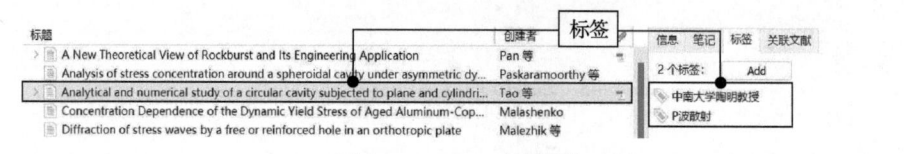

图1-46　Zotero标签添加方法

可以使用"高级搜索"工具，选择"标签"来搜索特定的标签和插入资料来源。此外，用户还可以在Zotero中对某个条目或一般笔记做笔记。如果要将笔记添加到特定的来源，单击来源，然后选择顶部栏中的"新建笔记"工具。然后选择"添加子笔记"，打开一个文本框，可以在里面输入笔记。

4. 创建参考书目

如图1-47所示，用户可以右键单击选择来源，然后选择"用所选条目创建参考文献表"。此外，还可以按住"Shift"键一次选择多个来源，并创建完整的参考书目。

第 1 章　论文信息检索与分析

图 1-47　Zotero 参考书目创建方法

可以在"创建引注/参考文献表"提示框中选择提供的引用样式，或者使用"管理样式"选项搜索其他样式，如图 1-48 所示。

图 1-48　Zotero 选择引用样式

最后选择"输出方法"，可以是 RTF、HTML，也可以是直接粘贴到剪贴板的副本。

5. Zotero 与 Microsoft Word

除了 Zotero 内部用于创建参考书目的工具外，Zotero 还可以与以下文字处理软件综合使用：Microsoft Word、谷歌文档和办公软件。要做到这一点，首先需要在对应软件里安装合适的插件。用户可以在 Zotero 独立版本中通过选择 Preferences—Cite—Word Processors，为软件安装适当的插件。

如果 Word 的插件在 Word 打开后没有激活（在 Word 的 ribbon 栏中看不到 Zotero 选项卡），可以通过单击 Reinstall Microsoft Word Add-in（重新安装 Microsoft

Word 插件)来解决这个问题。如果使用的是谷歌文档,不需要安装单独的插件,因为像 Firefox 或谷歌 Chrome 可自动连接插件。

6. 插入引用

例如,在 Microsoft Word 中成功安装 Zotero 插件后,可以直接将 Zotero 中的引文插入文档。单击 Word 文档菜单栏中的 Zotero,然后单击 Add/Edit Citation(图 1-49)。

图 1-49　Zotero 在 Microsoft Word 中的插件

选择想要的引用格式或者单击"管理样式"来定制自己的引用格式,如图 1-50 所示。

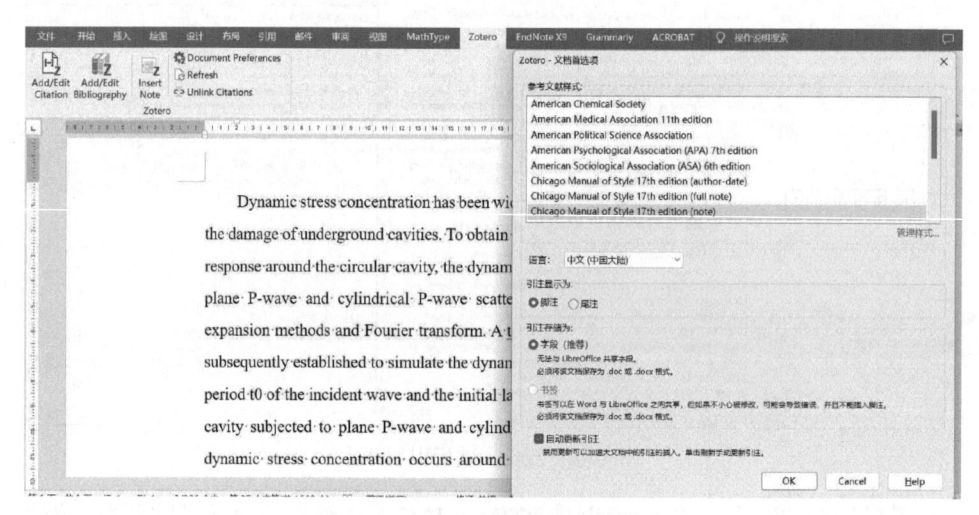

图 1-50　Zotero 管理参考文献样式

如果用户想要的引用格式没有列出,可以选择"获取更多样式",用户还可以选择想要删除的样式来删除通常不使用的样式,然后单击"-"按钮,如图 1-51 所示。

一旦选择了引文格式,就可以通过输入作者的姓名来找到原始的来源,然后单击 Enter 来插入一个 Zotero 引文。若要进一步编辑引文,如添加页码或隐藏作者姓名,请单击 Zotero 栏中的原始引文。还可以通过在相同的 Zotero 栏中添加后续的来源来创建包含多个来源的复合引文(图 1-52)。

如果需要改变引用格式,可以在顶部栏中选择 Document Preferences,如图 1-53 所示。

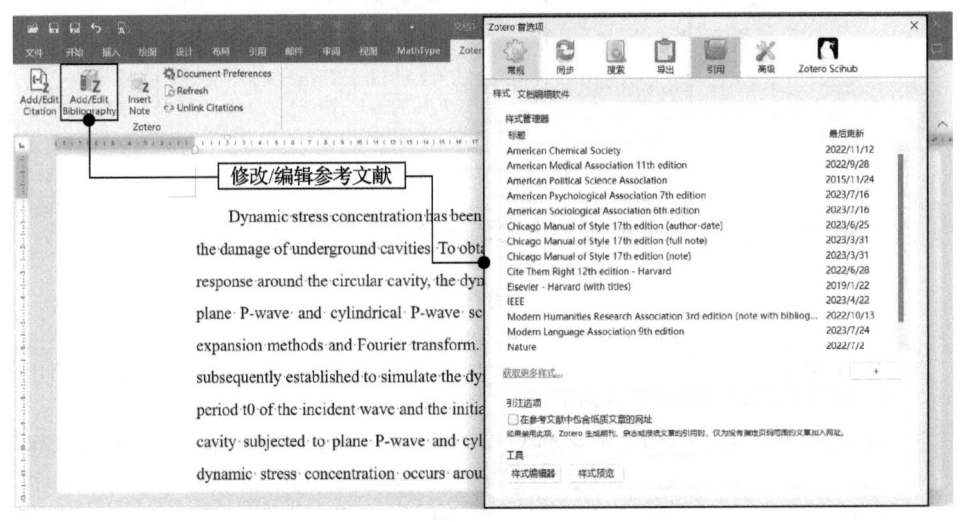

图 1-51　Zotero 修改或编辑引用文献样式

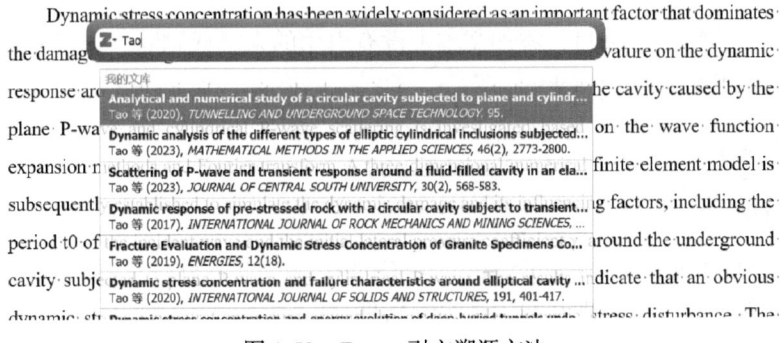

图 1-52　Zotero 引文溯源方法

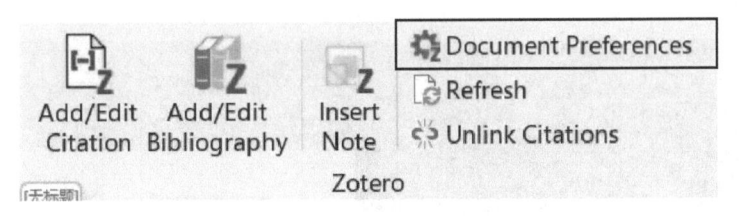

图 1-53　Zotero 引用格式改变方法

### 7. 创建参考书目

如图 1-54 所示，在文档中添加 Zotero 引用后，可以创建参考书目。移到文档末尾，在新页面上插入标题(References、Bibliography、Works Cited 等)，因为 Zotero 不会自动生成标题。然后选择 Add/Edit Bibliography。

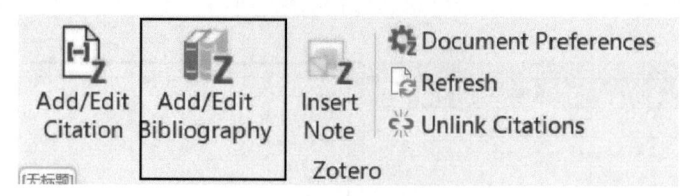

图 1-54　Zotero 创建参考书目

Zotero 将从现有的 Zotero 引文中创建一个参考书目（图 1-55）。

**References**

1. → Tao, M., Zhao, H. T., Li, Z. W. & Zhu, J. B. Analytical and numerical study of a circular cavity subjected to plane and cylindrical P-wave scattering. TUNNELLING AND UNDERGROUND SPACE TECHNOLOGY 95, (2020).
2. → Tao, M., Luo, H., Wu, C., Cao, W. & Zhao, R. Dynamic analysis of the different types of elliptic cylindrical inclusions subjected to plane SH-wave scattering. MATHEMATICAL METHODS IN THE APPLIED SCIENCES 46, 2773–2800 (2023).

图 1-55　Zotero 引用文献在 Word 中的显示

如果想编辑参考书目，添加文本中没有引用的来源或删除一个来源，可以再次单击 Add/Edit Bibliography。

### 1.3.4　Citavi

**1. Citavi 简介**

Citavi 是由 Swiss Academic Software GmbH（瑞士学术软件有限公司）开发的一款面向学术界的文献管理和知识组织的软件（图 1-56）。

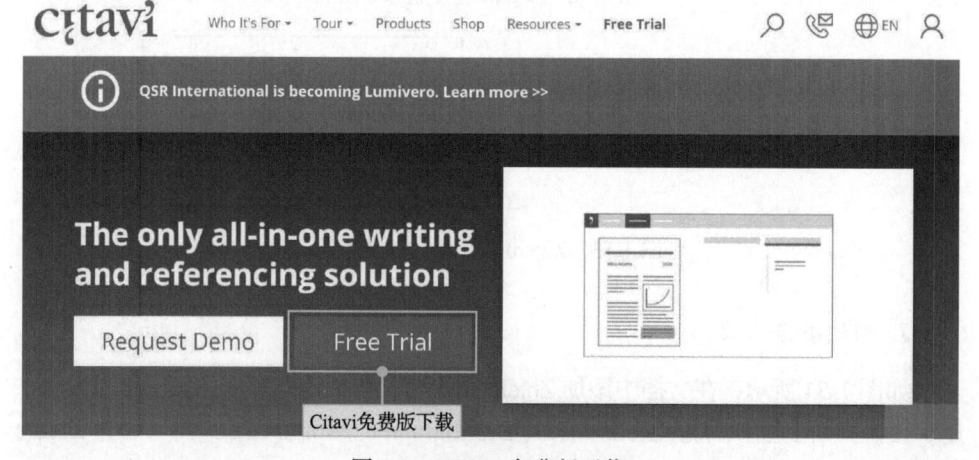

图 1-56　Citavi 免费版下载

Citavi 的特色和主要优势如下。

（1）综合的文献管理：Citavi 提供了全面的文献管理功能，包括文献收集、整理、引用和写作支持。它能帮助用户在学术研究过程中更有效地管理和利用文献资源。

（2）多平台支持：Citavi 可在 Windows 和 macOS 操作系统上运行，并提供移动设备应用程序（iOS 和 Android），用户可以在不同平台和设备上同步和使用文献库。

（3）引文生成与插入：Citavi 支持多种引文样式，用户可以根据需要选择所需的引文格式，并通过简单的单击将引文插入到文档中。

（4）知识组织和笔记：Citavi 允许用户在文献库中创建关联关系、添加笔记、评论和标注，帮助用户更好地组织和理解文献的内容。

（5）团队合作支持：Citavi 支持团队合作，允许用户在项目中共享文献库和笔记，方便团队成员协作研究项目。

（6）全文文献访问：对于订阅的数据库和期刊，Citavi 还可以提供对全文文献的直接访问，方便用户获取完整的研究资料。

（7）轻松的引用管理：Citavi 可以帮助用户对文献进行引用管理，包括检查引文格式、消除重复引文等，确保文献引用的准确性和一致性。

（8）支持多种数据库：Citavi 支持导入多种文献数据库，包括 WoS、PubMed、Google Scholar 等，方便用户从多个来源收集文献信息。

2. Citavi 文献管理方法

步骤：打开软件，选择 New project—Local project—Project name***—OK。建立好项目后，会自动打开项目（图 1-57）。

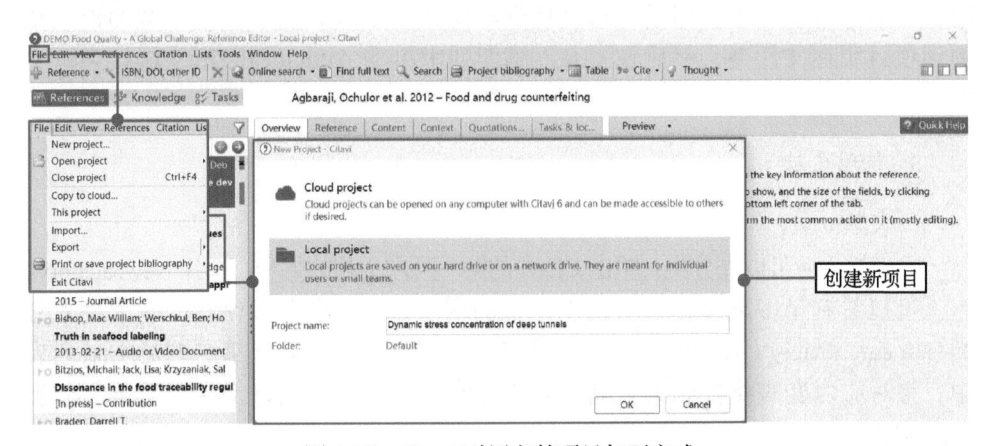

图 1-57　Citavi 引用文献项目打开方式

两种常用的文献导入方法如下。

(1) Project 打开后如图 1-58 所示，窗口主要分成四列。第一列主要是文献的归类，可以自己建立关键词或者分组，也可以打开 project 的本地文件夹查看，如图 1-58 所示文献已经自动被复制到对应的文件夹里。Citavi 窗口的第二列为文献列表；第三列是文献的简单信息，需要自己键入；第四列为文献预览，可进行文献阅读和标记，也可以选择用计算机安装的其他 PDF 软件进行阅读标记。

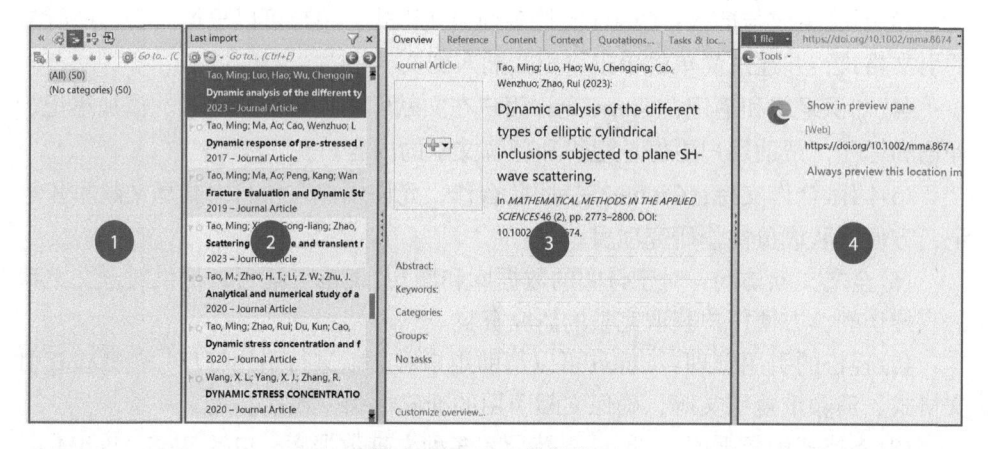

图 1-58　Citavi 软件窗口

(2) 进入中国知网找到对应的文献，单击"引用"，复制 EndNote 里的内容。然后在 Citavi 中选择 File—Import—Tex file(RIS, BibTeX, etc.,)—Next—EndNote—Use text from the Clipboard—Next（就可以看见刚才复制的内容）—Next—勾选自动识别的信息—Add to project（建议不勾选 Keywords 和 Location），最后文献的相应信息自动导入。但是没有链接到本地文献 PDF，所以先把下载的论文复制到项目所在文件夹，然后在 Citavi 第四列里单击 Add local file，链接到论文即可。

### 3. 整理文献

#### 1) 文献分类

文献导入后可以先分类：单击 Citavi 的第一列左上角的加号，选择 Newcategory。

可以看到第一列里面还有两个默认的内容，一个是全部（All），一个是未分类（No categories）（图 1-59），首先选择第一列的 All，然后在第二列的文献列表中，将对应内容直接拖到第一列的对应分类上，这样就做好了一个简单的分类（图 1-60）。

# 第 1 章 论文信息检索与分析

图 1-59　Citavi 文件分类

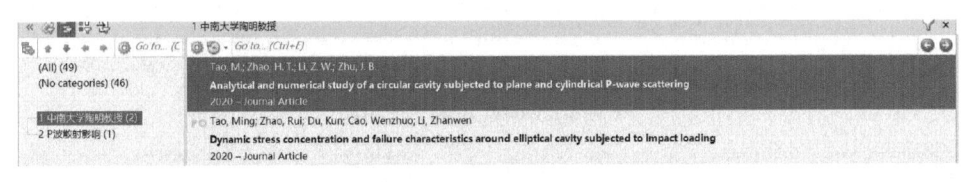

图 1-60　Citavi 分类界面

可以看见在第三列的 Overview 下直接出现了一个分类。文献分类很重要，每次导入文献后一定要做好分类，每个文献可以同时放进几个分类里，在后续阅读过程中可以继续添加分类(图 1-61)。

图 1-61　Citavi 添加分类

2) 建立知识卡片

在第四列进行文献阅读，可以打开全屏，当看见比较有用的图片或内容时可建立一个知识卡片，操作步骤如图 1-62 所示。然后会出现知识卡片的编辑窗口，可以进行命名和添加描述，然后单击 OK，知识卡片就做好了。

知识卡片的查看：在 Citavi 的左上角点击 Knowledge，可以看见建立的知识卡片，同样可以进行分类，单击窗口第二列的链接图标，可以直接定位到具体文献的具体位置(图 1-63)。

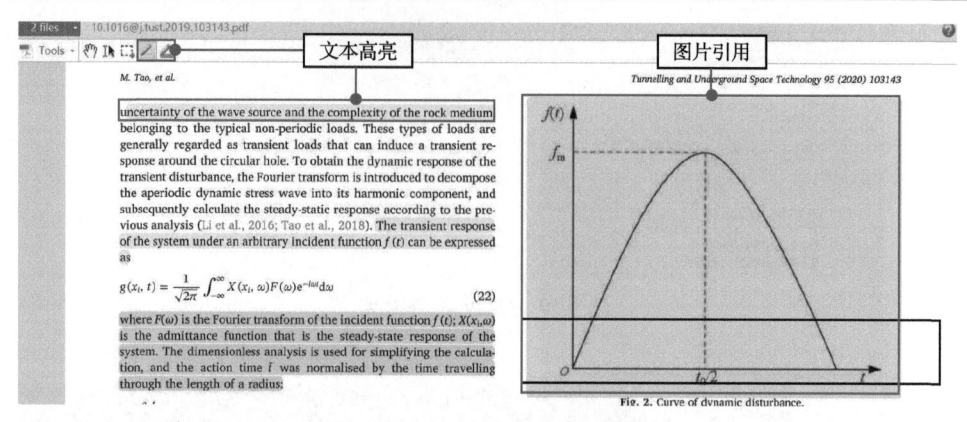

图 1-62　Citavi 知识卡片添加

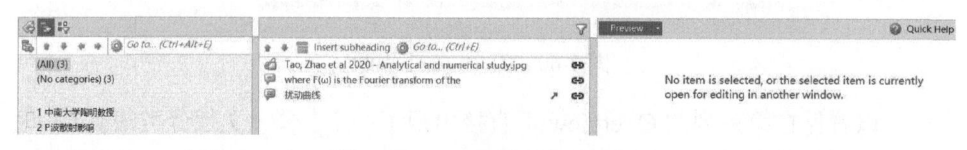

图 1-63　Citavi 知识卡片界面

## 1.4　论文数据分析

本节选取世界知名的科技文献分析软件进行案例说明，分别为 CiteSpace、VOSviewer、Hist Cite。

### 1.4.1　CiteSpace

1. CiteSpace 简介

CiteSpace 是由美国德雷克塞尔大学陈超美教授使用 JAVA 开发的一种多元、动态、分时的科技情报分析工具。该工具以库恩的科学范式转移理论和引文分析方法为指导，是一种从知识基础向研究前沿之间映射关系分析的情报可视化工具。

CiteSpace 的主要功能和特点如下。

(1) 引文网络分析：CiteSpace 可以分析学术文献的引用关系，构建引文网络图。这些网络图可视化文献之间的引用关系，帮助用户了解研究领域内的知识传播和影响力。

(2) 时空演化图：CiteSpace 可以生成时空演化图，显示研究领域随时间的发展和演变。这对于追踪研究热点和趋势非常有用。

(3) 关键词共现分析：CiteSpace 可以进行关键词共现分析，找出在同一文献中频繁出现的关键词组合，帮助揭示研究领域的热点和重要主题。

(4) 共被引分析：CiteSpace 可以分析文献之间的共被引情况，帮助用户找到高度相关的文献集合。

(5) 可视化工具：CiteSpace 提供直观的可视化工具，使用户能够更好地理解引文数据和研究结果。

(6) 支持多种数据源：CiteSpace 支持导入多种数据源，包括 WoS、PubMed、Scopus 等，以满足不同领域的需求。

2. 使用案例，以中国知网文献数据为例

1) 导出文献

如图 1-64 所示，首先打开中国知网主页，检索主题词[爆破预测]，按照发布时间进行排序，并将所有文献全部导出，导出格式选择 Refworks。所有文献数据全部导出后，将其合并为一个 txt 文档。

2) 数据格式转换

首先将导出且已经合并好的引文文档重命名，命名为[download_*****.txt]的格式。将 txt 引文文档移动到 Input 文件夹里。打开 CiteSpace 后，出现的就是图 1-65 的界面。

(a) 检索主页

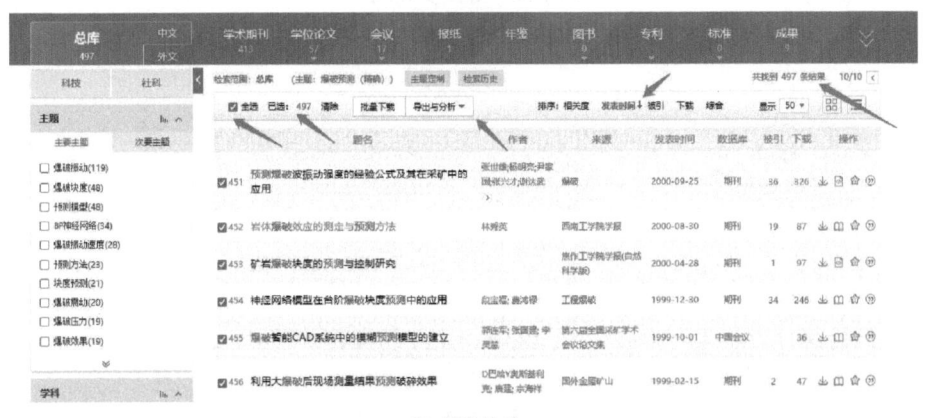

(b) 检索结果

(c) 文献导出与分析

(d) Refworks格式导出

图 1-64　导出文献列表

图 1-65　数据格式转换

打开 CiteSpace 后，出现如图 1-66 所示的界面。选择 Date—Import/Export，就可以看到该软件能够分析处理的数据库名称。

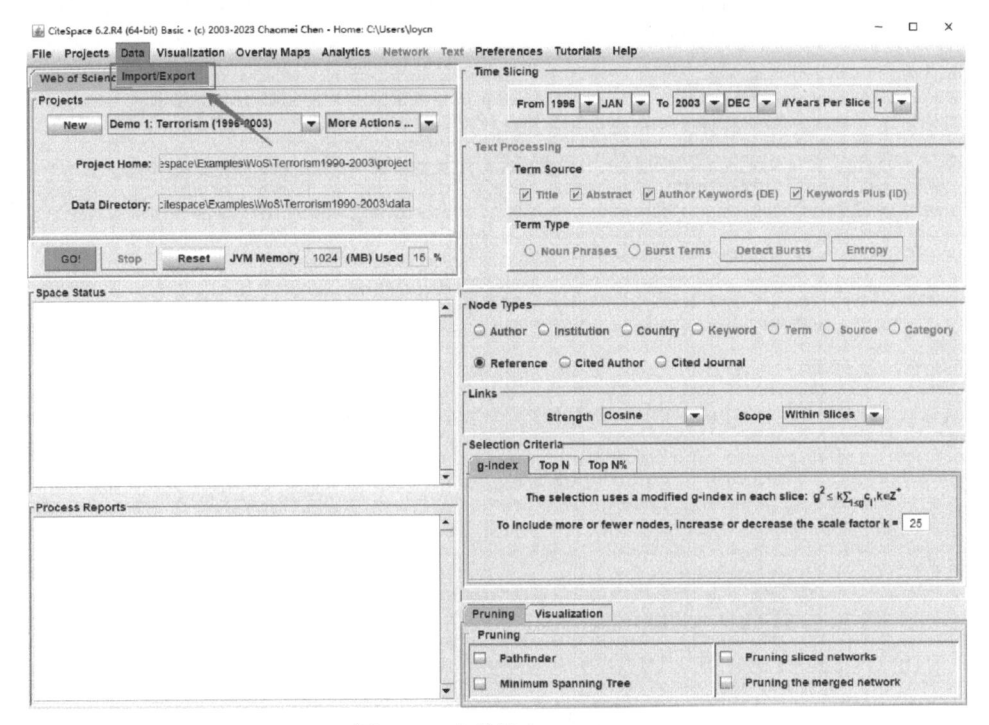

图 1-66　文献导入 CiteSpace

然后选择 CNKI，再分别选中数据格式转换前后输入、输出的路径。选好后直接单击右侧的转换按钮 CNKI Format Conversion(3.0)，即可转换成功。转换好的引文文档存储在 Output 文件夹中，将这个转换好格式的引文文档复制到 Data 文件夹中(图 1-67)。

3) 数据处理分析

回到 CiteSpace 主界面，选择 New 新建一个项目。设置 Title 为自己的标题，图 1-68 为创建数据的输出和输入路径。

如图 1-69 所示，保存之后，重新回到软件操作界面，在右侧的 Time Slicing(时间切片)一栏选择引文数据的起止时间；在 Node Types 一栏选择 Keyword 分析。关键词分析旨在了解最近几年这一主题下研究的热点是什么。选择好这些参数后，就单击界面左侧的 GO。

软件运行，左侧两个框架显示的是分析过程中的详细信息，运行结束后就会跳出来图 1-70 中间的界面，然后可以选择保存或者直接进行可视化。在这里，选择可视化继续后续的展示。

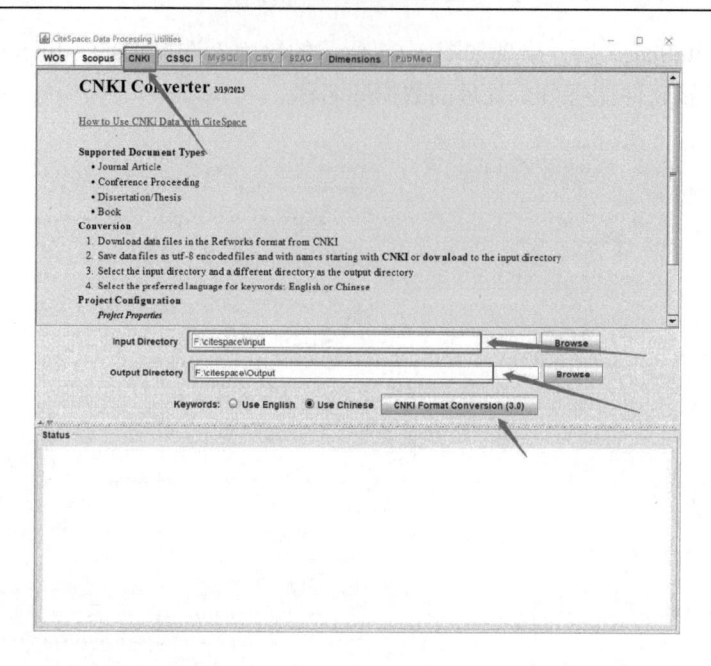

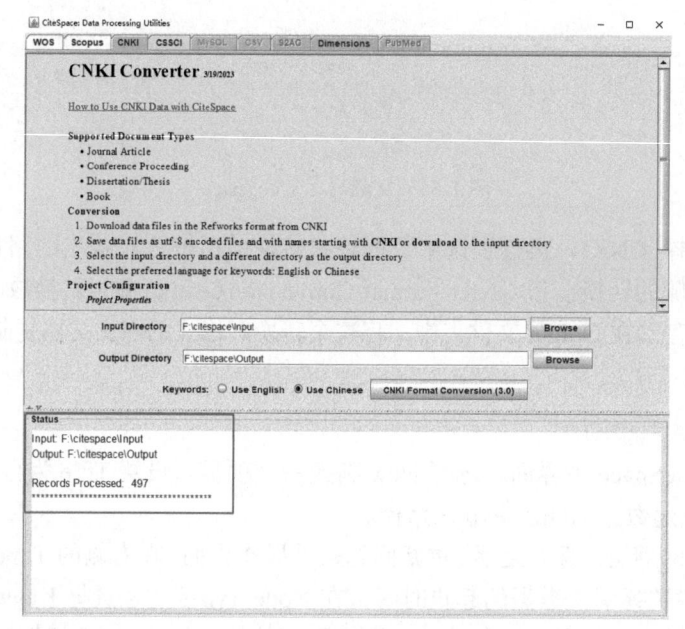

图 1-67　格式转换及存储

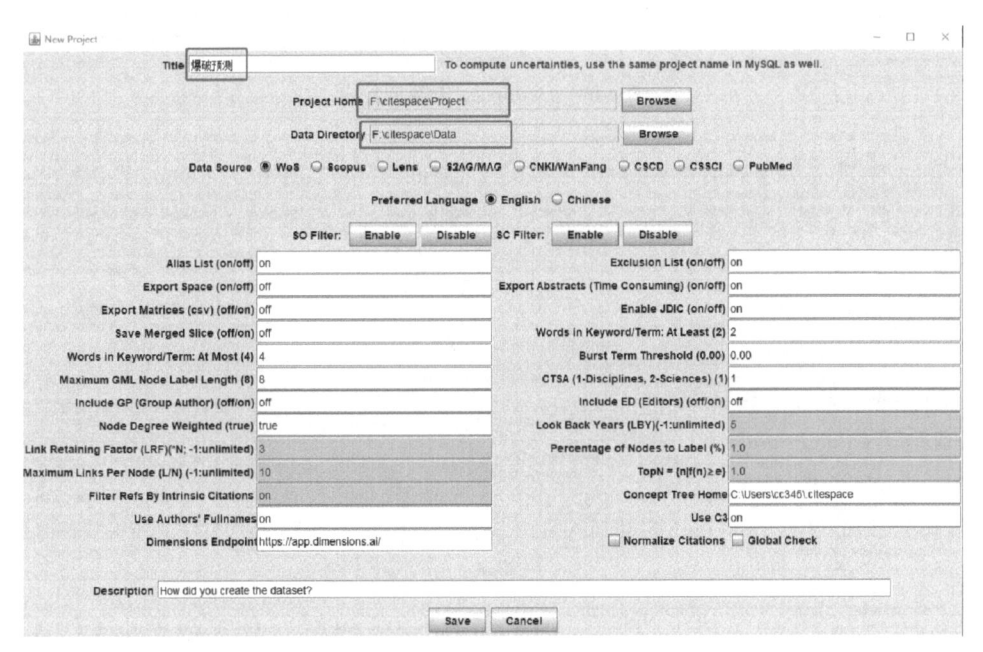

图 1-68 创建数据输入、输出路径

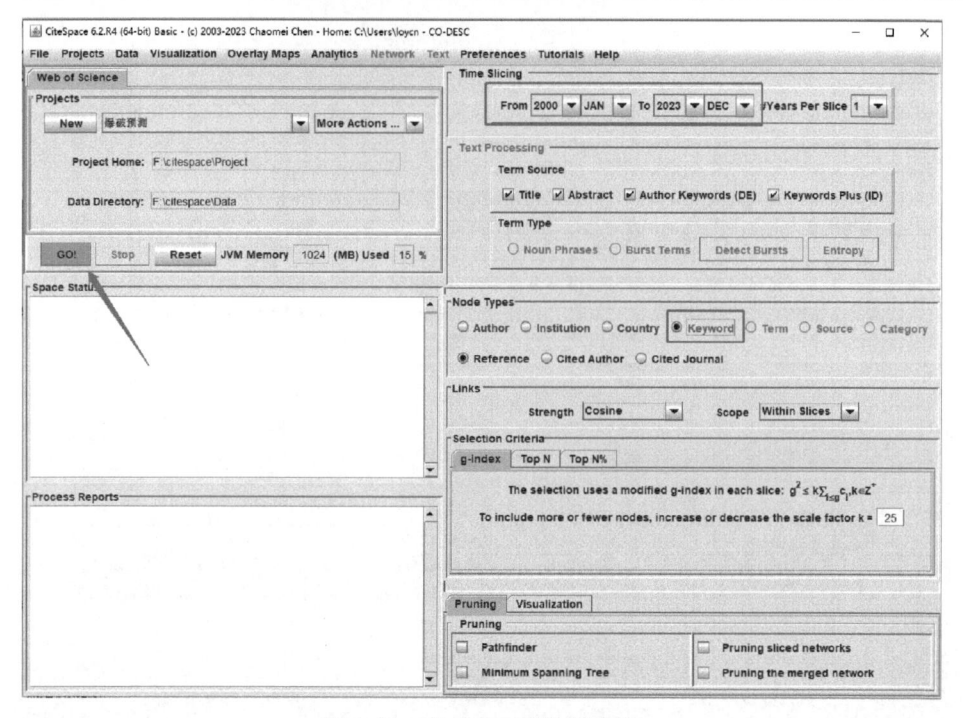

图 1-69　CiteSpace 关键词分析

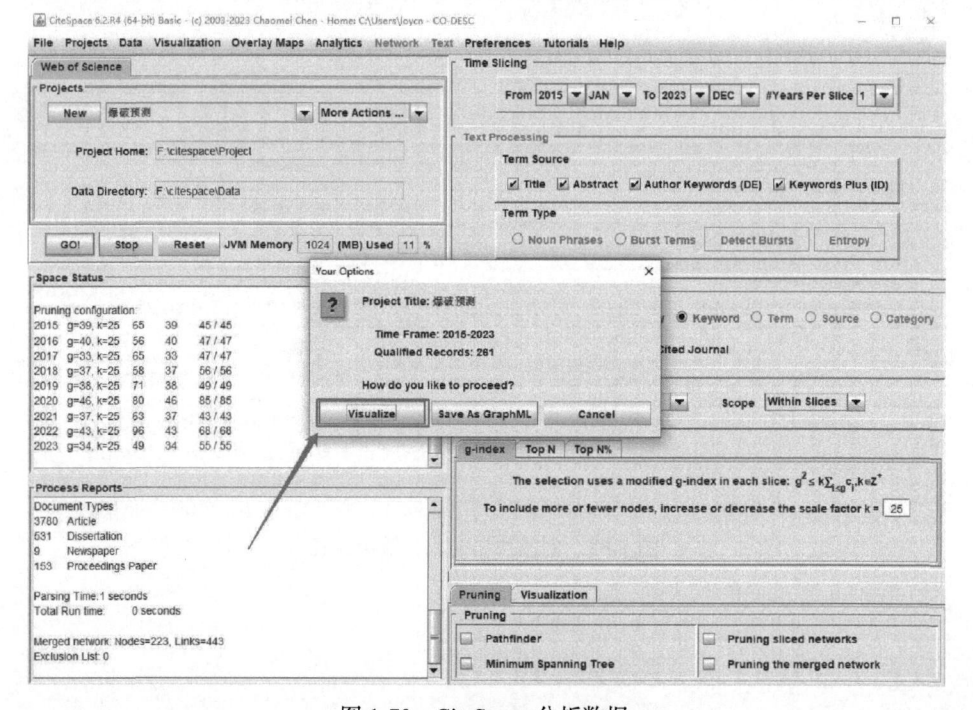

图 1-70　CiteSpace 分析数据

4）数据可视化

在可视化界面，会显示出几个关键词，即近年来研究的热点领域或分支。在界面的左侧，也会出现每个关键词出现频率的统计（图1-71）。当然，该软件有非常多的菜单栏按钮，还有右边关于参数调整的控制面板，用户可以根据自己的需求进行不同角度的图像变换，以满足论文的需要。

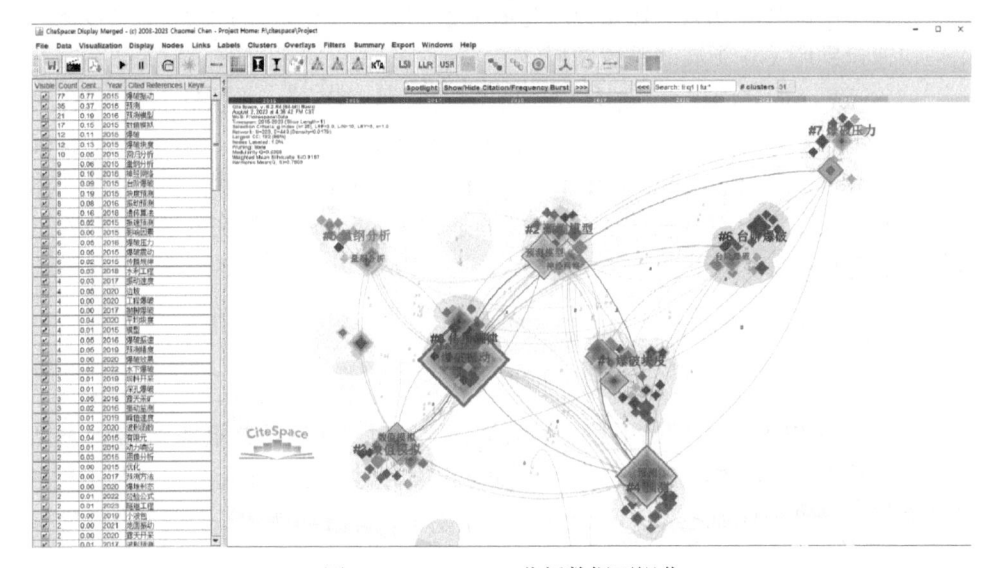

图 1-71　CiteSpace 分析数据可视化

以上是 CiteSpace 的简单使用方法及案例介绍，读者可以通过网络进行更深入的学习，这里就不再赘述。

## 1.4.2　VOSviewer

1. VOSviewer 简介

VOSviewer 是由来自荷兰莱顿大学科学元勘研究中心（Centre for Science and Technology Studies, CWTS）的 Nees 和 Ludo 两位学者合作开发的一款知识图谱绘制工具。该工具致力于通过科学家发表的论文来绘制科学研究的"地貌图"，以帮助用户认识科学研究的领域情况。在 VOSviewer 生成的图形中，通过不同的可视化方式展现用户所关注知识元的可视化关系图。在 VOSviewer 中，主要通过三种可视化方式来呈现科学领域的结构及其关联方式。这三种可视化方式分别为网络聚类图、叠加图和密度图。

（1）Network visualization，即网络聚类图。圆圈和标签组成一个元素，元素的大小取决于节点的发文量、度、连线的强度、被引量等，元素的颜色代表其所属的聚类，不同的聚类用不同的颜色表示，通过该视图可以查看每个单独的聚类。

(2) Overlay visualization，即叠加图，区别于 Network visualization 的特点是用户可以根据自己的研究需要，通过 map file 文件中的 score 或颜色(红、绿、蓝)字段对节点赋予不同的颜色。默认按关键词的平均年份取 score 值进行颜色映射。

(3) Density visualization，即密度图，图谱上每一点都会根据该点周围元素的密度来填充颜色，密度越大，越接近红色；相反，密度越小，越接近蓝色。密度大小依赖于周围区域元素的数量以及这些元素的重要性(节点的大小)。密度图可用来快速识别所关注领域的重点领域。

VOSviewer 的使用相对其他软件要简单一些。从 VOSviewer 软件主页下载，并解压软件包即可使用。在下载页面中，单击 Download VOSviewer 1.6.8 for Microsoft Windows systems 下载 VOSviewer_1.6.8_exe.zip，并解压。解压后，在文件中单击 VOSviewer.exe，即可打开软件(需要注意的是，VOSviewer 需要在安装了 JAVA 的环境下运行)。

2. 使用案例，以 WoS 为例

1) 获取数据

首先要在 WoS 官方网站下载文献数据，检索时，在网站首页选择 WoS 核心合集。如果选择所有数据库，会导致后期导出文件时，无法找到全记录与引用的参考文献，最终会导致在 VOSviewer 中数据不全，部分功能无法分析(图 1-72)。

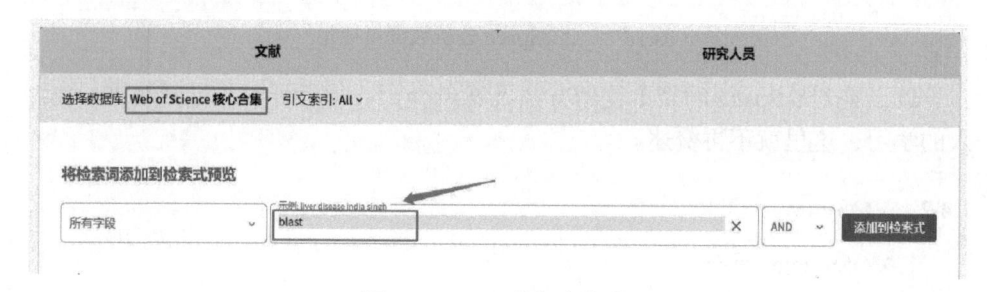

图 1-72 WoS 数据库检索

检索完成之后，选择"导出"—"制表符分隔文件"(图 1-73、图 1-74)。

2) 导入数据

如图 1-75 所示，打开 VOSviewer 软件，选择 Map—Create 导入。

VOSviewer 数据分析流程如图 1-76 所示。单击 Next，选择来源数据库；单击"浏览"图标，选择全部数据；单击 Next 进行数据读取，数据读取完后选择图谱类型；根据需要选择分析方法，可以生成合作网络分析、关键词共现分析、引证分析、耦合分析、共被引分析的可视化图谱，最后单击 Finish，得到一张分析图。

第 1 章　论文信息检索与分析

图 1-73　WoS 检索结果导出

图 1-74　数据导出内容选择

图 1-75　WoS 数据导入 VOSviewer

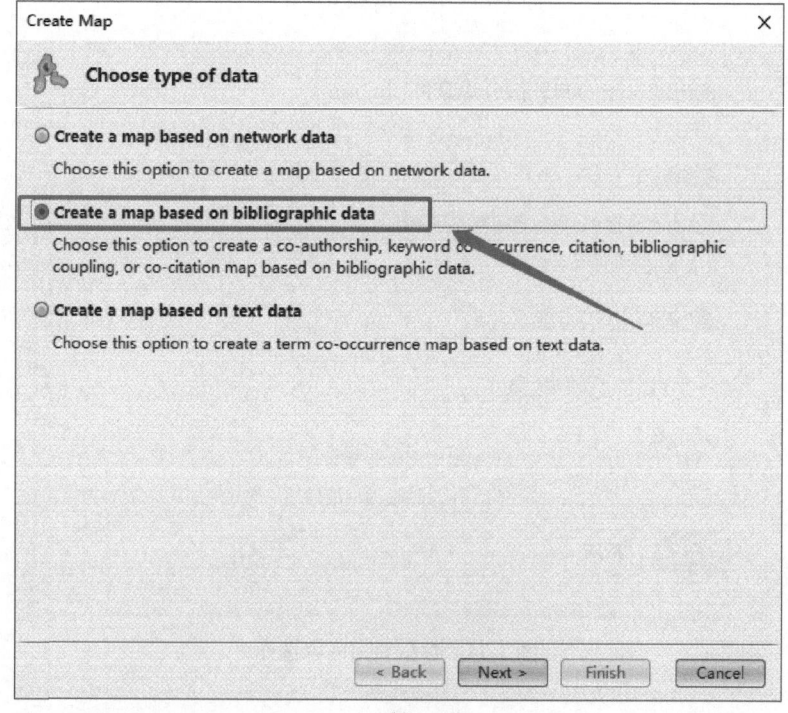

(a)

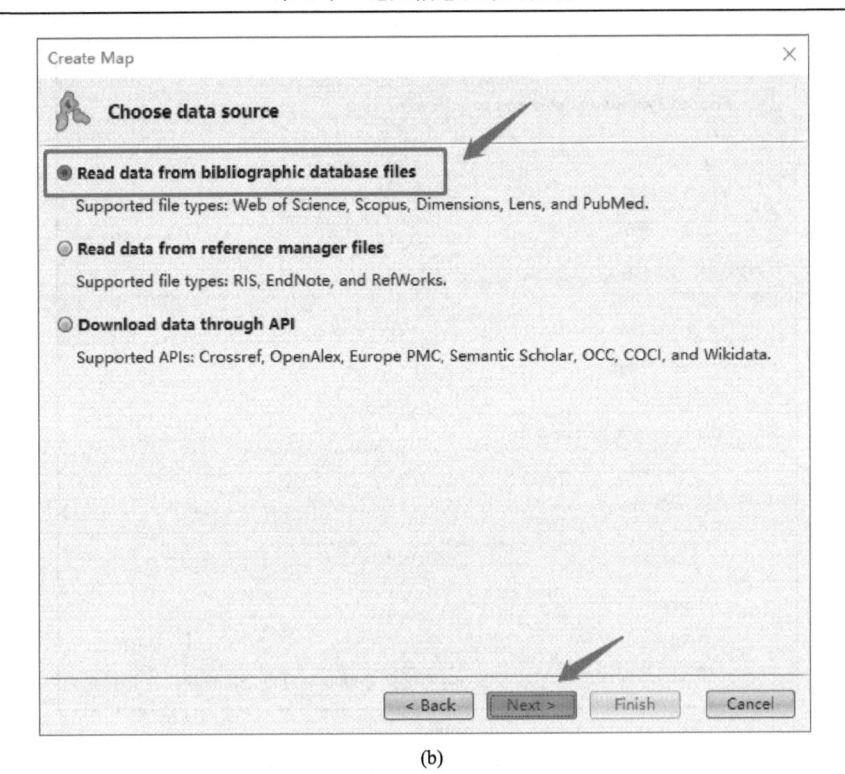

## Create Map

**Choose data source**

● Read data from bibliographic database files

Supported file types: Web of Science, Scopus, Dimensions, Lens, and PubMed.

○ Read data from reference manager files

Supported file types: RIS, EndNote, and RefWorks.

○ Download data through API

Supported APIs: Crossref, OpenAlex, Europe PMC, Semantic Scholar, OCC, COCI, and Wikidata.

&lt; Back | Next &gt; | Finish | Cancel

(b)

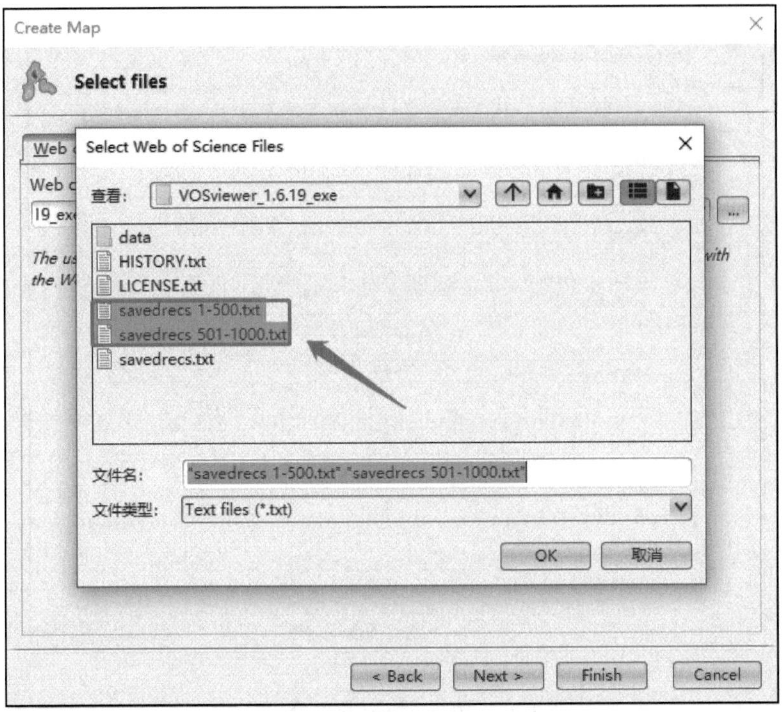

## Create Map

**Select files**

Select Web of Science Files

查看: VOSviewer_1.6.19_exe

- data
- HISTORY.txt
- LICENSE.txt
- savedrecs 1-500.txt
- savedrecs 501-1000.txt
- savedrecs.txt

文件名: "savedrecs 1-500.txt" "savedrecs 501-1000.txt"

文件类型: Text files (*.txt)

OK | 取消

&lt; Back | Next &gt; | Finish | Cancel

(c)

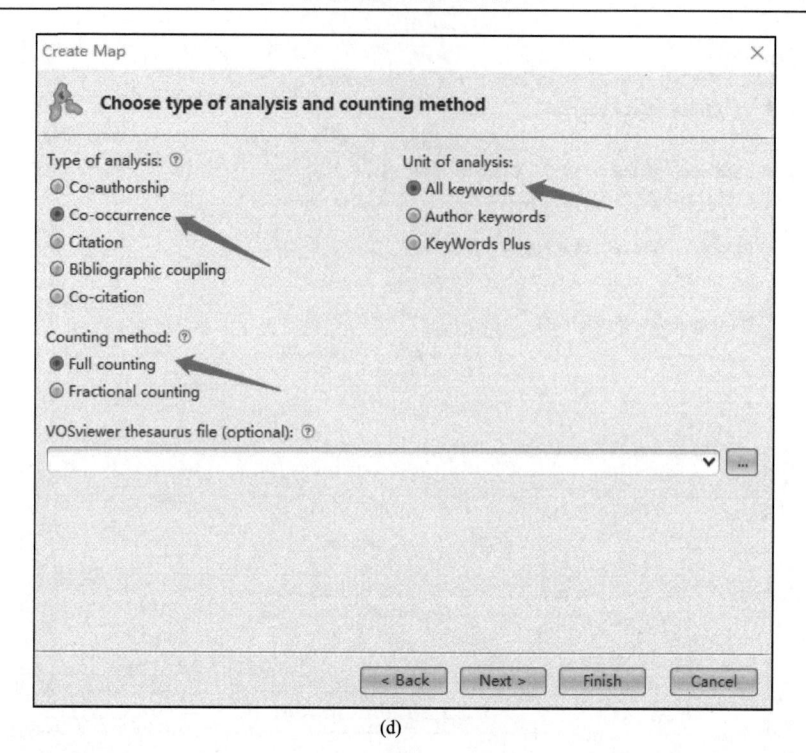

(d)

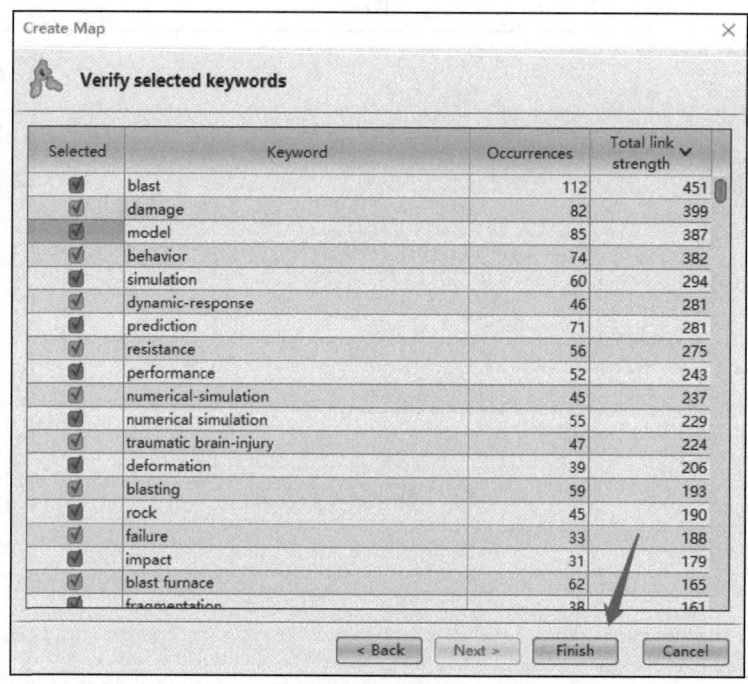

(e)

图 1-76　VOSviewer 数据分析流程

3) 统计分析

调整参数，得到不同的文献数据分析谱图（图 1-77）。

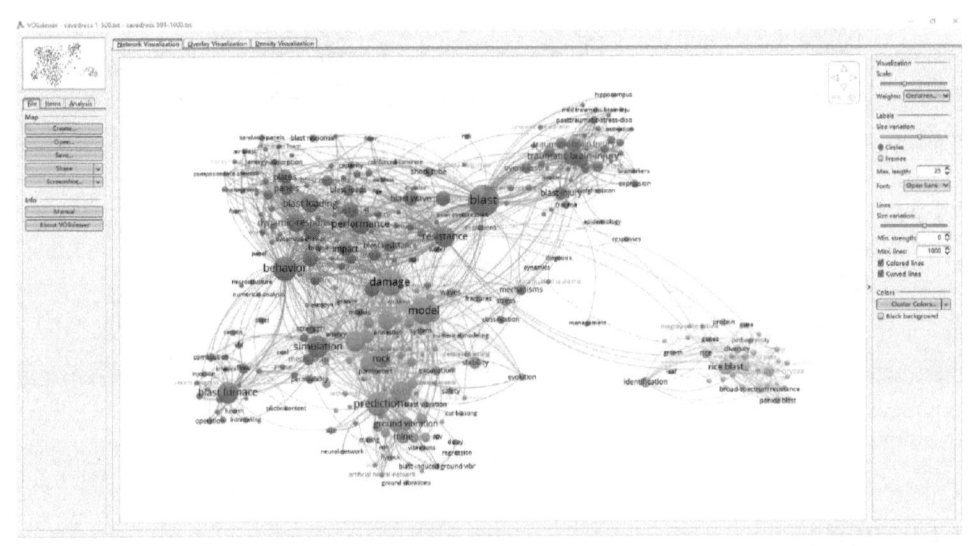

(a)

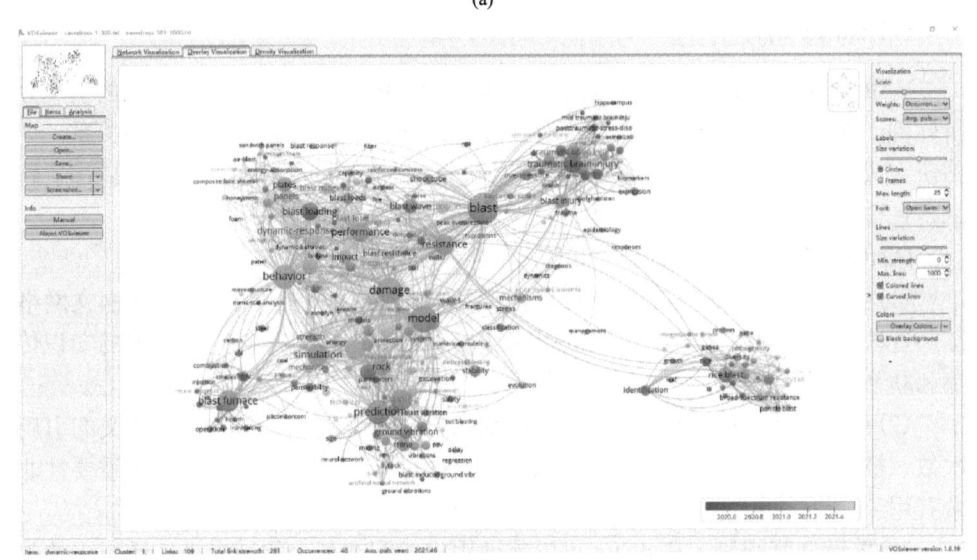

(b)

(c)

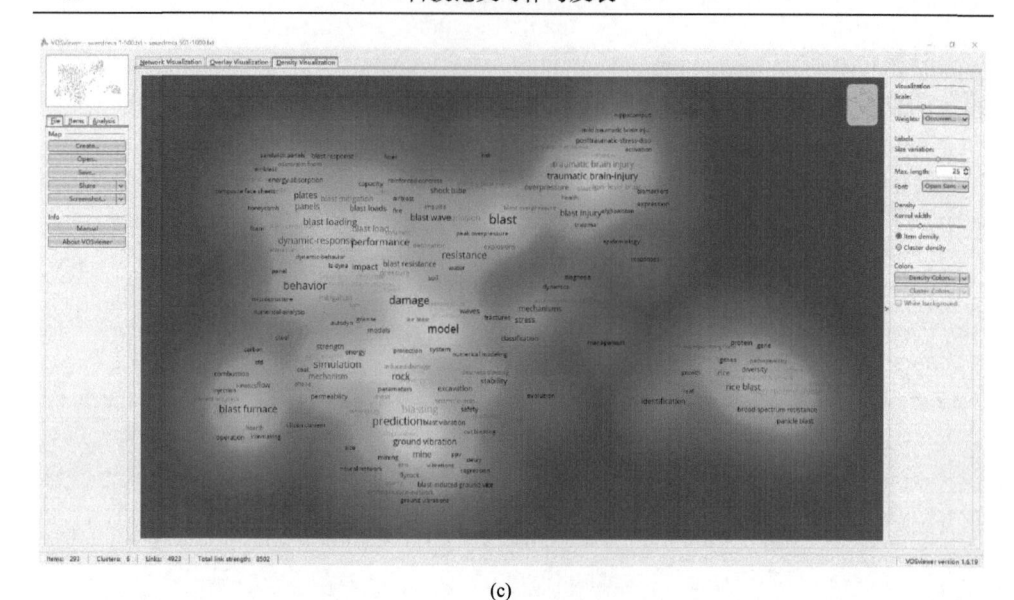

图 1-77　VOSviewer 数据可视化结果

### 1.4.3　HistCite

1. HistCite 简介

HistCite 是由著名信息学家尤金·加菲尔德(Dr Eugene Garfield)开发的引文分析软件。该软件旨在帮助用户进行引文分析，理解学术文献之间的引用关系，评估研究成果的影响力，并找到领域内的关键文献。HistCite 在学术界广泛应用，特别是在科学评估和科学计量学领域。

HistCite 的主要功能和特点如下。

(1) 引文网络分析：HistCite 可以根据学术文献之间的引用关系构建引文网络图。这些网络图显示了论文之间的引用连接，帮助用户了解研究领域内的知识传播和联系。

(2) 引文统计数据：HistCite 提供详细的引文统计数据，包括每篇论文的引用次数、被引频次、引用来源等信息。这些数据对于评估论文的影响力和重要性非常有用。

(3) 关键文献识别：HistCite 可以帮助用户找到在某个领域内被广泛引用的关键文献。这些文献通常代表了该领域的重要进展和突破，对用户了解领域动态和趋势非常有帮助。

(4) 学者分析：HistCite 可以用于评估学者的学术产出和影响力。通过分析学者的发表论文数量、被引频次等指标，初步评估学者在学术界的地位和贡献。

(5)可视化工具：HistCite 提供了直观的可视化工具，使用户能够更好地理解引文数据和引用网络。用户可以自定义图表和图形，以便更好地呈现研究结果。

2. 使用案例，以 WoS 为例

1) 获取数据

与 VOSviewer 类似，在 WoS 中对文献进行检索，选择纯文本格式进行导出。方便起见，本案例导出 999 篇文献作为例子（图 1-78）。

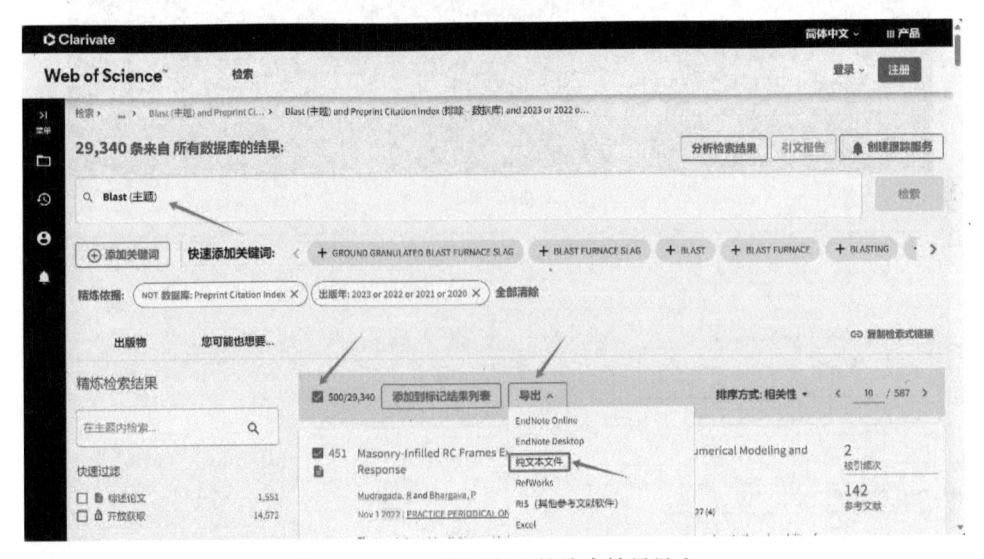

图 1-78　WoS 数据库文献检索结果导出

2) 导入数据

将下载好的文件拖入 TXT 文件夹中，并运行 main 程序，输入"1"单击 Enter，就可以看到导入的文献（图 1-79）。

(a)

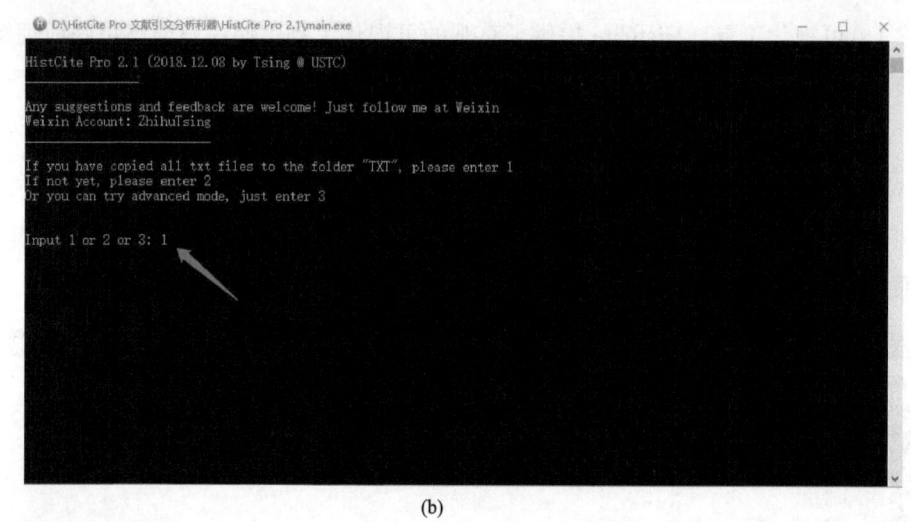

(b)

(c)

图 1-79　HistCite 导入纯文本参考文献数据

3）数据分析

图 1-80，第一行中

Records：999 指的是一共导入了 999 篇文章；

Authors：3679 指的是这 999 篇文献一共有 3679 位作者；

Journals：393 指的是一共有 393 种期刊；

Cited References：29041 指的是这 999 篇文献一共引用了 29041 篇文献；

Words：2512 指的是有 2512 个单词是经常被这些文章提到的。

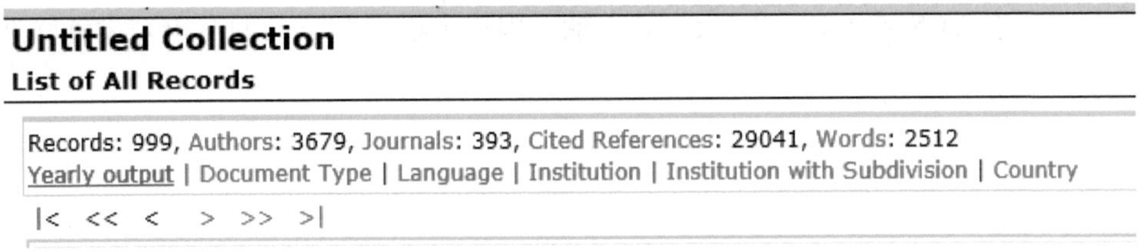

图 1-80　HistCite 数据分析

这里可以着重看图 1-81 右边的四个数据。

LCS（local citation score）：本地引用次数，这篇文献在导入的数据库中被引用的次数（可以着重看这个数据，它可以反映这篇文章在领域内的认可度）。

GCS（global citation score）：全球引用次数，这篇文献在整个 WoS 中被引用的次数（可以参考 GCS 数据，因为其他领域的作者也可能会引用这篇文章，所以它无法准确地反映这篇文章在本领域的认可度）。

LCR（local cited references）：本地参考文献引用数，这篇文献在所导入的 999 篇文章中被引用的次数。

CR（cited references）：参考文献引用数，这篇文章引用 WoS 数据库文献的数量（可以用来筛选哪些文章为文献综述）。

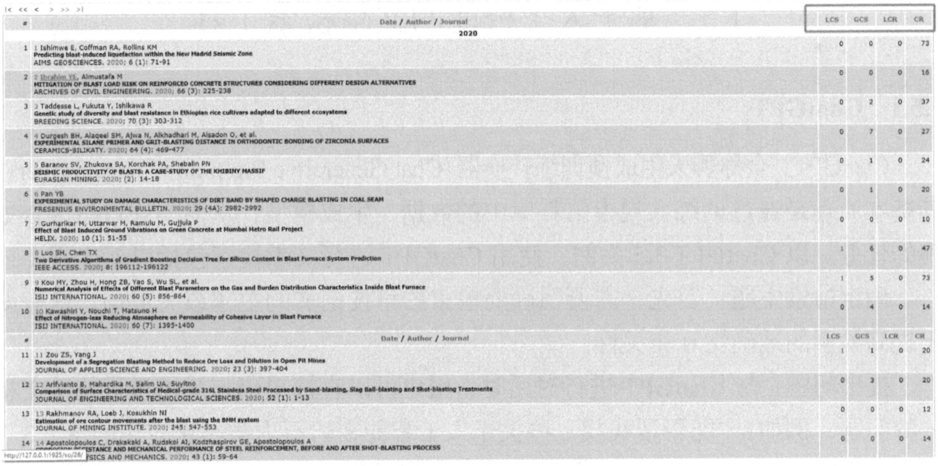

图 1-81　HistCite 数据分类

4）作图

可以选择菜单栏中 Tools—Graph Maker—Make Graph，得到图 1-82 所示文献之间的引用关系图。左边 Select by 下方的 LCS/GCS 分别为本地引用次数/全球引用次数，后面的 Count 指的是按 LCS 或 GCS 排序，分析前 50 篇，而 Value 指的是分析所有 LCS 或 GCS 大于 50 的文献。用户可以根据自己的需求来设置筛选条件。

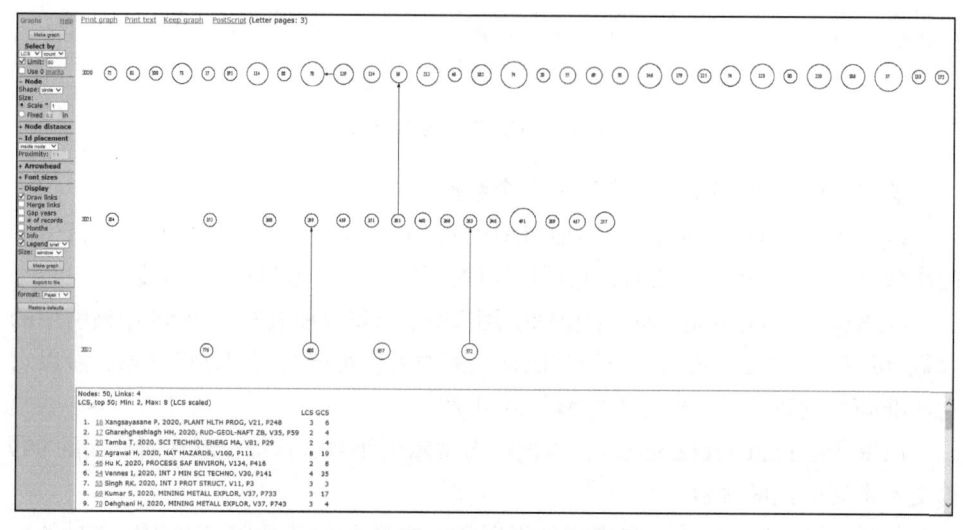

图 1-82　HistCite 数据分析结果及可视化选项

## 1.5　基于人工智能的文献检索工具

### 1.5.1　ChatGPT

ChatGPT，全称聊天生成预训练转换器(Chat Generative Pre-trained Transformer)。其基本原理是通过训练大规模语料库中的数据，生成模型，从而实现自然语言处理的任务。以 ChatGPT-3.5 为例，使用 ChatGPT 进行文献检索包括以下步骤。

确定检索主题：首先，需要明确要检索的科技论文的主题或关键词，这有助于提高检索的准确性和相关性。

提出问题：与 ChatGPT 进行对话时，用户可以直接提出与被检索科技论文相关的问题，例如："能否帮我找一些关于人工智能在岩石力学领域应用的论文？"

获取结果："我无法浏览互联网或访问特定的数据库，但我可以为您提供一些关于如何查找人工智能在岩石力学中应用的论文的一般性指导。您可以使用这些建议在学术数据库、在线期刊和资料库中进行搜索。"

澄清和追加：如果用户需要更多细节或澄清，可以进一步询问(图 1-83)。

第1章 论文信息检索与分析

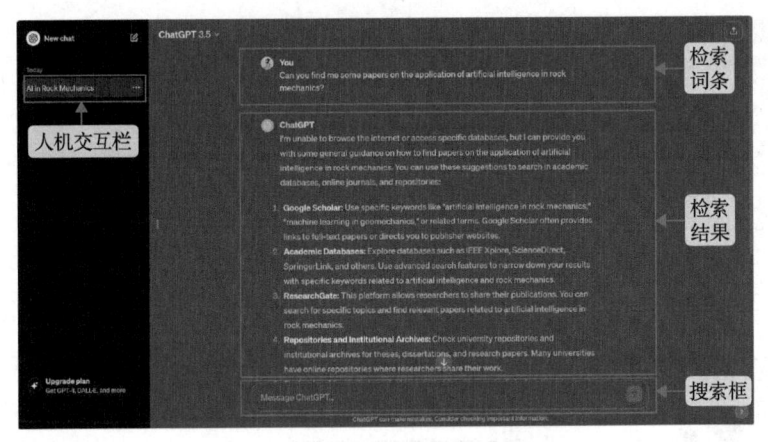

图 1-83　ChatGPT 文献检索结果(1)

也可以使用 ChatGPT 查找投稿期刊。首先确定目标期刊的领域，使用 ChatGPT 查找十个相关期刊。例如："能否介绍一下十个与人工智能相关的学术期刊？"（图 1-84）。

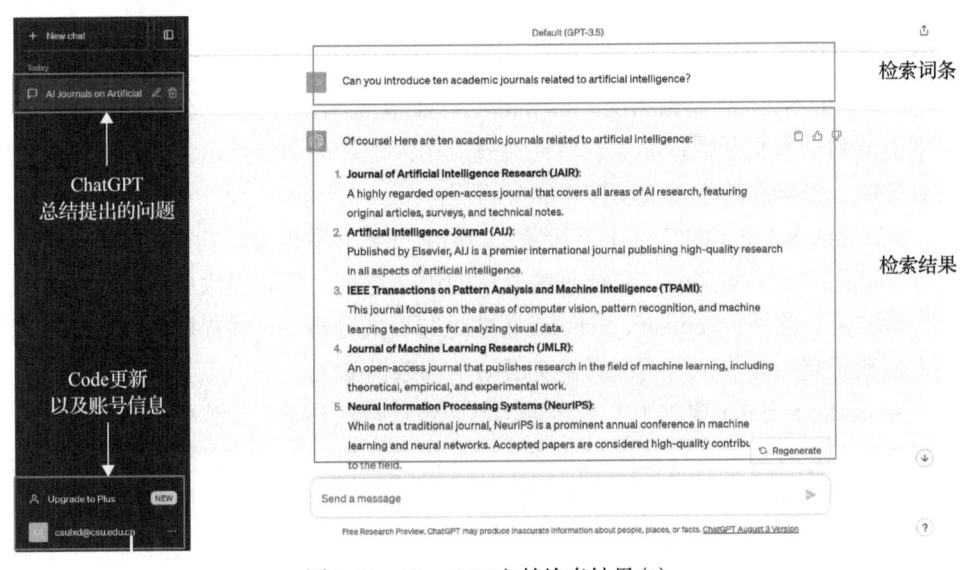

图 1-84　ChatGPT 文献检索结果(2)

也可以使用 ChatGPT 根据自己论文主题查找合适的投稿期刊。以投稿某一篇文章为场景，使用 ChatGPT 查找十个相关期刊。例如："我撰写了一篇题为'深埋隧道近源爆破扰动引起的动态应力解析解'的文章，请介绍十个与主题相关的期刊。"可以看出，其可胜任查找论文及查找期刊的工作(图 1-85)。

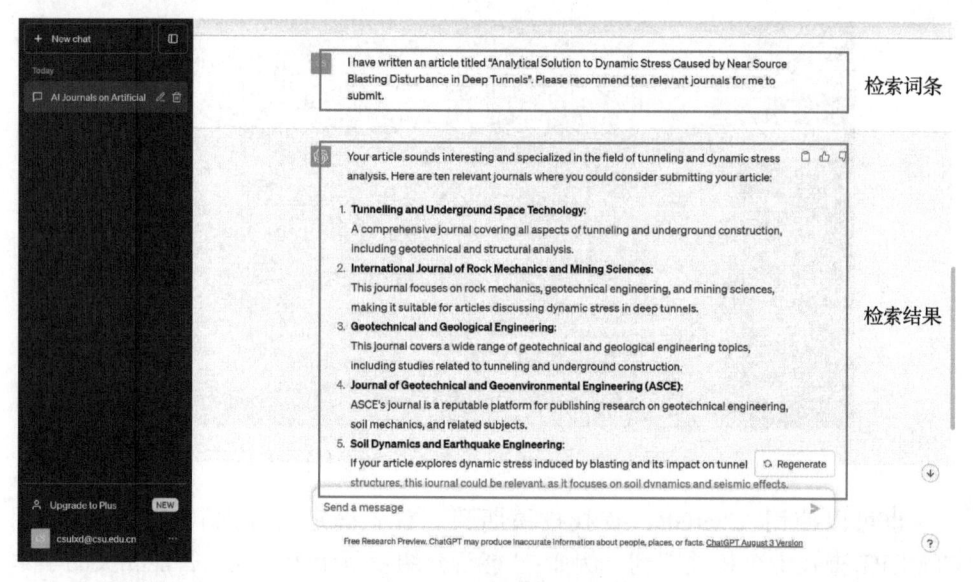

图 1-85　ChatGPT 文献检索结果(3)

## 1.5.2　Semantic Scholar

Semantic Scholar 是由 Allen Institute for AI（艾伦人工智能研究所）开发的学术搜索引擎和学术文献数据库。它旨在通过应用人工智能和自然语言处理技术，提供更智能、更全面的学术文献搜索和分析服务。

Semantic Scholar 的特点在于其强大的语义搜索和数据分析功能。它不仅可以通过关键词搜索学术文献，还能理解查询的语义意义，从而提供更准确、更相关的检索结果。此外，Semantic Scholar 还能进行引文分析、自动提取关键信息、识别主题和研究趋势等，为用户提供全面的学术数据变化。

Semantic Scholar 覆盖了多个学科领域，包括自然科学、计算机科学、人文社会科学等。它收录了全球范围内的学术文献，包括期刊论文、会议论文、学位论文等。所有的文献都经过机器学习算法和人工审核，以保证其质量和准确性。另外，Semantic Scholar 还提供了一些实用的功能，如学术作者的个人页面、文献的引用情况、作者的合作关系等，帮助用户更好地了解学术界的动态和合作网络。

打开 Semantic Scholar 网站：在浏览器中输入 Semantic Scholar 的网址（https://www.semanticscholar.org/），进入 Semantic Scholar 主页（图 1-86）。

进行文献检索：在主页检索框中输入关键词、作者、题目等信息，然后单击 Search 按钮。

# 第 1 章 论文信息检索与分析

图 1-86 Semantic Scholar 主页

高级检索（可选）：如果用户需要更精确的检索结果，可以单击检索框旁边的"高级检索"按钮，进入高级检索界面。在这里，用户可以设置更多的检索条件，如文献类型、出版日期范围、作者等。

查看检索结果：在检索结果页面，可以看到与检索词相关的学术文献列表。检索结果会根据相关性排序，最相关的文献排在前面（图 1-87）。

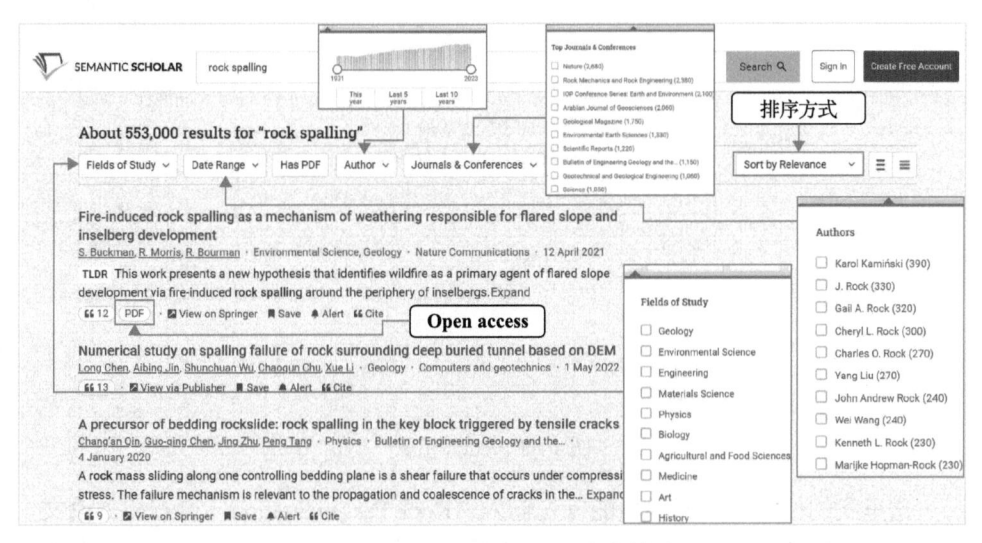

图 1-87 Semantic Scholar 检索结果

筛选检索结果：如果需要进一步筛选检索结果，可以使用左侧的过滤选项。可以按照文献类型、出版年份、作者等进行过滤，以获得更符合需求的文献。

查看文献详情：单击检索结果列表中的文献标题，可以进入文献的详细页面，查看文献的摘要、作者信息、引用信息等。

阅读或下载文献：根据用户的访问权限，可以在线阅读文献的全文，或者下载 PDF 版本。

引用分析(可选)：Semantic Scholar 提供了文献的引用分析功能，可以查看该文献被其他文献引用的情况，了解该文献的影响力和学术价值。

收藏文献(可选)：如果用户对某篇文献感兴趣，可以将其收藏到个人图书馆中，方便日后查阅和管理。

### 1.5.3 Elicit

Elicit 使用语言模型帮助用户自动化研究工作流程，特别是文献综述部分。它可以找到与关键词完美匹配的相关论文，总结相关论文中与关键词相关的要点和从相关论文中提取关键信息。Elicit 除了可以用来回答研究问题，还可以用来完成头脑风暴、总结相关研究摘要和文本分类等工作。

Elicit 主页为一个检索框，右上方功能栏包括大量的具体功能（图1-88）。最主要的功能为文献回顾、头脑风暴、文献建议、文献内容重新写作等，默认功能为文献回顾。

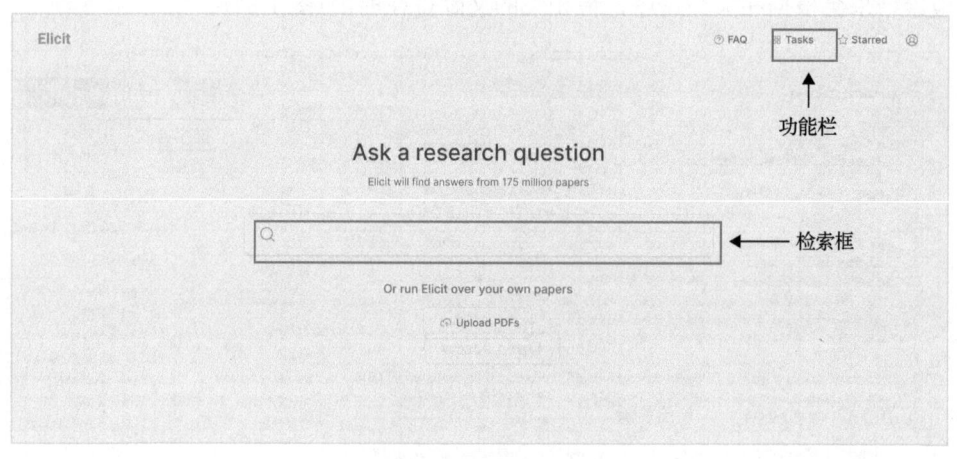

图 1-88  Elicit 主页

这里我们使用文献回顾功能首先输入"Rock Fragmentation"检索相关论文。图 1-89 左边文献信息可以选择对文章摘要二次总结等功能，总结后的摘要在右边显示。通过这些搜索可以知道现在相关研究采取了哪些方法，各种方法的优缺点，目前该问题有哪些结论，现在科学前沿的推进情况。

选择 Export as CSV 格式文献，可以获取文献列表，查找相关文献信息，以便对文献数据进行二次分析（图1-90）。注意，Elicit 平台数据来源于 Semantic Scholar，这里的数据表都给出了 Semantic Scholar 文献链接。单击链接可进入 Semantic Scholar 浏览和操作。

第 1 章　论文信息检索与分析

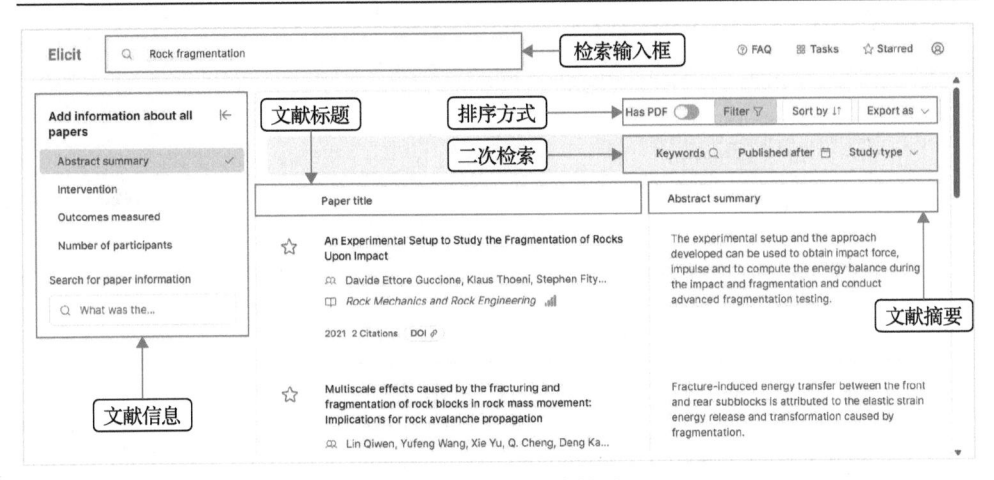

图 1-89　Elicit 检索结果

图 1-90　Elicit 文献信息列表

接下来，我们使用头脑风暴功能搜索"岩石破碎"。Elicit 依据它海量的文献库，以及它对自然语言的理解，形成了一系列的问题（图 1-91）。

什么是典型的岩石材料？
不同区域的岩石破碎程度有何不同？
气候对岩石破碎有什么影响？我们如何模拟气候对岩石破碎的影响？
岩石的尺寸如何影响它们的破碎？
在不同的矿物成分和不同的温度下，岩石破碎将是什么样子？
岩石破碎的关键决定因素是什么？

Elicit 以某一个研究问题为出发点，列出用户可能关心的问题，用户只需要在这里不断地浏览，即可以方便地找到合适的研究课题。找到感兴趣的课题再回到文献回顾功能，找到该问题下有哪些研究者，提出了哪些观点，最终形成整个研究循环。这个研究循环可以让用户快速地将自己的注意力聚焦在真正感兴趣和有价值的问题上。

再使用句子重写功能，重新表述来自"岩石破碎"检索结果中第一篇文章的摘要。Elicit 给出了多条重写结果，用户可选用其中的句子改进文献综述中的描述（图 1-92）。

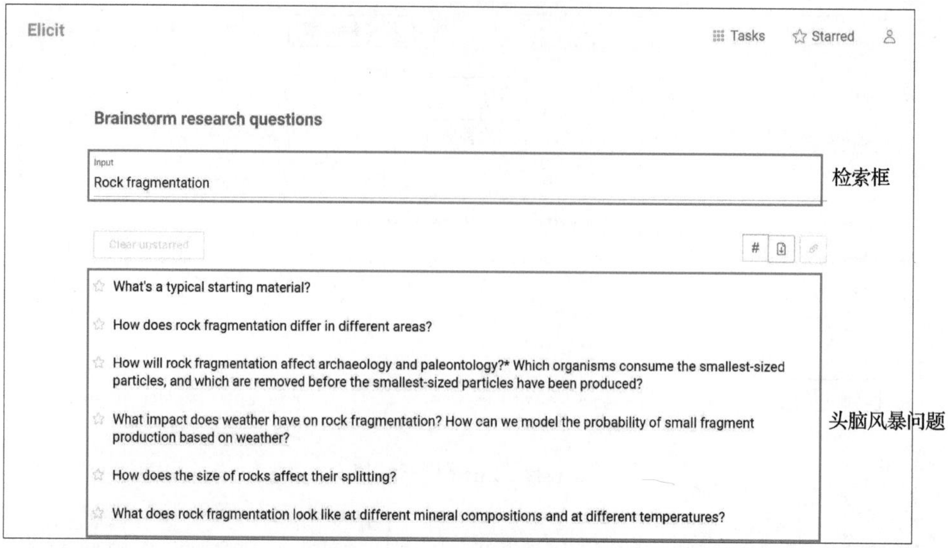

图 1-91　Elicit 头脑风暴

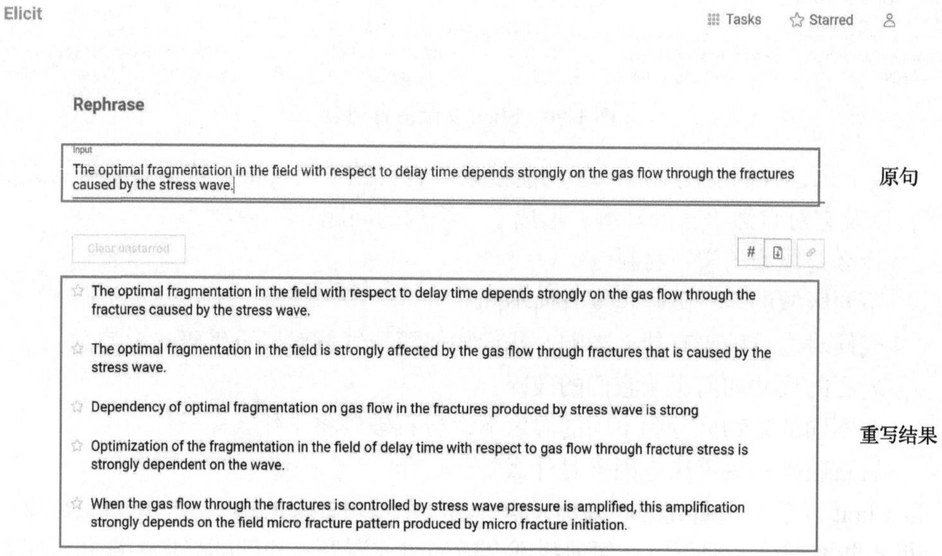

图 1-92　Elicit 句子重写结果

# 第 2 章  科技论文的分类与基本结构

*"Start writing, no matter what. The water does not flow until the faucet is turned on."*

***Louis L'Amour***

科学技术依靠知识的继承、交流和传播而发展,科技工作者发表论文是实现这种继承、交流和传播的主要方式。科研成果要用科技论文来表述与传播,科技论文是科研成果的标志,是科技信息传递、存储的重要载体。

科技论文的发表对于提升科研水平、减少重复劳动和推动科技进步起着重要的作用,特别是有科学分析论证和独到学术见解,表达严谨、层次清楚、用词准确、语句通顺、逻辑正确、修辞恰当的高质量论文,对指导科研和写作有十分重要的参考价值。然而,实际中往往存在高水平的论文因写作质量问题而未被出版部门录用,因不注重编辑质量而未被重要检索系统收录,因编排格式不规范且与网络系统不兼容而未能在网络上有效传输等现象。不少作者在写作中往往忽略了表达的规范性,影响了论文的质量、可读性及录用率,同时也增加了编辑工作的难度和工作量。科技论文的写作和编辑质量既影响刊登它的出版物(如期刊、专著等)的水平,又影响论文自身及其出版物在读者心目中的形象。因此,科技论文在有发表价值的前提下,其写作是否规范成为能否发表的重要因素,编辑质量、编排格式是否规范成为评价出版物质量的重要因素。

作者和编辑必须高度重视科技论文的规范发表问题,不仅要具备一定的专业知识和科研能力,还要具备立意、谋篇、遣词、造句、表达、逻辑、语法、修辞等各种基础写作修养和技能,更要具备科技论文的基础知识,掌握科技论文写作的基本方法,了解出版部门对论文规格的要求,熟悉有关国家标准和出版规范;编辑还要指导作者,把好论文写作的质量关。

## 2.1  科学研究与科技论文的概念及特点

### 2.1.1  科学研究的概念

中国教育部对科学研究的定义是:"科学研究是指为了增进知识包括关于人类文化和社会的知识以及利用这些知识去发明新的技术而进行的系统的创造性工作。"科学研究包括对科学和技术的研究,是运用观察、实验(试验)、比较、分析、归纳的方法,把感性材料加以研究,提高到理论水平的工作。科学研究是继承与创新的过程，是从自然现象的发现到技术发明的过程，是从原理到产品的过程，是从基础理论研究到应用研究、开发研究的过程。从本质上讲，科学研究应包括两部分内容：①整理知识使知识系统化，对已产生的知识进行分析、鉴别和整理，是一种继承、借鉴，是一种扬弃；②创造知识来解决未知问题，是一种发展、创新和发明。因此，科学研究可以定义为：一种创造、修改、综合知识的探索行为。

### 2.1.2 科技论文的概念

目前对科技论文有多种不同的定义。较为简单的定义是：科技论文是对创造性的科研成果进行理论分析和总结的科技写作文体。较为翔实的定义是：科技论文是报道自然科学研究和技术开发创新工作成果的论说文，通过运用概念、判断、推理、证明或反驳等逻辑思维手段来分析表达自然科学理论和技术开发研究成果。从论文内容角度定义是：科技论文是创新性科学技术研究工作成果的科学论述，是理论性、实验性或观测性新知识的科学记录，是已知原理应用于实际中取得新进展、新成果的科学总结。

本书将科技论文定义为：科技论文是一种学术性文献，旨在描述、分析、讨论或报告科学和技术领域的研究成果、发现、实验、观察或创新。通常由科学家、研究人员或工程师撰写，旨在传达研究的目的、方法、结果和结论，以便其他专业人士能够了解、研读、批评和指正，是建立在前人工作的基础上的。科技论文通常遵循特定的结构和格式，包括摘要、引言、方法、结果、讨论和参考文献部分，以确保清晰和透明地呈现研究成果。

科技论文的作用主要包括：描述科学技术研究及成果，进行成果推广、信息交流，促进科学技术发展；论述科技领域中具有创新意义的理论性、实验性、观测性的新成果、新见解和新知识；理论分析和科学总结创造性成果，总结某种已知原理应用于实践所取得的新方法、新技术和新产品。(本书主要是从自然科学的角度来写，所说的科学一般不包括社会科学和思维科学。)

### 2.1.3 科技论文的特点

科技论文与一般论文有共同之处，但又有其自身特殊属性，至少具有以下特点。

1. 创新性

创新性是科技论文灵魂和价值的根本所在，是衡量论文学术水平的重要标志。科技论文在其研究领域内，理论上要有所发展，方法上要有所突破，作者要有自己独到的见解，提出新的观点、理论和方法。科技论文的价值主要取决于它是否引用了最新实验数据，或是否对原有材料进行了最新整理，或是否提出、解决或创造了前人所没有的具有普遍性的新理论、新技术和新工艺，而不是取决于研究进展速度或资料收集是否全面。一篇论文如果能发前人所未发，在科学理论、方法或实践上获得新的进展或突破，富有创造性及科学性，就有很大的价值；如果能在前人基础上有所发现、发明，富有一定创造性，就有较大的价值；无论创新程度大小，只要有所创新，能为人类知识和技术的宝库增加新的库藏，其科学研究就是有价值的。

科技论文的创新程度是相对于人类已有知识而言的。首创性(原创性)是创新性的一种特殊形态，要求论文所揭示的事物的现象、属性、特点及其运动所遵循的规律或规律的运用是前所未有、首创或部分首创的，是有所发现、发明、创造和前进的，而不是对前人工作的复述、模仿或解释。"首次提出""首次发现"属于最高程度的创新，对某一点有发展属于一定程度的创新，而基本上重复他人工作则不属于创新。在实际科学研究中，有很多课题是通过引进、消化、移植国内外已有先进科学技术、理论来解决本地区、行业、系统的实际问题的，只要对丰富理论、促进生产发展、推动科技进步有积极效果，报道这类成果的论文也应视为有一定程度的创新。

创新性这一特点使科技论文的写作与教科书(讲义)、实验报告、工作总结等的写作有较大不同。教科书的主要任务是介绍和传授已有知识，能否提出新的内容并不起决定作用，主要读者是外行人、初学者，强调系统性、完整性和连续性，常采用深入浅出、由浅入深和循序渐进的写法。实验报告、工作总结等则要求把实验过程、操作内容和数据，所做工作、采用方法，所得成绩、存在缺点，工作经验、体会等比较详细地写出来，也可将与别人重复的工作写进去(这里并不否认某些实验报告或工作总结等也有新意)。科技论文在这一点上非常不同，要求报道的内容必须是作者自己的最新研究成果，基础性知识、与他人重复性研究内容、一般性具体实验过程和操作、数学推导、比较浅显的分析等都不应写进来。

2. 理论性

理论性(学术性)是指一篇科技论文应具有一定的学术价值。学术不是一般的认识和议论，而是思维反复活动和深化的结果，是系统化、专门化的学问，是具有较为深厚实践基础和一定理论体系的知识。学术性至少包括两方面含义。

(1)从一定理论高度分析和总结由实验、观测或其他方式所得到的结果，形成一定的科学见解，提出并解决一些具有科学价值的问题。

(2)用事实和理论对所提出的科学见解或问题进行符合逻辑的论证、分析或说明，将实践上升为理论。

科技论文侧重对事物进行抽象的概括或论证，描述事物发展的本质和内在规律，表现为知识的专业性、内容的系统性，读者对象一般是从事某方面工作的专家或学者,专业性很强。

科技论文与一般论文有很大不同,它必须有自己的理论系统,应对大量事实、材料进行分析、研究,由感性认识上升到理性认识。科技论文通常具有论证或论辩色彩,其内容要符合历史唯物主义和唯物辩证法,符合"实事求是""有的放矢""既分析又综合"的科学研究方法。其写作过程就是作者在认识上的深化和在实践基础上进行科学抽象的过程,所报道的发现或发明不仅具有实用价值,而且具有理论价值。一篇论文如果只是说明解决了某一实际问题,讲述了某一技术和方法,从"学术"的角度看则是不够的。从事科学研究特别是工程技术研发的科技人员,应注意并学会善于从理论上进行总结与提高,写出高学术水平的论文。

3. 科学性

科学性是科学技术的重要属性,是科技论文写作最基本的要求。科技论文撰写必须论点鲜明、论据充分、论证严谨,反映出作者的科学思维过程和所取得的科研成果;以精确可靠的数据资料为论据,经过严密的逻辑推理进行论证,理论、观点清楚明白,有说服力,经得起推敲和验证。作者应基于有代表性的相关文献,以最充分、确凿有力的论据作为立论依据,立论上不得带有个人偏见,不得主观臆造,必须切实从客观实际出发,得出可靠的结论。

科技论文的科学性主要表现在内容、形式、过程三个方面。

(1)内容的科学性。论文的内容是科学研究的成果,是客观存在的自然现象及其规律的反映,是人们进行生产劳动、科学实验的依据,其观点、论据和方法均能受到社会实践的检验,不能凭主观臆断或个人好恶随意地取舍素材或得出结论,必须将足够、可靠的实验数据或现象观察作为立论基础,论据要真实充分,方法要准确可靠(可靠指整个实验过程是能够经得起复核验证的),观点要正确无误。

(2)形式的科学性。论文的结构清晰而严谨,符合思维的一般规律,逻辑思维周密,语言简洁明确,格式相对固定。写作时要注意以下几点:①表达概念、判断一定要清楚明白,准确恰当,不含糊其词和模棱两可,通常不能像文学创作那样用含蓄、夸张、反语等手法来增强论文的可读性;②为避免读者误会和影响对论文的理解,尽量不用容易产生歧义的词语,要用明确的定语加以限制;③尽量不用华丽的辞藻修饰,少用带感情色彩的句子,通常不用比拟、双关、借代等修辞手法;④语言表达应规范准确,使用准确的术语、标准的量名称及法定计量单位,数据、文字、符号以及插图、表格、公式等的表达都应力求准确、规范。

(3)过程的科学性。作者在研究和写作中要树立科学态度和科学精神,在从选题、收集材料、论证问题,到研究结束、形成正式论文的一系列过程中,要用实事求是的态度对待一切问题,踏踏实实,精益求精,不可草率马虎、武断轻言,更不可伪造数据、谎报成果甚至抄袭剽窃。

4. 规范性

规范性是科技写作不同于文学创作或人文写作的一个重要特点，属于科技论文的标准化特性和结构特点范畴。

科技论文要求脉络清晰、结构严谨、前提完备、演算正确、符号规范、文字通顺、图表精致、推断合理、前呼后应、自成系统。科技论文不论所涉及的专题大还是小，都应该有自己的前提或假说、论证素材和推断结论；通过推理、分析上升到学术理论的高度，不要出现无中生有的结论和无序的数据，而要巧妙、科学地揭示论点和论据间的内在逻辑关系，达到论据充分、论证有力。规范性这一特点决定了科技论文的行文具有简洁平易性，即用通俗易懂的语言表述科学道理，语句通顺，表达准确、鲜明、和谐，语言生动而自然，内容深刻而完备。

撰写科技论文是为了交流、传播和储存新的科技信息，最终让他人方便地使用信息。因此科技论文必须按一定格式规范地写作，使得写出的论文具有很好的可读性，在文字表达上，语言准确、简明、通顺，层次分明、条理清楚，论述严谨、推理恰当；在技术表达上，正确使用名词(术语)、量和单位，正确表达数字、符号和数学式、化学式，正确设计插图、表格，规范引用(标注和著录)参考文献。论文若写得不规范，肯定会影响其可读性，降低发表价值，甚至还会使读者对其真实性、可靠性产生怀疑。

## 2.2 科技论文的分类

科技论文的分类就像它的定义一样，有很多种不同的分法。下面从不同的角度对科技论文进行分类，并说明各类论文的概念及写作要求。

### 2.2.1 根据科技论文的作用分类

科技论文就其发挥的作用可分为三类：一是学术性论文；二是技术性论文；三是学位论文。

(1) 学术性论文，指研究人员提供给学术性期刊发表或向学术会议提交的论文，它以报道学术研究成果为主要内容。学术性论文反映了该学科领域最新的、最前沿的科学技术水平和发展动向，对科学技术事业的发展起着重要的推动作用。这类论文应具有新的观点、新的分析方法和新的数据或结论，并具有科学性。

(2) 技术性论文，指工程技术人员或临床医生等为报道技术研究创新性成果而提供给技术性(或学术性)期刊或向学术会议提交的论文，它以报道技术研究成果为主要内容。这类研究成果主要是应用国内外已有的理论来解决设计、技术、工艺、设备、材料以及临床医疗等具体技术问题而取得的。技术性论文对技术进步和提高生产力起着直接的推动作用。这类论文应具有技术的先进性、实用性和科学性。

(3)学位论文，指学位申请者为申请学位而提交的论文。这类论文依学位的高低又分为以下三种。

学士论文，指大学本科毕业生申请学士学位要提交的论文。工科大学生有的做毕业设计，毕业设计与科技论文有某些相同之处。论文或设计应反映出作者具有专门的知识和技能，具有从事科学技术研究或担负专门技术工作的初步能力。这种论文一般只涉及不太复杂的课题，论述的范围较窄，深度也较浅。因此，严格地说，学士论文一般还不能作为科技论文发表。

硕士论文，指硕士研究生申请硕士学位要提交的论文。它是在导师指导下完成的，但必须具有一定程度的创新性，强调作者的独立思考作用。通过答辩的硕士论文，应该说基本上达到了发表水平。

博士论文，指博士研究生申请博士学位要提交的论文。它可以是一篇论文，亦可以是相互关联的若干篇论文的总和。博士论文应反映作者具有坚实、广博的基础理论知识和系统、深入的专门知识，具有独立从事科学技术研究工作的能力，应反映该科学技术领域最前沿的独创性成果。因此，博士论文被视为重要的科技文献。

学位论文要经过考核和答辩，因此，无论是论述、文献综述，还是介绍实验装置、实验方法都要比较详尽；而学术性论文或技术性论文是写给同专业的人员看的，总要力求简洁。除此之外，学位论文与学术性论文和技术性论文之间并无严格的区别。就写作方法而论，这种分类并无太大意义，这里仅借分类说明一下它们各自的特点和一般写作要求而已。

### 2.2.2 根据科技论文的类型分类

科技论文可以根据不同的类型进行分类。以下是一些常见的论文类型及其详细介绍。

(1)研究论文(research paper)：这是最常见的论文类型，它涉及原始研究和实验结果的详细报告。研究论文通常包括摘要(abstract)、引言(introduction)、方法(methods)、结果(results)、讨论(discussion)和结论(conclusion)等部分，以展示研究的目的、方法和主要发现。它们通过提供新知识和对现有知识的扩展来推动学术领域的发展。其写作要求是应该基于科学方法进行实验和分析，结果应该具有可靠性和可重复性。

(2)综述论文(review paper)：综述论文是总结和分析已有研究文献中的知识和进展。这类论文旨在提供对特定领域的综合性概述，包括过去研究的主要发现、方法和趋势。综述论文可以帮助读者了解某一领域的现状和未来发展方向。

(3) 技术报告(technical note)：技术报告主要关注技术问题、改进或新方法的描述和应用。这类文章通常较为实用，提供技术细节和指导，以帮助其他研究人员解决类似的技术挑战。

(4) 案例研究(case study)：案例研究是重点分析和讨论具体案例、事件或实践经验。它们通常描述了一个特定问题的背景、挑战、解决方案和结果。案例研究可以提供实践中的经验教训，帮助其他研究人员在类似情况下做出决策。

(5) 简短交流(short communication)：简短交流是一种较短的论文类型，用于快速传达研究结果、观点或新发现。这类论文通常篇幅较短，但内容仍然具有科学价值。简短交流可以提供初步的研究结果，或者在某一领域中引起关注的新观点。

(6) 给编辑的信件(letter to the editor)：给编辑的信件是对已发表论文的评论、争议或补充。这些信件可以提供对先前发表论文的进一步讨论和解释，并可能引起学术界的关注和回应。

## 2.2.3 会议论文的分类

会议论文是指在学术或专业会议上提交和展示的论文。它是研究者将自己的研究成果、观点和创新分享给学术界和专业界的一种方式。与期刊论文相比，会议论文更加灵活和及时，能够更快地传播研究成果并与同行进行交流和讨论。会议论文可以分为以下几种类型。

(1) 全文论文(full paper)：这是一种完整的研究论文，包括引言、方法、结果、讨论和结论等部分。全文论文通常具有较长的篇幅，详细描述了研究的目的、方法、实验过程和结果分析，以及对所获得结果的讨论和结论。

(2) 摘要论文(abstract paper)：摘要论文是对研究工作的摘要或概述，通常只包括研究的主要内容和关键发现，而不涉及详细的方法和结果。摘要论文的篇幅较短，常用于在会议上进行口头报告(oral presentation)或海报(poster)展示。

(3) 扩展摘要论文(extended abstract paper)：扩展摘要论文相比于摘要论文更为详细，除了提供研究的概述和关键发现外，还会包含更多的背景介绍、方法和结果的描述，以及对研究的讨论和结论。扩展摘要论文的篇幅较短，但比摘要论文更具体。

(4) 工作报告(work reports)：工作报告是一种介于研究计划和初步研究结果之间的论文类型。它通常描述了正在进行中的研究项目的目标、方法和初步结果，但可能尚未达到最终的研究结论。工作报告常用于讨论和分享初步研究成果，以便获得反馈和建议。

(5) 演示论文(demo paper)：演示论文通常用于介绍具体的系统、软件或技术演示，而不仅仅是研究成果的描述。演示论文会描述演示的目的、方法和关键特性，以及其在实际应用中的潜在价值。

## 2.3 常见的论文类型

本节针对常见的论文类型进行详细介绍,并且介绍其写作技巧及需要考虑的问题。

### 2.3.1 研究论文

研究论文是一种书面文档,用于呈现特定研究或调查的发现。它是学术写作的重要组成部分,使研究人员能够与同行分享他们在该领域的知识、发现和见解。研究论文通常通过详细的方法、数据分析和讨论来解释研究的目的、结果和意义。

研究论文的基本结构一般包括以下几个部分。

(1)引言:主要介绍研究的背景和目的。它阐述了研究问题的重要性,并提出研究的目标和假设。引言部分还包括对相关文献的综述,以展示研究的研究现状和研究缺口。

(2)方法:描述研究的设计和实施过程。它详细说明了研究的参与者、数据收集方法、实验设计、数据分析方法等。方法部分应该具体清晰,以便其他研究人员能够复制研究的过程。

(3)结果:呈现研究的主要发现。它通过表格、图表或描述性文字来展示研究数据。结果应该与研究目标和问题紧密相关,并以客观的方式呈现。

(4)讨论:对研究结果进行解释和分析,并将其与现有的研究文献进行比较。它探讨了研究的局限性、不确定性和潜在的影响。讨论部分还可以提出未来研究的方向和建议。

(5)结论:总结研究的主要发现,并回答研究的目标和问题。结论应该简明扼要,但又包含足够的信息来支持研究的主张。

(6)参考文献:列出在研究中引用的所有文献。它遵循特定的引用格式,如APA、MLA或Chicago风格。参考文献提供了其他研究人员查找和验证研究依据的来源。

除了以上基本部分,研究论文还可以包括其他附加部分,如摘要、致谢和附录。摘要是一段简短的概述,介绍研究的目的、方法和主要结果。致谢部分向为研究提供支持和帮助的人或机构表示感谢。附录部分包含研究中的额外信息,如调查问卷、原始数据等。

一般研究论文具有以下几个特征。

(1)原创性:研究论文应该包含原创的研究发现和见解。它应该基于独立的研究工作，而不是简单地整理和总结现有的文献。

(2)学术性：研究论文是学术界的一种重要形式，因此应该遵循学术写作的规范和准则。它应该具备严谨的研究方法、合理的数据分析和准确的引用。

(3)结构化：研究论文通常具有明确的结构，包括引言、方法、结果、讨论和结论等部分。这种结构有助于读者理解研究的目的、过程和发现。

(4)逻辑性：研究论文应该具备良好的逻辑性，使读者能够清晰地了解研究的思路和论证过程。每个部分应该紧密相连，形成一个连贯的整体。

(5)数据驱动：研究论文应该基于实证数据，而不是主观的意见或推测。它应该描述和解释研究数据，并使用适当的统计方法进行数据分析。

(6)文献支持：研究论文应该引用和参考相关的文献。引用文献有助于支持研究的主张和结果，并将研究放在更广泛的研究背景中。

(7)读者导向：研究论文应该针对特定的读者群体，如同行学者或领域专家。它应该使用专业术语和概念，并提供足够的背景信息，以便读者理解研究的内容。

(8)可重复性：研究论文应该提供足够的信息和细节，以便其他研究人员能够复制和验证研究的结果。这有助于保证研究的可靠性和科学性。

(9)发表和传播：研究论文通常通过学术期刊、会议或在线平台发表和传播。发表研究论文有助于增加研究的影响力和可见性，并与其他研究人员进行学术交流和合作。

总体而言，研究论文是一种具有严谨性、学术性和可信度的学术写作形式。它通过系统性的研究和分析，为学术界和社会提供新的知识和见解。

一般来说，研究论文的写作过程包括以下几个步骤。

(1)选择研究主题：根据个人兴趣、学术需求或社会需求选择一个合适的研究主题。

(2)文献综述：对相关的研究文献进行综述，了解当前的研究现状和研究缺口。

(3)确定研究目标和问题：根据文献综述，确定研究的具体目标和问题。

(4)设计研究方法：根据研究目标，设计适当的研究方法，并确定数据收集和分析的步骤。

(5)收集和分析数据：按照研究设计的要求，收集和整理研究所需的数据，并进行数据分析。

(6)撰写论文草稿：根据研究的结果和分析，撰写论文的各个部分，并确保逻辑清晰、信息准确。

(7)修订和编辑：对论文进行修订和编辑，确保语法、拼写和格式的准确性。同时，还要确保论文的结构完整、段落衔接流畅。

研究论文的质量取决于研究者的严谨性、实证能力和学术诚信。研究人员应该遵循学术道德准则，如不伪造数据、不抄袭他人作品，并正确引用使用的文献。

此外，研究人员还应该尊重研究参与者的权益，并保护他们的隐私和机密信息。

写出一篇出色的研究论文需要一定的技巧和实践。以下是一些写作研究论文的技巧。

(1)确定研究目标和问题：在开始写作之前，明确研究目标和问题。这有助于在整个写作过程中保持焦点并组织好思路。

(2)进行文献综述：在开始写作之前，进行充分的文献综述，了解已有的研究现状和研究缺口，这将帮助确定研究的独特性和重要性。

(3)制定清晰的大纲：在开始写作之前，制定一个清晰的大纲。大纲可以帮助组织和规划整个论文的结构和内容，并确保逻辑性和连贯性。

(4)注意论文结构：研究论文通常包括引言、方法、结果、讨论和结论等部分。确保每个部分都具备清晰的结构和逻辑，使读者能够轻松地理解研究内容。

(5)使用简明的语言：避免使用复杂和晦涩的语言。使用简明、清晰和准确的语言来表达观点和发现，以便读者能够轻松理解和欣赏论文。

(6)坚持学术写作规范：研究论文应该遵循学术写作规范和引用格式，如 APA、MLA 或 Chicago 风格。确保正确引用和参考所使用的文献，并遵循学术道德准则。

(7)使用图和表格：图和表格可以更清楚地呈现研究结果和数据。要确保图和表格简洁明了，并与文本相互补充。

(8)编辑和校对：在完成初稿后，进行编辑和校对，检查语法、拼写和标点符号的使用，并确保论文流畅、连贯。

(9)合理利用引用文献：引用文献是研究论文中的重要部分，合理利用引用文献来支持研究的主张和结果，并展示对相关研究的了解。

(10)多次修改：写作研究论文是一个反复修改的过程，确保它的质量和准确性。

除了以上技巧，写作一篇出色的研究论文还需要坚持和耐心。不断练习和反思，提升自己的写作技能，并向他人寻求反馈和建议，以改进论文。

### 2.3.2 综述论文

综述论文是一种对某一领域的文献综述和总结的形式，它不同于原创性研究论文，而是对已有文献和研究进行分析和总结。在学术界，综述论文是一种非常重要的学术出版物，它可以让读者全面和准确地理解某一领域的文献和研究进展。

综述论文具有以下特点。

(1)基于已有文献的总结和分析：综述论文的主要目的是对已有文献和研究进行综述、总结和分析。因此，综述论文的内容必须基于已有文献。

(2)全面总结研究领域：综述论文要求对研究领域内的大量文献进行综述，这要求综述论文作者对该领域有充分的了解和掌握。

(3)提供新的见解和观点：综述论文的作者需要对已有文献中的研究成果进行分析，从而提供新的见解和观点。这种观点和见解通常是在已有文献的基础上提出的，而不是新的实验或数据分析结果。

(4)适合不同读者群体：综述论文的读者群体通常是该领域的专家、学生和其他对该领域感兴趣的人。因此，综述论文的作者需要根据读者的不同背景和知识水平编写内容，并使用易于理解的语言。

(5)有条理的结构：综述论文的结构应该有条理，包括一个简要的介绍、文献综述、文献分析和总结等部分。

(6)引用文献：综述论文的作者需要引用大量的文献，以支持他们的观点和结论。引用文献的方法应该符合学术规范和要求。

同时，在进行综述论文撰写时，需要注意以下问题。

(1)研究领域的选择：选择一个具体的研究领域，确保该领域有充足的文献和研究可供综述和分析。

(2)文献综述的全面性：确保对该领域的文献进行全面的综述，包括最新的研究成果和重要的研究进展。

(3)文献筛选的准确性：在选择文献时，要确保选择的文献与研究领域相关，并且是高质量的、有权威性的文献。

(4)文献分析的客观性：对已有文献进行分析时，要保持客观的态度，不受个人偏见或主观评价的影响。

(5)观点和见解的独特性：在文献分析的基础上，提出自己独特的观点和见解，不仅仅是对已有文献的简单概括。

(6)引用和参考文献的准确性：确保引用和参考的文献信息准确无误，并按照学术规范和要求进行引用。

(7)结构和逻辑的清晰性：确保结构清晰，逻辑连贯，使读者能够轻松地理解和跟随论述。

(8)语言表达的准确性：使用准确、简明和清晰的语言表达观点和分析结果，避免使用模糊或含糊的词语。

(9)避免抄袭和保持学术诚信：在引用他人的研究成果时，确保正确引用和注明出处，避免抄袭行为，并保持学术诚信。

(10)反复修改和校对：写作综述论文是一个反复修改和校对的过程，要多次修改和校对论文，以确保其质量和准确性。

除了上述问题，还要注意综述论文的目标读者群体，写作风格要适合读者的背景和知识水平。此外，尽量避免过多引用和重复分析，要提供全面而有深度的分析和综述。

### 2.3.3 技术报告

技术报告是一种学术论文形式,主要是针对某一具体技术问题进行研究和探讨。与其他学术论文不同,技术报告通常是介于研究论文和实验报告之间,既有理论探讨又有实际应用。下面将详细介绍技术报告的特点、写作步骤和注意事项。

1. 技术报告的特点

(1)短小精悍:技术报告通常篇幅不长,只有几页或几千字,因此要求作者能够精准地掌握技术问题的核心,深入剖析并准确表达。

(2)实用性强:技术报告主要是针对某一具体技术问题的解决方案进行探讨和研究,其主要目的是解决实际问题,具有实用性强的特点。

(3)理论和实践相结合:技术报告既有理论探讨,又有实践应用。作者需要对技术问题的理论进行深入分析,同时还需要通过实际应用来验证理论的可行性。

(4)重视技术细节:技术报告要求作者对技术细节有深入的了解和掌握,有助于读者更好地理解技术问题的本质和解决方案。

(5)适合技术交流:技术报告适合用于技术交流,其短小精悍的特点可以更好地满足读者对技术问题快速了解和掌握。

2. 技术报告的写作步骤

(1)选择研究课题:选择一个具体的技术问题进行研究和探讨,确保该问题具有实际应用价值,能够吸引读者的关注。

(2)确定研究范围:确定研究的范围和深度,选择最适合的研究方法和工具。

(3)进行研究和实践:进行实验研究和实践应用,收集数据和信息,并对数据进行分析和解读。

(4)撰写技术报告:根据研究结果,撰写技术报告,确保论文的结构清晰、逻辑连贯,同时要求表述准确、简明、易懂。

(5)审稿和修改:将论文提交给同行专家进行审稿,接受专家的意见和建议,进行修改和完善。

(6)发表和传播:将完成的技术报告发表在学术期刊或技术交流平台上,向同行专家和技术人员传播技术成果和实践经验。

3. 技术报告的注意事项

(1)确定技术问题的核心:技术报告的研究对象是具体的技术问题,作者需要精准地把握技术问题的核心,避免在论文中浪费篇幅和注意力。

(2)准确表达研究思路:技术报告撰写时需要准确表达研究思路和方法,确保读者能够清晰地理解技术问题的研究过程和成果。

(3)突出实践应用:技术报告的重点在于解决实际应用中的问题,因此需要突出实践应用,说明技术问题的解决方案和实现效果。

(4)注意结论和启示:技术报告的结论和启示是读者最关心的内容,作者需要明确提出结论和启示,引导读者深入思考和讨论。

(5)引用和参考文献的准确性:技术报告的参考文献应该准确无误,符合学术规范和要求,同时要在论文中正确引用和注明出处。

(6)注意语言表达:技术报告要求语言表达准确、简明、易懂,避免使用模糊或含糊的词语,同时要注意语法、拼写和标点符号的正确性。

(7)保持学术诚信:在撰写技术报告时,作者需要保持学术诚信,避免抄袭行为,正确引用和注明他人的研究成果和观点。

综上所述,技术报告是一种重要的学术论文形式,具有短小精悍、实用性强、理论和实践相结合等特点。撰写技术报告需要注意技术问题的核心、研究思路的准确表达、实践应用的突出、结论和启示的明确提出等方面的问题。最终完成的技术报告应该是符合学术规范和要求,具有一定的实用价值和学术意义的优秀论文。

## 2.4 科技论文的结构

### 2.4.1 科技论文结构的概念

科技论文结构是其整体的各个组成部分以及各个组成部分之间的结合方式。结构是科技论文的骨架,不好的结构使材料和语句散乱无序,论文的内容难以得到充分有力的表现,有人将此比喻为园林布局,用同样的花木山石,布局安排散乱粗俗会使人看了索然无味,安排精巧细致就会给人以山回路转、曲径通幽的美感。科技论文有了好的主题和材料,才能做到"言之有物";有了好的表达方式,才能做到"言之有理";有了好的结构,才能做到"言之有序";言之有物、有理、有序的论文才容易受到读者的欢迎和青睐。

任何事物的发展都有规律性,论文的结构也有规律性,这就是论文所遵循的"序",论文遵循了序就会在布局谋篇上更完整,结构上更严谨。论文的结构安排,要在中心论点的支配下,把各个论证部分严谨周密地组织起来,分清主次轻重,做到层次分明、详略疏密有致。

### 2.4.2 科技论文结构的要求

科技论文结构的设计和安排应该满足以下几个方面的要求。

1. 紧扣主题

结构的设计和安排应该首先有利于论文紧扣主题。主题是论文的灵魂与统率，结构是主题的表现形式与手段，全篇论文要集中围绕主题展开阐述与论证，结构的安排要为突出主题服务，内容次序的安排、详略主次的配合、段落层次的确定以及叙述议论的结合等均要服从并服务于主题的需要，做到"文必扣题"。

2. 完整统一

主题用来表达一个完整的思想，论文只有具有完整的结构才能表达这个完整的思想。完整统一就是要将组成论文的各个部分有机和谐地组织在一起，达到论文组织协调，格调一致，层次清楚，前后呼应，详略得当，章节及段落间环环相扣，成为一个有机的统一体。

3. 合乎逻辑

科技论文主要通过提出观点、说明道理和给出方法等来揭示真理，要求其结构必须符合人类认识事物的客观规律，提出、分析和解决问题的过程要符合人们认识问题的思维规律。根据事物的逻辑关系安排结构时，有时为了更好地表现主题，允许在层次上稍做变动，但变动后的结构仍然应是结构严密、合理和合乎逻辑的。

### 2.4.3 科技论文的结构及组成

科技论文的结构是由其各个组成部分紧密关联而形成的统一整体，从开头、中间到结尾均要达到首尾连贯、层次分明、逻辑严密和条理清楚。科技论文一般具有相同或相近的结构，但由于研究的内容、方法、过程、成果等不同，其结构不可能也没有必要完全相同，有时存在一些差别也是合理的。根据我国学术期刊的常规要求、有关国家标准的规定，以及国际学术期刊的常规要求，一般可以将科技论文的结构概括为由前置部分、主体部分、附录部分(可选)组成。

具体来说，科技论文的组成部分主要有题名、署名、摘要、关键词、引言、材料与方法、结果、讨论、结论、致谢、参考文献等以及内含的层次标题、物理量、计量单位、插图、表格、式子(数学式、化学式)、数字、字母、名词(术语)、语言文字和标点符号等，其中题名、署名、摘要和关键词等一般还有英文形式。根据科技期刊对论文的格式要求，科技论文的组成部分还应包括论文编号、日期信息、文献标识码、资助项目(有的还有英文形式)、作者简介和注释表等,注释表包括符号、标志、缩略词、首字母缩写、单位、术语和名词等。学位论文大多采用单行本格式,其结构稍复杂一些。

通常所说的正文主要包括引言(introduction)、材料与方法(materials and methods)、结果(results)、讨论(discussion)、结论(conclusions)等部分。因此,科技论文的基本结构可以形象地表示为如图2-1所示的IMRAD结构。

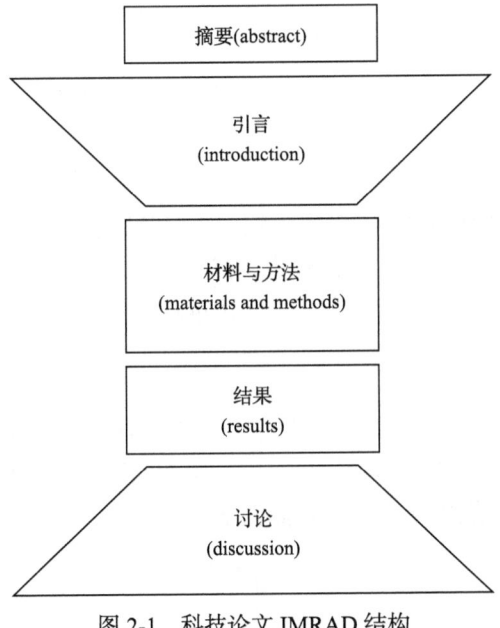

图 2-1 科技论文 IMRAD 结构

正文的结构是论文内容展开的具体体现,蕴涵层次(指内容的编排次序)、段落、开头与结尾、过渡与照应等方面,还涉及详写或略写等,其中层次是内容的框架。按内容的组织方式可将正文的结构分为串式、并式、递进式、伞式(树枝式)和复式(综合式)等多种类型。

1. 串式结构

这是一种将所选材料依次排列且各材料单元之间有逻辑制约关系的结构,不可随意调换排列次序,其模式如图2-2所示,即无$A_1$便无$A_2$,以此类推。

2. 并式结构

这是一种将所选材料随意排列且各材料单元之间无逻辑制约关系的结构,调换材料排列次序也不致影响表达效果,其模式如图2-3所示。此结构中,先提出总论点,再分别从各个方面或不同角度进行说明、论证,最后再加以总结。

图 2-2　串式结构　　　　　图 2-3　并式结构

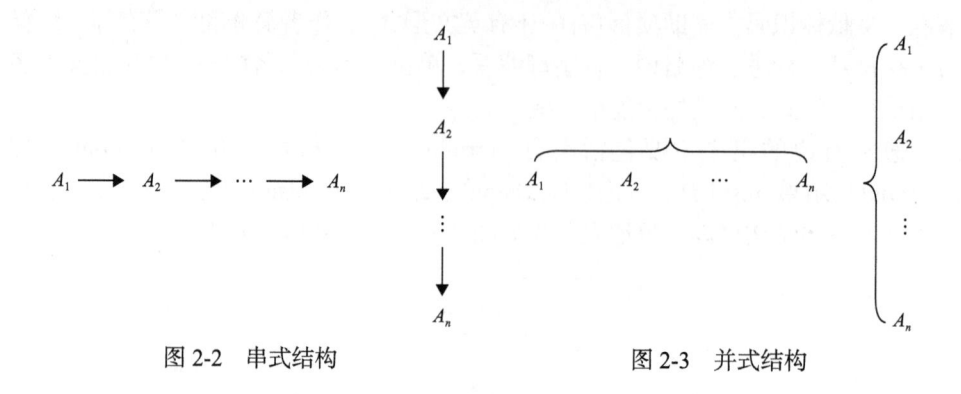

#### 3. 递进式结构

这是一种根据事物的发展，由浅入深、由表及里、由此及彼、由现象到本质、由因及果或由果及因，逐层阐述、深化，把主题阐述清楚、事理说透的结构，通常有按时间顺序递进、按空间顺序递进和按推理顺序递进等方式。

#### 4. 伞式结构

这是一种在总论点下有几个分论点，再往下有支持分论点的材料单元的结构，又称树枝式结构。此结构中，只有同一层次的所有材料单元同时成立时，上一层次的材料单元才能成立，其模式如图 2-4 所示。

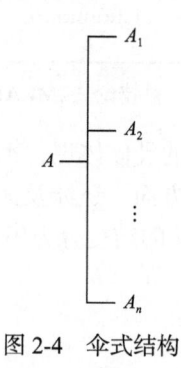

图 2-4　伞式结构

#### 5. 复式结构

这是一种配合使用多种结构方式，即不用单一结构来安排层次的结构，又称综合式结构。撰写论文时，不必拘泥于某一种结构，而应根据内容的内在逻辑联系，来构思有关阐述、分析、推理和反驳等论证的实质部分如何穿插、安排、展开，灵活地运用各种结构。其总体结构可为串式、并式和伞式结构中的一种，子结构可为串式、并式、伞式结构中的几种，这样才能全面、准确和简明地说明问题。图 2-5 表示了一种总体结构为串式，子结构为并式、串式和伞式的复式结构。

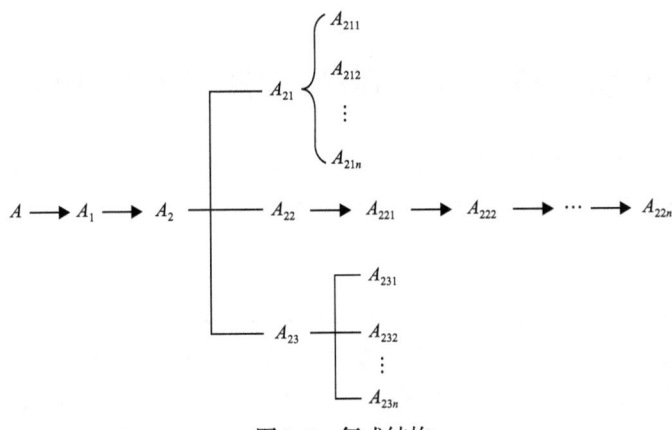

$$A \rightarrow A_1 \rightarrow A_2 \begin{cases} A_{21} \begin{cases} A_{211} \\ A_{212} \\ \vdots \\ A_{21n} \end{cases} \\ A_{22} \rightarrow A_{221} \rightarrow A_{222} \rightarrow \cdots \rightarrow A_{22n} \\ A_{23} \begin{cases} A_{231} \\ A_{232} \\ \vdots \\ A_{23n} \end{cases} \end{cases}$$

图 2-5　复式结构

学术论文的正文应该多采用伞式结构，以伞式结构作为论文的主框架，并恰当地应用层次标题，鲜明地突出论文的主要内容，使论文结构脉络清晰，而且富有一种整洁有序、循序渐进的节奏美感。当然也可以采用其他结构，究竟采用何种结构取决于内容表达的需要。

# 第 3 章 科技论文的写作规范与常用句型

*"Science, my lad, is made up of mistakes, but they are mistakes which it is useful to make because they lead little by little to the truth."*

***Jules Verne***

科技学术性期刊的主体是科技论文。作为科技信息源的科技论文，规范化是实现信息处理与传播的前提。科技论文只有实现编写词汇语法的标准化和各个细节表达的规范化，才能体现科学的内涵，准确表达科学的内容，从而有利于传播、储存、检索和利用。论文能否被期刊采用，主要决定论文报道的研究成果是否有发表价值，但语言表达规范与否也是重要的因素。

科技论文的撰写是将研究成果进行系统全面总结，并向同行进行展示的重要环节。但是在论文写作，尤其是英文的论文写作过程中，初学者总会面临无处下手的局面，其中既有专业知识的积累不足或者英文水平不过硬的关系，也有不了解英文论文写作中常用句型及表达的原因，本章为读者总结了英文科技论文的写作规范与常用句型。

## 3.1 综合语体特征

综合来说，当代英文科技论文的文体特点主要是严谨准确、客观朴素、精练清晰、逻辑严密、时代感强与国际化。这些特点通过英文科技论文的词汇、句法、语义、语篇等各个层面充分地体现出来。

1. 严谨准确

英文科技论文在国际学术刊物上发表的时候，论文中的一切，包括问题的提出，研究、试验的方法，材料与过程的描述，讨论、分析得出的结论，以及所有的参考文献都将经受世界各国同行以科学的眼光进行严格的审视、验证与评判，容不得半点虚假、失误与含糊。因此英文科技论文的首要文体特点便是严谨准确。

在词汇层面上，用词力求规范，通常不采用日常生活或文学作品中使用的方言、俗语和俚语。为了严肃庄重，大量使用源于希腊语、拉丁语及法语的词汇，例如 demonstrate、fabricate、consequently、sufficient、employ，而不用同义的盎格鲁撒克逊词 show、make、so、enough、use。为了准确规范，大量使用专业术语如 microprocessor integrated circuit（微处理机集成电路）、extraterrestrial intelligent life（地球外有智力生命），技术词语如 ceramoplastics（陶瓷塑料）、spectrometer（光谱仪）、virus（病毒）、aero-foil（机翼），准技术词语（sub-technical words）如 power（功率、电力、放大率、幂）、mass（质量、体、密集）、solution（解法、溶液）、flux（通量、焊剂）等。为了避免歧义，多采用单义性强的动词，如 absorb、decompose、transmit，而不使用口语性强多义性的短语动词，如 take in、break up、pass on 等。

在语法层面上，在词法、句法、时态、语态、标点符号等方面严格遵循约定俗成的语法规则，严谨规范，不用英语广告语言、文学语言，尤其是现代派作品中经常出现的标新立异、随意破格的做法。例如，对翼型裂纹的描述，科技论文会给出严谨的定义：Wing cracks, also called primary cracks, are tensile cracks that initiate at an angle from the tips of the flaw and propagate in a stable manner towards the direction of maximum compression。

在语义层面上，英文科技论文十分注重表述的准确与鲜明，避免歧义、笼统与模棱两可现象。遣词不仅考虑概念意义、风格意义、搭配意义、主题意义，还留意内涵意义、感情意义与联想意义，力求语义确切。造句不仅注重结构的完整与正确，还注意避免指代不清、语义含混。在修辞手法方面通常不采用夸张、委婉、反语、双关、暗喻、转喻、提喻、讽喻、曲言法等修辞格。尤其值得注意的是，随着科学技术与符号学的发展，当代英文科技论文已将语言的范畴极大地扩展到非言词表达方式领域（nonverbal expression），越来越多地采用数学符号（数学语言）与图像符号（图学语言），包括公式、算式、代号、线图、框图、条形图、各类工程图纸，以及现代高新技术手段如电子显微镜、射电望远镜、人造卫星、计算机等拍摄或制作的各种精确的、彩色显示的照片与图像。在生物、医学、地学、天文、海洋、建筑、数学、化学等学科的论文中它们所占篇幅有时可高达 30%～50%。这些非言词表达方式使复杂事物与深刻原理的表述形象化、条理化、直观化，大幅度提高了语义传达的准确性、完整性与可靠性[1]。

2. 客观朴素

除了最大限度地运用数学符号与图像符号等非言词表达方式，提供客观、真实、确切的数据与证据外，还有一个特点是高频率地使用被动语态与以 It 为形式主语的无人称句式，话题往往为动作的对象或动作的本身而非动作的执行者，这在论文叙述实验过程的部分尤为显著。其次，英文科技论文通常不使用带有主观感情色彩的感叹句、反疑问句、反诘句及修饰语，句式与句长变化少，多采用较长的陈述句，表现出科研工作者客观、冷静、朴实、缜密的思维方式。请看下面一段话：

A number of pairs of PMMA plates **are prepared** with different slit arrangements to produce the desired flaw geometries. Three parameters **are changed** to produce different geometries (Fig. 2(b)): flaw inclination angle, b; spacing, S; and continuity, C. All flaws **are parallel** to each other and have the same angle b with the horizontal (i.e. the horizontal **is defined** as perpendicular to the direction of loading). Three flaw inclination angles **are used**: 30°, 45°, and 60°. Spacing, S, is the distance between two contiguous rows of flaws, and **is measured** along a direction perpendicular to the plane of the flaws.

这段话取自2002年第39期英国的 *International Journal of Rock Mechanics and Mining Sciences*（国际岩石力学与采矿科学）期刊，叙述的是对狭缝布置的PMMA板的制备要求。全段五句中的七处谓语结构有六处为被动语态，全部为陈述句，平均句长为20词，无10词以下的短句，对制备过程的参数、形状、角度提供了确切的描述，但无任何带感情色彩的修饰语，客观冷静、朴素无华。

3. 精练清晰

在词汇层面上，英文科技论文除大量采用简洁准确的专业术语外，突出表现在越来越多地创造与使用各种形式的缩略词，如尾部缩略 envir(environmental)、中部缩略 decompn(decompression)、无音缩略 fbrs(fibrous)、间隔缩略 altrn(alteration)、按词素缩略 ccw(counterclockwise)等。此类缩略中大多力图保持词形轮廓，使人想起该词的原形。另一类为首字母缩略，其中使用最普遍的是首字母组合，其生成能力极强，英文科技论文中比比皆是，如 UPS(uninterrupted power supply)、CAD(computer aided design)、NCAM(neural cell adhesion molecule)等。此外还有由各词首字母按音节组合的词，它们有很强的可读性，许多已载入辞典成为普通词条中的本词，如 sonar(sound navigation and ranging)、laser(light amplification by stimulated emission of radiation)、radar(radio detection and ranging)等，还有的加入斜线符号，如 c/s(cycle per second)、a/d(analog to digital)、a/t(action time)等。另外，英文科技论文通常采用单个书面语动词而不使用短语动词，例如 cancel(call off)、eliminate(get rid of)、ensure(make sure)等。这些均使文字更为简洁精练[2]。

在句法层面，英文科技论文的精练与清晰主要通过大量使用名词化结构(nominalized structure)、分词短语及介词短语取代简单句和状语、宾语、定语等从句。例如：

Two types of cracks (The cracks have two types.), However, for 30° flaw inclination angles, the wing cracks may initiate near, but not at the tip of the flaw(However, if the flaw inclination angles are 30°, the wing cracks may initiate near, but not at the tip of the flaw.), It is necessary to examine the efficiency of the new design. (It is necessary to examine whether the new design is efficient.), Heated under pressure the constituents fuse together. (When they are heated under pressure, the constituents fuse together.), The conventional FDM with regular grid systems does suffer from shortcomings. (The conventional FDM which have regular grid systems does suffer from shortcomings.)

英文科技论文还大量使用复合句,其是以 that、which 等关系代词引导的各种从句,以最紧凑的结构形式包容最大限度的信息量,例如:From this it was concluded **that** under such loading conditions there existed a critical axial strain beyond **which** the failure of the saturated specimens occurred immediately.

此外,还采用单个名词组成专用复合名词以简化名词词组结构,例如:vacuum induction furnace(furnace with vacuum induction), air route traffic control center (center for the traffic control of air route), gas turbine generator(generator driven by gas turbine), 等等。

4. 逻辑严密

科技论文的主要修辞方式为定义、分类与描述,其中包含比较、分析、时间关系、空间关系、因果关系的阐述均要求逻辑严密。因此英文科技论文语言中有较多的表示各种逻辑关系的副词、连词和过渡性词语(transitional words and phrases)。例如,表示比较, similarly, equally, identically; 表示推理, therefore, accordingly, as a result; 表示转折, however, nevertheless, whereas; 表示例证, for example, such as, namely; 表示递增, besides, furthermore, additionally; 表示强调, especially, obviously, in particular; 表示时间, eventually, gradually, afterwards; 表示总结, in conclusion, to summarize, in short; 等等。

在句法方面,英文科技论文重视内部信息安排的条理性,注意主谓接近与同类相聚的原则。例如:It was found that the dynamic fatigue strength in saturated condition reduced by 30 percent on average compared to that of the dry samples. 而不写成 It was found that the dynamic fatigue strength in saturated condition compared to that of the dry samples, reduced by 30 per cent on average.

在语篇方面,英文科技论文条理清楚,层次分明。正文部分首先提供基本原理或理论分析,再叙述研究过程,包括实验材料、仪器、程序、方法与结果,然后讨论、分析、比较,得出结论,最后列出所有参考文献以表明作者论文的理论与知识基础以及尊重他人成果的严肃态度。通篇结构显现出很强的逻辑性。

### 5. 时代感强

英文科技论文通常能迅速地反映科技界最新学术动态与研究成果，在时效性方面往往走在学术专著、教材、技术规范等其他英文科技文体的前面，有很强的时代感。其语言受论文科技内容与时代步伐的影响也往往反映出现代英语最新的变化与发展，不像法律英语那样注重传统惯例与术语的稳定性和延续性。

在词汇层面，伴随着每日每时不断涌现的新的发现、发明与创造成果，新的科技词语随时在产生，仅化学专业词汇已增至数十万个，其中主要原因之一便是新的化合物在不断合成。科研工作者为了表达这些新物质与新概念，除创造出全新的科技词汇，如 gene（基因）、clone（克隆）、mascon（高密度物质）等之外，绝大多数均通过派生与合成新的词语来实现。在这一过程中构词法在现代科技的推动下也有了新的发展。例如：创造新的词缀，如 nano——纳（米、秒等）、pico——皮（米、秒等）、femto——飞（米、秒等）、atto——阿（米、秒等）；由某些常用的准科技词转化为词缀以构建高新专业词汇，如 spaceman、spaceship、spacelab、spacewalk、spaceflight 等；词缀由单义过渡到多义，如 tele——由原义"遥远"已扩展到"遥控"(teleswitch，遥控开关)、"电视"(telecamera，电视摄像机)、"电信"(telecom，电信交易)、"电传"(teletype，电传打印机)等；多重复合词，如 electrocardioscanner（心电扫描器）、insulated-gate-filled-effect-transistor（绝缘栅场效应晶体管）、pneumono-ultramicroscopicsilicovolcanoconiosis（超微粒硅酸盐尘埃沉着症）等。

在句法层面，为了更好地适应现代交际的需要，使语句精练生动，减少单调乏味感，缩短作者与读者间的距离，当代英文科技论文在引言、讨论、结论等部分中被动语态的使用已在减少。句子结构趋向简洁平易与小型化，修饰结构的灵活性在增加，如以名词作前置定语已十分普遍，它代替了形容词、介词短语、分词短语甚至从句，减少了烦琐的表达方式，如 quasi-coplanar and oblique, described for specimens with three flaws are also found in specimens with multiple flaws. 此外悬垂修饰语（dangling modifier）、修饰语割裂现象（discontinuous modification）也日益增多，如 In three-dimensions, it is very unlikely that a single crack propagates any significant distance. The behavior of rock masses is determined by the presence of discontinuities.

在语篇层面，当代英文科技论文结构趋向简洁化以顺应时代的风尚。例如：美国的 *Science*（《科学》）与英国的 *Nature*（《自然》）是在全球科技界影响很大的两种学术刊物，其中不少论文的语篇结构已开始摆脱传统模式的束缚。它们更加注重的是简洁与连贯，有时仅有少量有关内容的小标题，已不再泾渭分明地标出引言、结论等部分，尾注与参考文献也依引用顺序合并一处，给读者以清新朴实的感觉。

以 *Nature* 期刊上的 "Lansky, S., Betancourt, J.M., Zhang, J. et al. A pentameric

TRPV3 channel with a dilated pore"[3]文章为例，不拘泥于传统格式，小标题有着独特的格式，参考文献在文章分节中插入。

6. 国际化

科学技术的突飞猛进与全球经济一体化使国际科技领域的交流与合作迅速增加，不同国家的科技人员开展合作研究，共同撰写科技论文的现象越来越多。许多国家包括发展中国家都创办了对外交流的各种英文的专业学术刊物。为适应各国科技人员、科研机构与学术图书馆检索、利用、交流与保存英文科技论文的需要，满足计算机技术发展对科技信息处理标准化方面的要求，英文科技论文的国际化日趋明显。

这突出表现在各国科技人员用英文撰写科技论文在语言方面相互影响，地区性差异不断减小，尤其是来自非英语国家科技人员的论文语言已日益接近标准英语。另外在许多国际专业学术团体、国际标准化组织与学术刊物编辑部的影响下，专业术语、技术词汇、缩略语、度量单位名称、非言词表达符号以及论文篇幅格式也在日益统一。还有一个很重要的原因是：只要世界任何一个国家创造出新的科技词语，英语便可按语音对应规律和拼写体系转写过来，成为英语文字，出现在英文科技论文中。这些均将有利于进一步扩大科技界的国际交流，从而进一步加速英文科技论文的国际化[4]。

同时，英文科技论文的文体特点随着科学技术的进步，尤其是交叉学科研究的兴起与边缘学科的出现，精密化与小型化正在发生着变化。一方面，新的专业术语与技术词语大量涌现，非言词表达方式越来越多，专业性与学术性越来越强，论文的篇章结构与语言日趋精练简洁；另一方面，科学技术知识空前普及，文学语言与科技语言相互渗透，在英文科技论文的总体特点仍保持正式、庄重、严谨的同时，一些英文科技论文的作者和一些学术刊物的编辑已很重视语言表达的朴实平易、生动活泼。例如，适当使用人称代词 we 与主动语态，使用日常用语中的一些表达方式，如排比句、疑问句、非拉丁语词源的新词语等，以缩小作者与读者之间的距离。

## 3.2 科技英语的特点

科技英语是在自然科学和工程技术的专业领域中使用的一种英语文体，它是在专业技术的不断发展中逐渐形成并与专业技术同步发展的。由于专业技术要求语言表述能客观、严谨地反映科学研究的内容，所以科技英语除了包含一些实验数据、公式推导和科学符号外，在语法结构、词汇含义、句型使用和修辞手法等方面还有其他很多与日常英语、文学英语不同的特点。诚如著名科学家钱三强指出的：科技英语"无论在语法结构或词汇方面都逐渐形成它特有的习惯用法、特点与规律"。因此，学习和掌握科技英语的这些特点和规律，对于有效完成科技文献检索、阅读、翻译和写作都有很重要的意义。

### 3.2.1 语法特点

科技语域分为六个层次、两个类别，见表3.1。

**表 3.1 专用科技文体和普通科技文体比较**

| 文体 | 层次 | 正式程度 | 语场(题材或使用范围) | 语旨(参与交际者) | 语式(语言形式) |
|---|---|---|---|---|---|
| 专用科技文体 | A | 最高 | 数学、力学等基础理论科学论著、报告 | 科学家之间 | 语言成分主要为人工符号，用自然语言表示句法关系 |
| | B | 很高 | 科技论著、法律文件(包括专利文件、技术标准、技术合同等) | 高级管理人员之间、律师之间或专家之间 | 以自然语言为主，辅以人工符号 |
| | C | 较高 | 应用科学技术论文、报告、著作 | 同一领域的专家之间 | 以自然语言为主，辅以人工符号，含较多专业术语，句法严密 |
| 普通科技文体 | D | 中等 | 生产领域的操作规程、维修手册、安全条例等 | 生产部门的技术人员、职员、工人之间 | 自然语言，含部分专业术语，句法刻板 |
| | E | 较低 | 消费领域的产品说明书、使用手册、促销材料等 | 生产部门和消费者之间 | 自然语言，有少量术语，句法灵活 |
| | F | 低 | 科普读物、中小学教材 | 专家与外行之间 | 自然语言，避免术语，多用修辞格 |

由此可见，专用科技文体即科研领域所使用的科技文体，是指专家所撰写的基础科学理论、技术性法律条文，涉及科学试验、科学技术研究、工程项目、生产制造等领域，其表述客观、逻辑严密、行文规范、用词正式、句式严谨。

下面介绍科技英语的几个主要特点。

#### 1. 非人称语气和客观性

科技文献大量采用以客观事物、研究对象为主语的句式(即以客观事物作为描述主体的非人称句)，尽可能避免采用第一、第二人称为主语的主动句式(即以人作为描述主题的人称句)，以避免造成主观臆断的印象。这也是被动句在英文科技论文中大量出现的原因。美国材料与试验协会(American Society for Testing and Materials，ASTM)标准文本中就使用了大量的非人称句和被动句，翻译成中文时则对应地出现大量无主句。例如：

> In rocks however discontinuities such as bedding, foliation, faults, and often joints can be considered as two-dimensional discontinuities.
>
> 然而，在岩石中，诸如层理、褶皱、断层和通常的节理等不连续性可以被视为二维不连续性。

> The specimens are prepared by mixing water, gypsum, and diatomaceous earth in a blender; the mixture is then poured into a steel mold.
>
> 通过在搅拌机中混合水、石膏和硅藻土来制备试样；然后将混合物倒入钢模中。

再看下面的一段研究论文[5]：

> In this paper, the fatigue behaviour of intact sandstone samples obtained from a rockburst prone coal mine and studied under dynamic uniaxial cyclic loading in the laboratory is presented. Tests were conducted on dry and saturated samples with loading frequencies ranging from 0.1, 1 and 10Hz and amplitudes of 0.05, 0.1 and 0.15mm. From the laboratory investigations, it was found that the loading frequency, as well as the amplitude, was of great significance and influenced the rock behavior in dynamic cyclic loading conditions. The dynamic fatigue strength and the dynamic axial stiffness of the rock reduced with loading frequencies and amplitude. The dynamic modulus was found to increase with the loading frequency but decrease with the amplitude. In the case of the saturated samples, it was found that the dynamic fatigue strength reduced by approximately 30 percent, while the dynamic Young's modulus reduced by about 20 percent. From the presented study, the dynamic energy was found to be independent of the testing conditions while other rock properties were found to be dependent on these. Finally, it was concluded that rock would more readily succumb at low frequencies and amplitude than at high frequencies and amplitude for a given energy availability.
>
> 本文介绍了从易发生岩爆的煤矿获得的完整砂岩样品在实验室动态单轴循环荷载作用下的疲劳行为。对干燥和饱和样品进行了测试，加载频率范围为 0.1Hz、1Hz 和 10Hz，振幅为 0.05mm、0.1mm 和 0.15mm。室内调查发现，加载频率和振幅对岩石在动力循环加载条件下的行为具有重要意义。岩石的动态疲劳强度和动态轴向刚度随加载频率和振幅而降低。发现动态模量随加载频率的增加而增加，但随振幅减小。在饱和样品的情况下，发现动态疲劳强度降低了约 30%，而动态杨氏模量降低了约 20%。从所提出的研究中，发现动态能与测试条件无关，而发现其他岩石特性取决于这些条件。最后，得出的结论是，对于给定的能量可用性，岩石在低频和振幅下比在高频和振幅下更容易屈服。

在这段英语中，作者介绍了研究内容、实验结果及有关结论，陈述了易发生岩爆的煤矿获得的完整砂岩样品在实验室动态单轴循环荷载作用下的疲劳行为。

为了体现研究工作的客观性,全部采用非人称语气(连从句)。整段文字语言规范、条理清楚、简洁流畅,并且使用的是正式的书面体,文中词语也几乎都是专业科技词语,所以这段文字可以说是典型的科技英语。

另外,科技人员为了精确地描述研究对象,在选择词汇时常要注意该词汇是否能客观、准确地表达研究对象的特性。语义客观主要表现为语义结构显性化。科技英语由于正式程度高,逻辑严密、层次分明、条理清晰,在语义结构上排除歧义,语义关系表现在字面上。这一点主要通过词的照应以及逻辑连接词来实现。例如:

> Strength of Splice—If a splice is used in the manufacture of the gasket, the strength shall be such that the gasket shall withstand 100% elongation over the part of the gasket that includes the splice with no visible separation of the splice.
>
> 拼接板强度——垫片制造所用的拼接板强度应达到如下标准:垫片含拼接板部分应能承受100%的伸长率,且拼接板无明显分离。

句中,主题词 splice 重复三次,而没有使用代词,以达到排除歧义、明确语义的目的。if 作为逻辑连接词,在整个句子中起到纽带的作用。

在长期的研究工作中形成的这种客观而严谨的态度,自然会在科技人员表达思想的方式中,特别是在他们选用的科技词语、语法结构和句子形式中得到反映,从而形成了科技英语所特有的语言学特点。诚然,这些词语、结构和句型有时在非科技英语中也会出现,但是远没有科技英语中那样多。

2. 用词正式

科技文体多用专业术语、专用缩略语,辅以数学语言和工程图学语言,多为专家对专家的语言,外行人往往不懂。例如:

> ammonium nitrate fuel oil explosive
> 硝铵燃油炸药
>
> unclassified material excavation
> 不分类料开挖
>
> data of explosive filled, data of holes drilled, delayed blasting
> 装药参数、钻孔参数、延时参数
>
> resistance-static electric detonator; anti-static electric detonator
> 抗静电雷管
>
> firing electric current
> 发火电流

## 3. 被动语态

科技英语中的被动语句不一定要说出行为主体，特别当行为主体是人时。但有时也可用"by"引出行为者，这些行为主体除了人、机构、物质外，还包括完成该动作的方法、原因或过程等。例如：

The loading is applied in a stepwise process at a constant displacement rate of 0.04mm/min.

加载以 0.04mm/min 的恒定位移速率逐步施加。

A total of five types of coalescence have been identified in uniaxial compression, and are found to be strongly related to the geometry of the flaws.

在单轴压缩中总共发现了五种类型的聚结，并且发现它们与缺陷的几何形状密切相关。

Immediately after removing the shims, the front and back faces of the specimen are polished and the specimen is stored in an oven at 40℃ for 4 days.

去除垫片后，立即对试样的正面和背面进行抛光，并将试样在 40℃的烤箱中储存 4 天。

Coalescence Type Ⅵ is produced by the linkage of the wing crack from one of the flaws with the oblique secondary crack from the other flaw.

聚结Ⅵ型是由翼裂纹与其中一个缺陷的斜次级裂纹与另一个缺陷的斜次级裂纹联动产生的。

During cycling, the total deformation of the specimen consisted of initial deformation induced by static loading, creep deformation and deformation and damage deformation produced by cycling itself.

在循环过程中，试件的总变形包括静荷载引起的初始变形、蠕变变形和循环本身产生的变形和损伤变形。

It was found that the dynamic fatigue strength in saturated condition reduced by 30 percent on average compared to that of the dry samples.

研究发现，与干燥样品相比，饱和条件下的动态疲劳强度平均降低了 30%。

另外，有时可将被动句中的"by…"放到句首，构成倒装句，以强调主动方。如果想让读者特别注意过程的步骤或事件的顺序时，可采用此法。例如：

By using smooth blasting, this overbreak can be minimized to the rock in the vicinity of the perimeter holes.

通过使用平滑爆破，可以将这种超断最小化到周边孔附近的岩石。

By using an advanced image processing software, crack densities are calculated on three surfaces at three different axial depths of each sample and three radial zones on each surface.

通过使用先进的图像处理软件，可以计算每个样品三个不同轴向深度的三个表面上的裂纹密度，每个表面上有三个径向区域。

4. 非谓语动词

科技英语用的非谓语动词（即不定式、过去分词、现在分词）要比一般英语文体多得多。为了使描述的对象更加明确，常需要用非谓语动词作定语加以限定；为了使语句简练，常需要用非谓语动词短语代替从句。采用非谓语动词的形式能用扩展的成分对所修饰的词进行严格的说明和限定，其中每一个分词定语都能代替一个从句，可使很长的句子显得匀称，避免复杂的主从复合结构，并省略动词时态的配合，使句子既不累赘又语意明确。例如：

It is very unlikely that a single crack propagates any significant distance, and crack interaction is required **to cause** any considerable growth.

单个裂纹不太可能传播任何显著的距离，并且需要裂纹相互作用才能引起任何相当大的增长。

A more complex behavior than the one **observed** in the past emerges, but the results show that the **cracking** processes **observed** from specimens with two flaws can be **extrapolated**, with some limitations, to specimens with multiple flaws.

出现了比过去观察到的更复杂的行为，但结果表明，从具有两个缺陷的试样观察到的开裂过程可以推断到具有多个缺陷的试样，但有一些局限性。

Before **considering** the details and advances in the specific numerical modelling methods (presented in Section 3), an introduction is provided here to the methods and there is discussion on the continuum vs. discrete approaches[6].

在考虑具体数值建模方法（在第 3 节中介绍）的细节和进展之前，这里对这些方法进行了介绍，并讨论了连续统一体与离散方法。

不同类型非谓语动词的使用可以表示为以下几个方面。

(1) 分词的使用。在科技英语中，分词短语被大量地用作定语、状语和独立分词结构，取代被动态或主动态的关系从句，使句子结构得到简化。例如：

The resultant Eq.(14) is usually fully populated and asymmetric, leading to fewer choices for efficient equation solvers, **compared with** the sparse and symmetric matrices encountered in the FEM.

得到的方程(14)通常是完全填充和不对称的,与 FEM 中遇到的稀疏和对称矩阵相比,导致高效方程求解器的选择更少。(分词短语作后置定语)

**Compared with** the explicit approach of the DEM, the DDA method has four basic advantages over the explicit DEM.

与显式 DEM 方法相比,DDA 方法具有四个基本优势。(分词短语作条件状语)

分词独立结构(名词或代词+分词短语)是一种主谓结构,在句中的作用相当于并列分句或从句。例如:

Agitation is critical, the **aim being** to distribute silicon carbide particles homogeneously throughout the aluminum melt.

搅拌至关重要,其目的是将碳化硅颗粒均匀地分布在整个铝液中。(并列分句)

The process is called die less drawing, as the **product being formed** without direct contact with a die.

由于产品是在不与模具直接接触的情况下成型,故称此工艺为无模拉拔。(状语从句)

The test results revealed that the amplitude and dynamic loading frequency in cyclic condition affected the fatigue strength as well as dynamic deformation characteristics of the rock.

试验结果表明,循环条件下的振幅和动荷载频率对岩石的疲劳强度和动变形特性有影响。(相当于宾语从句)

In the heat exchanger of blast furnace the air flows through the outside pipe, the gas through the inside pipe, with **heat exchange taking place** through the wall.

在高炉热交换器中空气流过外管,燃气流过内管,热交换通过管壁进行。(并列分句)

在例句中,分词独立结构前加 with(without)变成起状语作用的介词短语,用于当分词的逻辑主语与句子主语不一致时。

(2)动名词的使用。动名词构成的介词短语可取代状语从句或简化陈述句,在科技英语中应用广泛。例如:

Measurements can be done either during the test or **by studying** the final results.

测量可以在测试期间进行，也可以通过研究最终结果来完成。

By performing another series of experiments, pressures at different distances from the borehole wall have been measured during the tests.

通过进行另一系列实验，在测试过程中测量了距钻孔壁不同距离的压力。

**As the bending progresses**, the top roll is pressed further down and the radius of the bent workpiece decreases.

随着弯曲进行，顶辊进一步下压，被弯曲工件的半径减小。

In this study, we could visualize the crack patterns **by developing** a relatively simple procedure and eliminating all microscopy related activities.

在这项研究中，我们可以通过开发一个相对简单的程序并消除所有与显微镜相关的活动来可视化裂纹模式。

According to our experience, a resolution between 20 to 30 microns is attainable **by following** these steps depending on the distance between photographic surface and the camera.

根据我们的经验，按照以下步骤调整摄影表面和相机之间的距离，可以获得 20～30μm 之间的分辨率。

The specimens are prepared **by mixing** water, gypsum, and diatomaceous earth in a blender; the mixture is then poured into a steel mold.

通过在搅拌机中混合水、石膏和硅藻土来制备试样；然后将混合物倒入钢模中。

(3) 不定式的使用。不定式在科技英语中常用来替换表示目的、功能的从句，使句子结构简练。例如：

**To prevent** any mix up with explosion gas energy and gas penetration into the shock/stress-induced cracks, a thin-wall copper tube has been tightly inserted into the blastholes.

为了防止爆炸气体能量和气体渗透到冲击/应力引起的裂缝中，将一根薄壁铜管紧紧地插入爆破孔中。

**To reduce** the friction, narrow strips of stiff cardboard were installed between platens of the servo-controlled testing machine and the specimens[7].

为了减少摩擦，在伺服控制试验机的压板和试样之间安装了窄条的硬纸板。

The objective of this research is **to ascertain** if the crack types and coalescence patterns produced in specimens with two flaws can be extrapolated to specimens with three and 16 flaws.

本研究的目的是确定具有两个缺陷的试样中产生的裂纹类型和聚结模式是否可以外推到具有 3 个和 16 个缺陷的试样。

Highly transient events such as blast loads and impacts are being investigated by numerical computations **to reveal** the important mechanisms of the events. Wave propagation codes or hydrocodes have been used for a quite some time **to perform** the computations for a diversity of non-linear problems in solid, fluid and gas dynamics.

通过数值计算对爆炸荷载和撞击等高瞬态事件进行了研究，以揭示事件的重要机制。波传播代码或水文代码已经使用了相当长的一段时间来执行固体、流体和气体动力学中各种非线性问题的计算。

Information on suitable sample geometries and combination of cords and coupling media **to prevent** the sample fragmentation is the topic of the next section.

有关合适的样品几何形状以及绳索和耦合介质组合以防止样品碎裂的信息是下一节的主题。

5. 表达方式程式化

专用科技英语在表达方式上呈现程式化的特点。例如，常用祈使句以及情态动词+ be 的结构（如 should/shall+be，may+be 等）。

Continuum approaches should be used for rock masses with no fractures or with many fractures, the behavior of the latter being established through equivalent properties established by a homogenization process (Fig. 4a and d). The continuum approach can be used if only a few fractures are present and no fracture opening and no complete block detachment is possible.

对于没有裂缝或有许多裂缝的岩体，应使用连续体方法，后者的行为是通过均质化过程建立的等效特性（图 4a 和 d）。如果仅存在少数裂缝，没有裂缝开口，并且不可能完全脱离块，则可以使用连续介质方法。

6. 名词化结构

"表示动作意义的名词+of+名词+修饰语"叫作名词化结构，在科技英语中经常用它代替主谓结构作各种句子成分，使句子结构简化。例如，用普通英语表达这样一句话：

If forging are machined by this method, there will be some loss of material.

在科技英语中就会用名词化结构如下表达：

**The machining of forgings by this method** entails some loss of material.
用这种方法加工锻件会浪费一些材料。（名词化结构在句中作主语）

再如：

**Control of the type, size, distribution, and amount of these phases** provides an additional way to control properties of alloys.
控制这些相的类型、大小、分布和数量提供了又一种控制合金性能的途径。

The pearlite structure can be achieved by **control of cooling rate after solidification** or by subsequent heat treatment.
珠光体组织可以通过控制凝固后的冷却速度或通过后来的热处理获得。

A reduction in heat loss by the **use of insulating refractories in heat treatment furnace** seems to be of obvious benefit.
在热处理炉中使用绝热耐火材料减少热损失，看来具有明显的效益。

A increase in nodule number and improvements in nodule shape in large section casting can be effected by the **addition of a small mount of antimony**.
在大断面铸件中，添加少量的锑可增加石墨球数量并改善石墨球形状。

The **substitution of blasting hot air for blasting cold air** results in a very considerable increase in melt temperature.
用鼓入热风代替冷风，可以显著提高铁水温度。

In recent years concern has been growing over the **production of various industrial parts with MMC**.
近年来人们越来越关注用金属基复合材料生产各种工业零件。

The ultrasonic metal inspection is the **application of ultrasonic vibrations to materials with elastic properties** and the **observation of the resulting action of the vibrations in the materials**.
金属超声波探伤是将超声振动施于具有弹性的材料，并观察振动在材料中产生的作用。

Proper design and choice of the product and its parameters are important for the **successful application of HERF process in production**.

正确地设计和选择产品及其参数对于在生产中成功地应用 HERF 工艺非常重要。

7. 省略句

为了减少或避免用复合句进行表述，缩短句子长度，常常采用某些比较简略的表达形式，以达到精练的目的，故省略句在科技英语中应用较多。常用的省略形式如下。

(1) 并列复合句中的省略。各分句中的相同成分——主语、谓语(助动词或行为动词)或宾语可以省略。例如：

The first treatment would require a minimum of 48hours, while the second treatment would require only 26 hours.
第一次处理最少需要 48h，而第二次处理只需要 26h。

可以省略为

The first treatment would require a minimum of 48hours, the second only 26 hours.

(2) 状语从句中的省略。在主从复合句中，当状语从句的主语和主句的主语相同时，从句中的主语和助动词往往可以省略，有时甚至将连词一并省略。例如：

[When(they are)] heated under pressure, the constituents fine(together).
当在压力下加热时，各组分会熔合到一起。(时间状语从句中的主语和助动词可予省略，连词也可一并省略；主句中的副词有时也可省略)

[If(it is)] alloyed with tin, copper forms a series of alloys which are known as bronze.
如果将铜与锡熔合，就能形成叫作青铜的一系列合金。(条件状语从句中的主语和助动词可以省略，连词也可省略)
In Type Ⅷ the secondary cracks are oblique while in Type Ⅰ they are quasi-coplanar This method, while(it is) simple, can make very complicated cantinas.
这种方法虽然简单，却能制造非常复杂的铸件。(让步状语从句)

在英文科技文献中提到某个图或表时，常常使用"as shown in Fig.x"和"as listed in Table x"的句型，这些也是省略句。例如：

Since the data were recorded in peak-valley mode in dynamic cyclic loading conditions, the peak and valley curves were obtained separately and analysed independently to calculate modulus values as shown in Fig.2 using a computer program developed in MATLAB.

由于数据是在动态循环负载条件下以峰谷模式记录的，因此分别获得峰谷曲线并独立分析，以使用 MATLAB 开发的计算机程序计算模量值，如图 2 所示。（方式状语从句"as…"中省略了主语和谓语"It is shown"）

另外，有时还可将状语从句中的连词、主语和谓语全部省略，只保留介词短语，而意义不变。如上面列举的例子便可进一步简化成：

With tin, copper forms a series of alloys which are known as bronze.
铜能与锡形成叫作青铜的一系列合金。

(3)定语从句中的省略。由关联词 that 或 which 引导的定语从句，动词一并省略。如上句中的 which 可予省略，留下做定语用的分词"known as bronze"；并且还可以进一步省略成：

Alloyed with tin, copper forms a bonze.
用锡合金化，铜就形成青铜。

又如：

In this diagram the solid solution (which is) based on metal C is called the α phase.
在此相图中，以金属 C 为基的固溶体称为 α 相。
The speeds and feeds (which is) used for pearlitic irons often cause cracking of the ferrite in the more ferritic areas.
用于珠光体铸铁的加工速度和进刀量通常使得铁素体较多区域的铁素体破裂。
The indirect arc furnace is a furnace (which is used) for melting nickel alloys, bronzes, gunmetals and special cast iron.
直接电弧炉是熔化镍合金、青铜、炮铜和特种铸铁的熔炉。

(4)其他省略句。通过改变句子结构(有时是添加个别词语)，可省略一些词语，将较长的句子压缩成较简短的句子。例如：

**In the form in which they have been presented,** the test results give no useful information.

可以省略为

**Thus presented,** the test results give no useful information.
这样给出的试验结果不能提供什么有用的信息。

在此句中，用副词"thus"代替短语"In the form in which they have been"，只保留一个分词"presented"，使句子结构大为简化。

又如：

Normally lead was extruded at room temperature, **aluminum either cold or hot, and copper hot.**
通常，铅在室温下进行挤压，铝可进行冷挤压或热挤压，铜进行热挤压。

使用标准的缩写词，也可将长句缩短。例如：

The mold consists of four steel plates with internal dimensions 203.2mm by 101.6mm and a pair of **PMMA** plates, one placed at the top and the other one at the bottom of the mold(front and back in Fig. 2(a)).
模具由四块内部尺寸为 203.2mm×101.6mm 的钢板和一对 PMMA 板组成，一块放置在模具的顶部，另一块放置在模具的底部(图 2(a)中的正面和背面)。(PMMA 是 polymethyl methacrylate 的缩写。)

使用某些特定句型也可以省略一些句子成分。例如：

The lower the temperature of bainite formation the finer are these carbides and the structures produced become similar to that of tempered martensite.
贝氏体形成的温度越低，这些碳化物就越细，而形成的组织变得类似于回火马氏体的组织。

(5)常见省略句型。在科技英语中常用一些省略句型，例如：

| | |
|---|---|
| As described above | 如前所述 |
| As explained before | 如前所述 |
| As shown in Figure 3 | 如图 3 所示 |

| | |
|---|---|
| As indicated in Table 2 | 如表 2 所指出的 |
| As already discussed | 如前面讨论过的 |
| As rated later | 如后面所说明的 |
| if any (anything) | 如果有的话；即使需要也 |
| If convenient | 如果方便的话 |
| If necessary | 必要时；如果必要的话 |
| If possible | 如有可能 |
| If required | 如果需要（的话） |
| If not | 即使不…… |
| If so | 如果是这样；果真如此 |
| When in use | 在使用时；当工作时 |
| When necessary | 必要时 |
| When needed | 需要时；如果需要 |
| Where possible | 在可能的情况下；如有可能 |

8. 惯用句型

科技英语中有许多惯用句型，除了前面已提到的，最常用的是由导引词 it（用作形式主语）引出的陈述句（后面用主语从句或不定式短语作逻辑主语）。常用的有：

| | |
|---|---|
| It appears that… | 看来…… |
| It can be seen that… | 可以看出…… |
| It has been proved that… | 已经证明…… |
| It is evident that… | 显然…… |
| It is necessary to point out that… | 有必要指出…… |
| It is not hard to imagine that… | 不难想象…… |
| It is possible that… | 可能…… |
| It is well known that… | 众所周知…… |
| It may be remarked that… | 可以认为…… |
| It must be noted that… | 必须指出…… |
| It was reported that… | 据报道…… |
| It should be mentioned that… | 应该指出…… |
| It will be found that… | 将会发现…… |

| | |
|---|---|
| It follows (from this) that… | 由此可见…… |

另外还有一类惯用句型是包含有表语或表语从句的陈述句，例如：

| | |
|---|---|
| of importance is (are)… | 重要的是…… |
| of recent concern is (are)… | 近来引起重视的是…… |
| particularly noteworthy is that… | 特别值得注意的是…… |
| the case (question) is that… | 问题在于…… |
| the conclusion is that… | 结论是…… |
| the fact is that… | 事实是…… |
| the purpose of this work is… | 本项工作的目的是…… |

还有一类惯用句型是包含有宾语或宾语从句的陈述句，例如：

| | |
|---|---|
| calculations indicated that… | 计算表明…… |
| experience has shown that… | 经验证明…… |
| Fig.2 illustrates… | 图2表明了…… |
| one can only say that… | 只能认为…… |
| practice has shown that… | 实践也已证明…… |
| results demonstrate that… | 结果表明…… |
| some believe that… | 有些人认为…… |
| tests have proven that… | 试验证实…… |
| this implies that… | 这意味着…… |
| we believe that… | 我们认为…… |

9. 复杂长句

科技英语的表述对象是客观事物的发展过程、演变规律、影响因素、内在机理等，所有这一切又是处在相互关联、相互制约的矛盾运动之中。譬如合金组织的形成包含结晶、凝固、相变等几个阶段，其中每一阶段的演变发展都受到诸如化学成分、冷却速度、处理工艺等热力学和动力学条件的影响，这些因素之间相互影响相互制约，它们都对最后形成的合金组织与性能产生重要作用；为了准确地表述在这一过程中的复杂关系（其中包括时间、条件、原因、结果、目的、伴随、主次、对比等），需要严密的逻辑思维。这种思维的内容见诸语言形式，就容易形成包含大量信息的复杂长句。在这种句子中，往往包含若干个从句和非谓语动词短语，而这些从句和短语又往往互相制约，互相依附，形成从句中有短语、短语中带从句的复杂语言现象。科技英语中这样的复杂长句十分常见，成为区别于普通英语的一个显著特点。例如：

The result was a drive for much greater in-depth understanding of the mechanical behavior of fractured rock masses and granular soils due to the DEM's ability to provide a more realistic representation of the rock and soil fabrics and significant improvement of numerical modelling at moderately large scales.

其结果是，由于DEM能够提供更真实的岩石和土壤结构表示，并在中等大尺度下显著改进数值建模，因此推动了对裂隙岩体和颗粒土力学行为的更深入理解。

Although the basic principles and engineering practice of rock mechanics and engineering are well known today, and a large number of numerical codes has been developed over the years for design and simulation purposes, a number of important scientific and technical issues of difficulty exist today in either fundamental understanding or numerical implementation.

尽管岩石力学和工程的基本原理和工程实践在今天已经众所周知，并且多年来已经开发了大量的数字代码用于设计和模拟目的，但今天在基本理解或数值实现方面都存在许多重要的科学和技术难题。

Other issues of significance are the need for more laboratory and in situ experiments for verification of numerical methods, codes and models with well-controlled testing conditions and large enough sample sizes, and the need for more efforts in the combined applications of different modelling approaches, especially the 1∶1 and not 1∶1 modelling approaches, such as using rock mass classification with more numerically based methods.

其他重要问题包括：需要更多的实验室和现场实验来验证数值方法、代码和模型，同时要有良好的测试条件和足够大的样本量；需要更加努力地综合应用不同的建模方法，特别是1∶1和非1∶1建模方法，例如使用岩体分类和更多基于数值的方法。

Although clearly defined mathematical approaches may exist to describe and analyse uncertainties and error propagation, their application in mathematical and computer models of rock engineering is still difficult—simply because we do not have a reference basis for judgements, except for empirical judgement.

尽管有明确定义的数学方法来描述和分析不确定性和误差传播，但将这些方法应用于岩石工程的数学和计算机模型仍然很困难——原因很简单，除了经验判断之外，我们没有参考依据。

10. 其他

除前述几个语法特点外，科技英语还有词性转换多，使用短语动词、条件句多等特点。在修辞上，科技英语文笔朴实，使用陈述句居多，祈使句在说明书等技术文件中较多，感叹句、疑问句使用少。在时态上，多采用一般时（一般现在时、过去时和将来时），有时采用现在进行时、完成时，其他时态很少用。限于篇幅，这些不再一一赘述。

### 3.2.2 词汇特点

1. 科技英语词汇的组成

科技文献中大量使用专业词汇，它们包括本学科使用的专业技术词汇、各学科通用的半专业词汇和书面非专业词汇。

(1) 专业技术词汇是指各个学科或专业中应用的专业词汇或术语，其意义狭窄、单一，专业性很强，一般只使用在各自的专业范围内。这类词一般字母较多，而且字母越多词义越狭窄，出现的频率也不高。例如：

| admittance | 导纳 |
| polarization | 极化、偏振 |
| geotechnical | 岩土 |
| thermoporoelastic | 热孔隙弹性 |
| inhomogeneous | 非均质 |
| transgranular | 跨晶粒 |

(2) 半专业词汇是指在科技英语中使用的普通词汇，它除了本身的基本词义，在不同的专业中又有不同的词义。例如，"flux"一词，其基本词义是"流动"，用在专业技术上转义为"稀释剂、熔剂、造渣、助熔处理、磁通、磁力线"等。又如，"feed"一词，其基本词义是"喂养"，用在专业技术上转义为"补给、输送、供水、加载、进刀、冒口、馈电"等。再如，"chill"一词，其基本词义是"寒冷"，用在专业技术上转义为"激冷、冷硬、冷铁、金属型、锭模、白口层"等。

这类词词义繁多，用法灵活，搭配形式多样，使用范围极广，量也极大。在科技英语中出现频率最高，较难掌握。在"英译汉"时尤应注意词义的正确选择。

(3) 书面非专业词汇是指在非科技英语中很少使用但却严格属于非科技性质

的词汇。它们大多是书面语动词和由它们派生的抽象名词及形容词。例如：to apply，to generate，to yield，application，implementation，available，appreciable 等。科技英语中使用这些词是因为它们能比日常英语中的短语动词更准确、更严格地表现专业内容，从而避免歧义。例如，日常英语中常用下列句子：

Then the light is turned on.

在科技英语中却表示为 The circuit is then completed.

这是由于 complete 词义单一准确，可以避免歧义。而 turned on 不仅表示开通，还有其他意义，如：

The success of a picnic usually turns on the weather.（依赖）

The dog turned on to me and bit me in the leg.（袭击）

又如 find out 有"发现、找出、求出"等多个含义。为了防止歧义，在科技英语中不用此词。而用 discover 表示"发现"；用 search(out) 表示"找出"；用 determine 表示"求出"；这样就比较准确。同理，可用 convert（转变、变换）代替 change；用 absorb（吸收）代替 take in；用 observe（观察）代替 look at；用 transmit（传输）代替 pass on；等等。

另外有些非技术词汇比较简洁明了。例如，evaporate（蒸发）一词的含义等于词组 turn into vapor；minimize（使减至最小）等于 reduce to the minimum；reciprocate（往复运动）等于 move backwards and forward in a straight line；等等。

在科技英语中还较多地使用一些在普通英语中很少使用的动词短语。例如，to be under construction（正在施工）；to come under load（承受负载，开始工作）；to come on stream（投入生产）；to take into account（考虑到）；等等。

由于这类词汇能更准确地表现专业内容，所以在进行科技英语写作"汉译英"时，尤其应当注意选用。

### 2. 构词法

英语的构词有转化(conversion)、合成(composition)、派生(derivation)三种形式。

#### 1) 转化

一个词类转化为另一个词类。转化时词形一般不变，只是词类转用。例如：

| | | | | |
|---|---|---|---|---|
| melt | （溶液） | —— | to melt | （熔化） |
| wear | （磨耗） | —— | to wear | （磨损） |
| chill | （冷铁） | —— | to chill | （激冷） |
| finish | （光洁度） | —— | to finish | （抛光） |
| mould | （铸型） | —— | to mould | （造型） |

| alloy | （合金） | —— | to alloy | （合金化） |

2) 合成

由两个或更多的词合成一个新词。合成的方法有：名词+名词，形容词+名词，动词+副词，名词+动词，介词+名词，形容词+动词，等等。例如：

| sandstone | 砂岩 |
| limestone | 石灰岩 |
| fireworks | 烟花 |
| jumbo-loader | 钻装车 |
| burn-on | 机械黏砂 |
| no-bake | 自硬的 |

3) 派生或词缀

派生构词法是通过对词根加上各种前缀和后缀来构成新词的方法。在科技英语中词缀出现的频率远较在其他文体英语中高得多。在表 3.2～表 3.4 中给出了科技英语必须掌握的一些常用前缀和后缀，以及由它们派生出来的材料专业词汇例词。

表 3.2　名词词缀示例

| 名词词缀 | 含义 | 例词 |
| --- | --- | --- |
| inter- | between, among | interface 界面 |
| hyper- | over | hypereutectic 过共晶的 |
| hypo- | under | hypoeutectic 亚共晶的 |
| ferro- | iron | ferrosilicon 硅铁 |
| anti- | against | anticorrosion 耐腐蚀 |
| counter- | against | counterflow 逆流 |
| di- | two | diphase 双相 |
| heter(o)- | mixed | heterogeneous 多相的，不均的 |
| homo- | even, same | homogeneous 均化 |
| hydro- | water | hydroblasting 水力清砂 |
| macro- | large | macrograin 粗晶粒 |
| micro- | small | microstructure 显微组织 |
| multi- | many | multiphase 多相 |

续表

| 名词词缀 | 含义 | 例词 |
|---|---|---|
| out- | above, beyond | out-gate 溢流冒口 |
| photo- | light | photomicrography 显微照片 |
| pre- | before | preheat 预热 |
| quasi- | false | quasieutectic 伪共晶 |
| sub- | beneath, less than | subskin blowhole 皮下气孔 |
| super- | above, over | superalloy 高温合金 |
| thermo- | heat | thermocouple 热电偶 |
| tri- | three | triplex melting 三联法熔炼 |
| ultra- | beyond | ultrasonic 超声波(的) |
| -er,-or | person | caster 铸工 |
| | matter | nodularizer 球化剂 |
| -graph | recorder | autograph 自动记录仪 |
| -ism | theory | mechanism 机制，原理 |
| -ist | person | metallurgist 冶金学家 |
| -phone | sound | microphone 扩音器(麦克风) |
| -scope | observe, see | microscope 显微镜 |

表 3.3　形容词词缀示例

| 形容词词缀 | 含义 | 例词 |
|---|---|---|
| im- | not | impurity 杂质 |
| in- | not | insufficient 不够的，不适当 |
| ir- | not | irreversibility 不可逆性 |
| un- | not | unsound 有缺陷的 |
| -able, -ible | may | negligible 可忽略的 |
| -ent, -ant | tending to | convergent 收敛的，收缩的 |
| -free | have no | rust-free 无(不)锈的 |
| -full | full of | wonderful 惊人的，极好的 |
| -ive | tending to | reactive 活性的，易反应的 |
| -less | without | restless 不稳的，不静止的 |
| -proof | resistant | acid-proof 耐酸的 |

表 3.4　动词词缀示例

| 动词词缀 | 含义 | 例词 |
| --- | --- | --- |
| ab- | being away from | absorber 减震器 |
| con- | together | concentration 浓度浓缩 |
| de | cause not to be | desulfuration 脱硫 |
| dis | the opposite | disintegrator 粉碎机 |
| ex | out | expansion 膨胀 |
| re | again | recrystallization 再结晶 |
| over- | too much | undercooling graphite 过冷石墨 |
| -en | make, become | weaken 减弱，消震 |
| -fy | make | purify 提纯，精炼 |
| -ize, -ise | make | oxidize 氧化 |

3. 词汇缩略

1) 首字词

首字词(initials)在科技英语中大量使用，它是由原词组的首字母组成，在阅读中首字词要逐字母念出。例如：

| AN | —— | ammonium nitrate | 硝铵 |
| TE | —— | total energy | 总能量 |
| RQD | —— | rock quality designation | 岩石质量指标 |
| FEM | —— | finite element method | 有限元法 |
| EDD | —— | electric delay detonator | 延期电子雷管 |
| ISEE | —— | International of Makers of Explosives | 炸药制造商协会 |
| ASTM | —— | American Society for Testing and Materials | 美国材料试验学会 |

2) 缩略词

缩略词(acronyms)与首字词基本相同，但读音按缩略的拼写形式进行。例如：

| ROW | —— | Read only Memory | 只读存储器 |
| RAM | —— | Random Access Memory | 随机存取存储器 |
| Laser | —— | Light Amplification by Stimulated Emission of Radiation | 激光 |

3) 节略词

某些词使用率高，为了方便，在发展过程中逐渐用它们的前几个字母来表示，这就是节略词(clipped words)。例如：

| E | —— | elastic modulus | 弹性模量 |
| F | —— | ferrite | 铁素体 |
| met. | —— | metal | 金属 |
| rupt. | —— | rupture | 断裂 |
| gr. | —— | graphite | 石墨 |
| fig. | —— | figure | 图示 |
| mach. | —— | machinery | 机械 |
| ref. | —— | reference | 参考文献 |

4) 缩写词(abbreviation)

| et al. | —— | and other | 及其他 |
| etc. | —— | et cetera | 等等 |
| via | —— | by way of | 经由 |
| i.e. | —— | that is | 即，就是 |
| e.g. | —— | for example | 例如 |
| vs. | —— | versus | 对…… |
| in ex. | —— | in excess of | 超过，多于 |
| cm | —— | centimeter | 厘米 |

## 3.3 常用句型

### 3.3.1 常用正文内容的描述

论文正文所涉及的内容一般包括理论分析和原理叙述、所用材料和方法的说明、实验条件、结果的分析讨论以及结论。下面介绍一些最常见的写作表述方法。

1. 定义的表述

定义是对一种事物的本质特征或一个概念的内涵和外延所做的确切而简要的说明。

1) 常用句型

The definition of…is…, which (that) is…

…is defined as (is called, is said to be)…

…means (signifies, is considered to be, is taken to be, refers to)…

…be referred to as… (be thought of as…)

…be taken to mean (be used in, be considered to be)…

…is a kind of…which (that)…

2) 例句

Dilution, which is defined as contamination or mixing of worthless materials with the valuable minerals or ore, reduces the grade of the ore in narrow vein mining and strongly affect the economic status of the mine.

稀释是指有价值的矿物或矿石被污染或混入无价值的物质，稀释会降低窄脉采矿中矿石的品位，并严重影响矿山的经济状况。

Porosity is defined as the ratio of pore volume that filled with air or water in the solid to total volume.

孔隙度的定义是固体中充满空气或水的孔隙体积与总体积之比。

Furthermore, the lack of information about the rock fractures means that working with uncertainty and variability becomes a way of life in rock mechanics and rock engineering, which for numerical modelling demands clarification of sources, significances, propagation paths of uncertainties and their mathematical treatment.

此外，缺乏有关岩石裂缝的信息意味着处理不确定性和可变性成为岩石力学和岩石工程的一种生活方式，对于数值建模，这需要澄清不确定性的来源、意义、传播路径及其数学处理。

The term "1∶1 mapping" refers to the attempt to model geometry and physical mechanisms directly, either specifically or through equivalent properties.

术语"1∶1映射"是指尝试直接对几何体和物理机制进行建模，或具体模拟，或通过等效属性模拟。

Fracturing is considered to be a process through which bonds are broken, forming new surfaces as a new or existing crack in an otherwise intact material propagates.

断裂被认为是一个键断裂的过程，当原本完整的材料中出现新的或已有的裂缝时，裂缝会扩展形成新的表面。

The reacted gas pressure is related to detonation pressure and its value is commonly considered to be half of the detonation pressure.

反应气体压力与起爆压力有关，其值通常被认为是起爆压力的一半。

Coalescence Type Ⅳ is a stable process that occurs through the propagation of the wing crack from one of the flaws and linkage with the other flaw.

Ⅳ型凝聚是一个稳定的过程，它是通过翼裂纹从一个缺陷扩展到另一个缺陷的过程。

Amplitude refers to an absolute(±value), equal to one-half of the total range.

振幅指绝对值(±值)，等于总量程的二分之一。

2. 科技描述

科技描述是对试验研究中的某些技术事项进行的说明，常常辅以图表或示例进行必要的补充。

1) 常用句型

It is known that…

…as illustrated(shown) in Fig.3…

As can be seen in Fig.6 that…

Investigation(experience) has shown that…

…is related of…Following is a brief outline of…

The general view of these authors is that…

Common(typical) example is…

An example of this involves…

It has been confirmed that…

The results generated from…showed that…

The empirical regression equations predict that…

Some of the most common problems related to…are described below.

2) 例句

These correlations are shown graphically in Figure 8.4b to f and the corresponding regression equations are as follows.

这些相关性如图 8.4b 至 f 所示，相应的回归方程如下。

The plot showed a generally increasing trend with frequency and amplitude.

图表显示，频率和振幅总体呈上升趋势。

It was shown that when the strength of explosive is high enough to produce comparable crack densities at different depths of the sample in zone 1, then reproducibility of crack densities in zone 2 and zone 3 are also assured.

结果表明，如果炸药的强度足够高，可以在 1 区试样的不同深度产生可比的裂纹密度，那么 2 区和 3 区的裂纹密度的可重复性也会得到保证。

Therefore, it is confirmed that the calculated peak pressure values are the same as maximum physical pressures experienced by rock at the gauge points.

因此，可以确认计算得出的峰值压力值与岩石在测压点所承受的最大物理压力相同。

The results showed a general decreasing trend of dynamic fatigue strength with an increase in frequency and amplitude (Fig. 4)

结果表明，随着频率和振幅的增加，动态疲劳强度总体呈下降趋势（图 4）。

It is known that different materials show different responses under dynamic loading conditions.

众所周知，不同的材料在动态加载条件下会产生不同的反应。

In actual practices, it is known that when the same amount of explosive is used the rock with higher uniaxial compressive strength results in coarser fragments.

在实际操作中，众所周知，当使用相同数量的炸药时，单轴抗压强度较高的岩石会产生较粗的碎块。

It can be seen that water coupling caused the worst damage and air coupling the least.

可以看出，水耦合造成的破坏最严重，而空气耦合造成的破坏最小。

As it can be seen that all samples in Table 6.3 were cored along the Z-axis to assure their reproducibility in terms of their microstructural properties.

可以看出，表 6.3 中的所有样品都沿 Z 轴进行了取心，以确保其微观结构特性的重现性。

3. 插图与照片的图说表示法

在材料专业的论文中经常穿插不少的插图、照片，用来直观形象地表示某些参数之间相互关系的规律性或显示材料的组织结构等，在这些图下都附有简短的图说。专业英语图说的表示多用词组，不用句子。例如：

Fig. 1. Surface of a blasted rock mass, illustrating that pre-existing fractures can divide the rock mass into discrete blocks, and that the interaction between the rock mass and the engineering processes also needs to be modelled for the engineer to have a predictive capability for design purposes. Note the "half-barrels" of the blasting boreholes.

图 1.爆破岩体的表面，说明预先存在的裂缝可将岩体分割成不连续的岩块，岩体与工程过程之间的相互作用也需要建模，以便工程师具备设计预测能力。注意爆破钻孔的"半桶"。

Fig.2. Four basic methods, two levels and hence eight different approaches to rock mechanics modelling and rock engineering design, from Hudson.

图 2. 岩石力学建模和岩石工程设计的四种基本方法、两个层次以及八种不同的方法，来自 Hudson。

Fig.3. Representation of a fractured rock mass shown in (a), by FDM or FEM shown in (b), BEM shown in (c), and DEM shown in (d).

图 3. 用 FDM 或 FEM（如图 b）、BEM（如图 c）和 DEM（如图 d）表示断裂岩体（如图 a）。

Fig.4. Suitability of different numerical methods for an excavation in a rock mass: (a) continuum method; (b) either continuum with fracture elements or discrete method; (c) discrete method; and (d) continuum method with equivalent properties.

图 4. 不同数值方法对岩体开挖的适用性：(a)连续法；(b)含断裂元素的连续法或离散法；(c)离散法；(d)含等效属性的连续法。

Fig.5. Hybrid model for a rock mass containing an excavation—using the DEM for the near-field region close to the excavation and the BEM for the far-field region.

图 5. 包含挖掘物的岩体的混合模型——在挖掘物附近的近场区域使用 DEM，在远场区域使用 BEM。

Fig.6. Wing crack initiation stresses from specimens with three flaws and spacing $2\alpha$.

图 6. 带有三个缺陷且间距为 $2\alpha$ 的试样的翼裂纹起始应力。

Fig.7. Normalized fatigue axial strain with frequency (D-dry samples and S-saturated samples).

图 7. 归一化疲劳轴向应变随频率的变化（D-干燥样品和 S-饱和样品）。

Fig.8. (a) Average dynamic Young's modulus with frequency (D-dry samples and S-saturated samples) (b) dynamic secant modulus with frequency (D-dry samples and S-saturated samples).

图 8.(a)随频率变化的平均动态杨氏模量（D-干燥样品和 S-饱和样品）(b)随

频率变化的动态秒模量(D-干燥样品和 S-饱和样品)。

Fig.9. Fracture elements in FEM by(a)Goodman et al.(1968)[51],(b)Ghaboussi et al.(1973)[54],(c)Zienkiewicz et al.(1970)[53]and(d)Buczkowski and Kleiber (1997).

图 9. 有限元中的断裂元素(a)Goodman 等(1968)[51]、(b)Ghaboussi 等(1973)[54]、(c)Zienkiewicz 等(1970)[53]和(d)Buczkowski 和 Kleiber(1997)。

4. 分类与比较

根据事物的特点、属性进行归类以及对两种以上的同类事物的异同点或优缺点进行比较对比，是专业技术论文中常用到的手法。

1)常用句型

…can(may, might)be classified(categorized, grouped)into…

Both…and…are…results in(demonstrates)…

A comparison between…and…reveals(suggests, shows)that…

…and…are(seen to be, happen to be)basically the same.

It differs(is different)from…

There are some differences between…and…

…is smaller(far smaller, slightly smaller)than…

…is more efficient than…

2)例句

These parameters can be calculated by plotting stress-strain curves for both axial and lateral strains.

这些参数可以通过绘制轴向和侧向应变的应力-应变曲线来计算。

The reason is the exceptional computational effort, both computer memory and running time, required for even a moderately large number of blocks.

原因在于，即使是中等数量的数据块，也需要耗费大量的计算资源，包括计算机内存和运行时间。

Conversely, by applying a load more rapidly, higher levels of stresses can be achieved before coalesce of flaws.

相反，通过更快地施加荷载，可以在缺陷凝聚之前达到更高的应力水平。

Smaller fragment dimensions and higher apparent threshold for material failure are the consequence of contribution of larger number of flaws in fragmentation process for this case.

较小的碎片尺寸和较高的材料失效表观阈值是这种情况在破碎过程中造成大量缺陷的结果。

Stress concentration and redistribution mechanisms and rock inhomogeneity were found to be the main reasons for the differences between static and dynamic tensile strengths.

研究发现，应力集中和再分布机制以及岩石的不均匀性是造成静态抗拉强度和动态抗拉强度差异的主要原因。

5. 假说与假设

假说是在事实的基础上根据类比推理、归纳推理和演绎推理提出的，是科学研究的重要方法。假设与假说一样可以用来提供说明事物规律的可能性，以简化分析和计算过程。下面是表达假设和假说的常用句型及例句。

1）常用句型

The assumption indicates (shows, claims, implies, suggests, explains, states) that…

The hypothesis has been tested (was supported, proved, confirmed, verified) by further experiments (studies, investigation, observation)…

It is assumed (believed, thought, supposed) that…

What we assumed is in agreement with (contradicts with, is not consistent with)…

2）例句

Here it is assumed that the rock is strong enough compared to the applied explosive load.

这里假定岩石的强度足以承受所施加的爆炸荷载。

It has been shown that there are not much differences in the values. Therefore, static and dynamic values are assumed to be equal in this work.

结果表明，两者的数值差别不大。因此，本文假定静态值和动态值相等。

Attewell and Farmer proposed a hypothesis to explain the resultant deformation based on a description of rock failure in terms of strain energy-dependent crack propagation.

Attewell 和 Farmer 根据应变能相关裂缝扩展对岩石破坏的描述，提出了一种假设来解释由此产生的变形。

> Condition 2 indicates that blocks in the DEM regions must be deformable, i.e. not be rigid blocks.
>
> 条件 2 表明，DEM 区域中的块必须是可变形的，即不是刚性块。

### 3.3.2 科技论文各部分内容常用句型

1. Beginning

In this paper, we focus on the need for…

This paper proceeds as follow.

The structure of the paper is as follows.

In this paper, we shall first briefly introduce fuzzy sets and related concepts.

To begin with we will provide a brief background on the…

2. Introduction

This will be followed by a description of the fuzzy nature of the problem and a detailed presentation of how the required membership functions are defined.

Details on ×× and ×× are discussed in later sections.

In the next section, after a statement of the basic problem, various situations involving possibility knowledge are investigated: first, an entirely possibility model is proposed; then the cases of a fuzzy service time with stochastic arrivals and non fuzzy service rule is studied; lastly, fuzzy service rule are considered.

3. Objective/Goal/Purpose

The paper concerns the development of a ××.

The scope of this research lies in…

The primary purpose/consideration/objective of…

The ultimate goal of this concept is to provide…

The main objective of such a…system is to…

The aim of this paper is to provide methods to construct such probability distribution.

In this trial, the objective is to generate…

For the sake of concentrating on…research issues.

A major goal of this report is to extend the utilization of a recently developed procedure for the ××.

This illustration points out the need to specify…

4. Problem/Question

In numerical modelling of engineering problems, some problems can be represented by an adequate model using…

Such problems are termed ××.

…is a difficult problem, yet to be adequately resolved.

Two major problems have yet to be addressed.

An unanswered question…

The three prime issues can be summarized…

The situation leads to the problem of how to determine the…

There have been many attempts to…

It is expected to be serious barrier to…

It offers a simple solution in a limited domain for a complex…

5. Review

This review is followed by an introduction.

A great number of studies report on the treatment of uncertainties associated with…

However, these studies do not provide much attention to uncertainty in…

A brief summary of some of the relevant concepts in ××× and ××× is presented in Section 2.

Attempts to resolve this dilemma have resulted in the development of…

In the next section, a brief review of the…is given.

In the next section, a short review of…is given with special regard to…

Section 2 reviews relevant research related to ××.

Section 1.1 briefly surveys the motivation for a methodology of action, while 1.2 looks at the difficulties posed by the complexity of systems and outlines the need for development of possibility methods.

Previous work, such as…and…, deal only with…

The approach taken by…is…

The system developed by…consists…

A paper relevant to this research was published by…

This study further shows that…

Their work is based on the principle of…

More history of…can be found in…

Studies have been completed to established…

The…studies indicated that…

6. Body

Section 1, which illustrates the eight basic methods of rock mechanics modelling and rock engineering design.

Section 1 devoted to the basic aspects of the FLC decision making logic.

Section 2 gives the background of the problem which includes ×××.

Section 2 discusses some problems with and approaches to, natural language understanding.

Section 2 explains how flexibility which often…can be expressed in terms of ××.

Section 3 describes the system itself in a general way, including the…And also discusses how to evaluate system performance.

Section 3 describes a new measure of ××.

Section 3 demonstrates the use of ×× in the analysis of ××.

Section 3 and 4 show experimental studies for verifying the proposed model.

Section 4 gives a specific example of ×××.

Section 4 contains a discussion of the implication of the results of Section 2 and 3.

Section 4 presents several successful examples in which mill throughput has been increased using a higher specific charge.

The physical processes and the equations characterizing the coupled behavior are included in Section 4, with an illustrative example and discussion on the likely future development of coupled models.

Section 5 indicates that it is possible to achieve ×××.

Section 5 contains some conclusions plus some ideas for further work.

Section 6 illustrates the model with an example.

In Section 2 are presented the block diagram expression of a whole model of human DM system.

In Section 2 of this paper, we present representation and uniqueness theorems for the fundamental measurement of fuzziness when the domain of discourse is order dense.

In Section 3, the largest section, states-of-the-art and advances associated with the main methods are presented in detail.

In Section 5, the advances and outstanding issues in the subject are listed and in Section 6 there are specific recommendations concerning quality control, enhancing confidence in the models, and the potential future developments.

In Section 5 is analyzed the inference process through the two kinds of inference experiments…

7. This Section and Next Section

Details of the simulation process are discussed in chapter 8 and only briefly explained in this section.

In this Section, brief summaries of the principles and applications of two main inverse solution techniques, the displacement-based back analysis for rock engineering and pressure-based inverse solution for groundwater flow analysis, are presented to demonstrate the history and trends of development of this particular technique.

Tensile strength values of Laurentian and Barre granite will be used in the next section to extract the parameters of Hoek-Brown criterion for these rocks.

However, it is cumbersome for this purpose and in practical applications the formulae were rearranged and simplified as discussed in the next section.

Sample geometries, types of explosives and coupling media used in the experiments along with the experimental method are discussed in the following sections.

Information on suitable sample geometries and combination of cords and coupling media to prevent the sample fragmentation is the topic of the next section.

The next section summarizes the method in a from that is useful for arguments based on ××.

8. Summary

This paper concludes with a discussion of future research consideration in section 5.
Section 5 summarizes the results of this investigation.
Section 5 gives the conclusions and future directions of research.
Section 7 provides a summary and a discussion of some extensions of the paper.
Finally, conclusions and future work are summarized.
The basic questions posed above are then discussed and conclusions are drawn.
Section 7 is the conclusion of the paper.

### 3.3.3 常用描述性句型句式

××的特征在于　　　×× is characterized by…
××的两个重要特征是　　Two critical characteristics of ×× are…
一般来讲，原则上……　　Generally, …

已经采用了　　have adopted…
近年来　　in recent years
出于各种原因　　for a variety of reasons
此外，另外　　moreover, in addition
即……,　　namely…
A 与 B 的区别在于　　A and B differ in the terms of…
谈及，关于　　In terms of…
这些区别是因为　　some of the difference stem from…
为了让　　In order for ×× to…
很大程度上依赖于　　rely heavily on…
基于　　…is based on…
不是……而是……　　not…, but rather…
这方面的例子有……　　exemplified by…
严格限制　　impose the stringent restrictions on…
产生这个问题的原因与……有关　　The problem arises in part from…

## 3.3.4　题目中常用的句式

关于……的研究　　A Study (Investigation, research) on… 或者 Studies (Investigations, researches) on…

关于……的理论及实验研究　　A Theoretical and Experimental Study (Investigations) on…

X 对 Y 影响的研究　　The Investigation (Study, research) of the Effects of X on Y

关于……的理论探讨　　A Discussion on the Theory of…

……及其应用　　…and its Application

……的开发　　Development of the…

……的研制与应用　　The Research and Application of the…

……的应用技术　　Applied Technology of…

……的随机模型　　A Stochastic Model of…

……的优化设计　　Optimum (Optimization) Design of…

……的设计与研制　　Design and Development for…

……自动测试系统　　The Automatic Test System of…

……的研制、性能评定和验证　　Development, Performance Assessment and Verification of…

……的可靠性分析　　Reliability Analysis of…

……的误差分析　　Error Analysis of…
……的新进展　　Recent Advances（Progress）in…
……的回顾与进展　　A Review and Prospect of…
……的述评　　Comments on…
关于……　　Discussion on…
论……　　On…

### 3.3.5　其他常用句式

1. 综述前人工作

…have been discussed.
…reported that…
…proposed that…
…suggested that…
…found that…
…assumed that…
…specified that…
…postulated that…

2. 提出本文的工作

In this paper…is reported to provide a better understanding how/why…
thermal properties
chemical reactions
mechanical properties
dynamic viscoelasticity study

3. 实验过程描述

…was used in our work…
…was used to measure…
…was used to determine…
…was measured by…
…was determined by…

4. 图表分析

…as a function of　…curve was shown in Figure 1.
…can be attributed to…

…is the result of…

…is caused by…

…resulted from…

…was due to…

## 3.4 英汉文体对比

**1. 英汉论文文体及语言习惯对比**

科技论文的撰写是学术交流和研究成果传播的重要手段。在国际学术界，英文科技论文被广泛采用。然而，以汉语为母语的我们相较英文论文写作在文体和语言习惯上存在一些差异。

首先，在文体上，英文科技论文通常采用正式、简洁、直接的写作风格。科学性和客观性被高度重视，作者通常使用被动语态和第三人称来突出研究的客观性。简洁连贯的句子和段落结构常常被采用，以确保读者可以清晰理解研究思路和结果。相比之下，中文写作在文体上更注重写作的严谨性和精细性。语言更为华丽，修辞手法较多，以期充分展示作者的思考深度和文章的学术价值。此外，中文语言表达较为普遍地使用主动语态和第一人称，以强调作者主体性和参与度。

其次，在语言习惯上，英文科技论文倾向于使用专业术语和缩写词，以确保精准而简明地传达研究内容。句子结构相对简单，通常以主题句开头，后续句子陈述事实和结果。篇章组织上常常遵循 IMRAD 结构，以便于读者迅速理解论文结构和内容。

相对而言，中文的行文常常具有较长的句子和段落，语言表达更为丰富。作者的思考过程和演绎推理常常通过较为复杂的句式和连词体现出来。中国的语言文字写作习惯更注重论证的结构完整性，善于使用文字说明、转折等手法，以使文章逻辑更为严谨。

**2. 英文写作障碍的内因**

中国人撰写 SCI 论文在语言方面的障碍不容忽视。许多中国人可能有这样的感触：花大精力学了几年英语，可效果并不好，和外国人交流时听不懂，说不出；单词背了一大堆，但是真正要用的时候却怎么也找不着合适的，写出来的文章翻来覆去就那么一点词汇，要表达复杂或者再精确一点的意思时，觉得很难。出现这种情况的原因有多个方面：除了反复背单词的教育导致学生的创新能力降低，过分依赖课本外，中西方文化差异也是主要原因之一。中西方文化的差异缘于有着各自不同的历史、文化背景和生活方式。例如，在中国，熟人见面打招呼时，常问"你吃饭了吗？"或"你要去哪里？"而在西方，比如美国，问别人"Have you had your meal？"是在委婉地邀请别人吃饭。若发生在未婚男女青年之间，则暗示着约会。"Where are you going？"在西方人看来是个人私事，若问别人就等于窥探别人的隐私。许多在中国人眼中表示友好的问候，西方人可能会感到反感。还有，中国人习惯于表达礼节性的谦虚，这表现在多个方面。例如，现在有些美国人也知道了中国人收礼之前先要拒绝若干次，所以送礼的人一定要坚持，直到中国人接受为止。又如，中国学者在 SCI 论文标题中经常会用到"Elementary introduction of…"（浅谈）、"Primary study of…"（初探）等自谦词，给人造成一种研究不深的错觉。这种中西文化差异还导致许多人用英语写作时，会受到汉语表达方式的影响，经常采用与汉语表达方式类似的英语句型，而不善于使用地道的英语句型。

值得一提的是很多中国科研人员和研究生喜欢先写出论文的中文稿，再译成英文。但实际上，我们建议论文在撰写时要自始至终都用英语写，不要先写中文再译成英文。不然可能让写出来的文章语言为中国式英语。

# 第4章 图表制作与描述

*"A graph should tell a story, making it clear, vivid, and memorable. It should be an instrument for understanding and not a decoration."*

**Jacques Bertin**

撰写科技论文时，为了形象、直观且简明地表达科学内容和技术知识，图表在科技书刊中被广泛采用，虽然文字是期刊书稿表述的主要手段，但是为了形象、直观地表达科学思想和技术知识，插图作为辅助表述手段是必不可少的。否则，对于某些内容，譬如说，像一张地下矿井设计那样复杂的图纸，单靠文字恐怕写上十几页，甚至几十页也不能使读者有一个准确而清晰的了解，更不用说本来就难于用文字定量描述的地图、地质结构以及工程现状、试验现象等照片型插图了。另外，在描述变量间的相互作用或非线性关系时，用插图来表达是非常有效的。有时，它也能够把用语言文字难以表述清楚的内容，简明地呈现出来，使论文的内容表达得更合理、更完善。因此，一般来说，图表是科技论文重要的组成部分之一。正如："A figure is worth a thousand words."

总之，图表设计得科学、合理、规范，对于增强它们的表现力、提高论文的可读性，以及降低期刊的印制成本都具有重要作用，科技论文的作者及编辑应给予足够的重视。

正确使用图和表，科研工作者需要注意以下几个方面的问题。

(1) 图、表还是文字，哪个更有效？如果与文字材料重复，那么就没有必要使用图和表。如果能够补充说明文字材料或者能够缩短讨论的长度，那么插图就是呈现信息的有效方式。

(2) 哪种图、表最适合你的目的？是否需要制作详细的、高分辨率的插图？能否用一幅简单的、仅用线条和点就能表示的插图？两者表达的信息是否一样？

(3) 图、表是否真实、有效、客观地展示了数据？

(4) 图、表是否展示了数据的本质和规律？

(5) 图、表是否表达了论文的主题或观点？

## 4.1 插　　图

科技论文常含有插图，借助插图来形象、直观、简明扼要地表达所要表述的内容。插图是一种形象化的表达方式，被誉为"形象语言""视觉文学"，其最突出的特点是形象、直观，可起到简化、方便地表达用文字难以表达的内容（意思）的作用。插图在科技论文中代替、辅助或补充文字叙述，成为科技论文中不可缺少的表达手段。插图的科学性、准确性和规范性直接影响科技论文的水准和出版物的质量。因此，作者在论文写作中要注意规范地选择、设计和安排插图，编辑在论文处理中也要注意仔细审查、加工和核对插图。同时，只有自身了解和掌握了插图的结构特点及设计要求，才能指导作者规范地使用插图。规范地使用插图，探索其处理方法和技巧是科技论文写作与出版的重要环节，具有非常重要的现实意义。

### 4.1.1 插图的特点与类型

1. 插图的特点

插图与其他绘画作品和摄影作品一样都要求有鲜明的主题和高超的表现和技巧，都追求内容与形式的完美统一。这是它们的共性。但是，插图又不同于一般的美术作品，尤其是它们之间的量化关系，至于要表现物体的外观形貌，也是从写"实"的角度出发来描述物体的形态和表达其空间特征的，因此在表达方式和表达侧重点上有自己的特殊要求；而为了节省版面、降低制作费用，科技书刊中的插图幅面一般不能太大[8]。

综合考虑，科技论文中的插图特点可以总结为以下几点。

1) 图形的示意性

科技论文中的插图主要用于辅助文字表达，尤其是用来表达文字叙述难以说清楚的内容。为了简化图面，突出主题，这种表达常常是示意性的，即一般不翻版使用机械制图中的总图、装配图和零件图或部件图，建筑制图中的设计图和施工图等；一般也不用具体结构图，而往往用结构示意图；函数曲线图也不像供设计或计算用的手册中的那样精确、细微，大多采用简化坐标图的形式。

2) 内容的写实性

整幅插图和插图中的各个细节，必须反映事物真实的形态、运动变化规律、有序性和数量关系，不允许随意做有悖于事物本质特征的取舍，更不能臆造和虚构。这就要求插图设计应具有科学性和真实性。

3) 制图的规范性

插图是形象的语言，语言本身是交流思想的工具，要交流思想，论文作者、期刊编者和读者就应有共同语言。有关标准把插图中的线型、符号、各种图形的设计与绘制要求都做了规定，其中未做规定的大都已约定俗成。按规定和要求设计与绘制插图，大家就有了共同语言；因此，在设计插图时应讲求规范，如果不按规范各行其是，往往使人难以理解，甚至不能理解，从而插图就失去了存在的必要。

4) 表达的局限性

有时用套色图可以更方便地表现内容，有时用色彩丰富、层次分明的彩色照片可使物体形貌表现得更加逼真；但由于期刊的印制费用受到限制，只能在有限的范围内选用插图，即一般多用墨线图，用单色(即黑色)印刷，很少用套色图，极少用彩色照片图。当然，这一般都能满足表达内容的要求。除此之外，还存在以下几种局限情况。

(1) 限于论文版心尺寸，对较大尺寸的设备图进行截取，使得该图的表达不够完整。

(2) 限于制作方法和空间，对图的细微部分进行去除、简化，使得该图难以分辨。

(3) 限于出版要求或制作成本，对只有使用彩色图才能表达清楚的不得不制成黑白图，使得该图的实际效果下降不少，甚至与原图效果相差甚远。

2. 插图的分类

科技论文的插图多种多样，可从多个角度来分类。按制版技术，分为线条图、网纹图、黑白版图和彩色版图等；按构图方式，分为坐标图、结构图、功能图、建筑图、机械图、线路图、透视图、记录谱图、计算机输出图和照片图等；在表现手法上多为力求清楚准确且能够说明问题的技术图解性插图，一般分为线条图和照片图等。

线条图(即墨线图)指用墨线条构成的图形，具有含义清晰、简明，设计、印制方便等优点，种类丰富，分为函数图、坐标图(包括线形图、条形图、点图)、构成比图、示意图、地图等。

照片图多用于需要分清深浅浓淡、层次变化的场合，由于它是原实物照片的翻版，故形象逼真、立体感强，但不能描述抽象的逻辑关系和假想的模型体态。

照片图分为黑白和彩色两种：前者印制简单，制作费用较低，能满足一般要求；后者色彩丰富、形象逼真、效果较好，但印制费用较高。

以下介绍科技论文中经典的几种插图及其规范制作要求。

1) 线形图

线形图(又称函数曲线图)是用于表示某(几)种因素在一定时间内的变化趋势或两(几)个变量(可变因素)之间关系的一种坐标图。二维线形图一般用横纵两个坐标表示两个可变因素，自变量标在横轴(如 $x$ 轴)上，因变量标在纵轴(如 $y$ 轴)上。计算用线形图通常应给出较为密集的横纵坐标标值线，以便查找比较准确的变量数值[图 4-1(a)]，这种图通常可以简化为简易线形图(又称简易函数曲线图），即省略了长的、密集的横纵坐标标值线，只在坐标轴上留下部分很短的线段[图 4-1(b)]。简易线形图具有说明性强、图面简洁、幅面较小、制作容易和使用灵活等优点，非常实用。

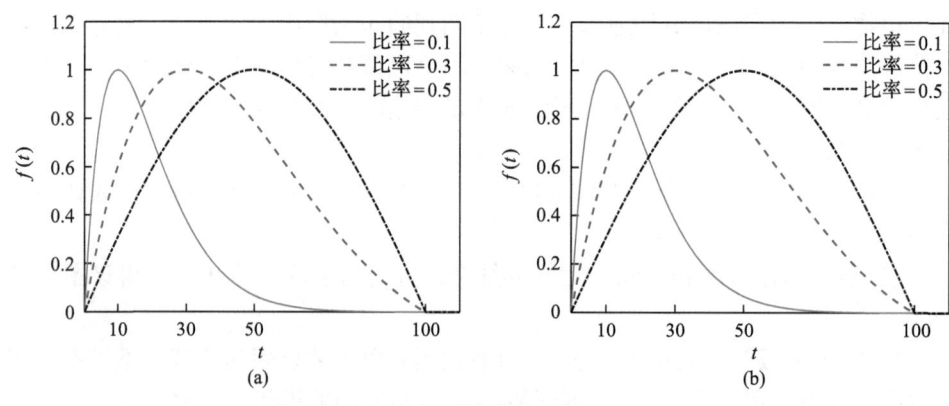

图 4-1　线形图示例

科技论文中的线形图一般为简易线形图，轴上的刻度是测量的尺度，可以是线性的(以相同数量增加或减少，如 50，100，150，⋯)，也可以是对数形式(以相同比例递增或递减，如 1，10，100，⋯)。图 4-1 所示线形图为二维图形，当表示多个变量间的关系时须用多维线形图，如图 4-2 所示为三维线形图。

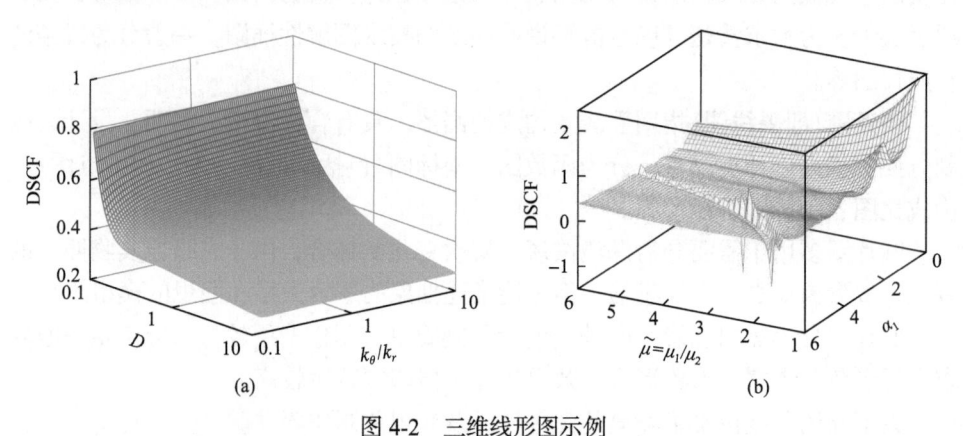

图 4-2　三维线形图示例

2) 条形图

条形图(又称直条图)是用宽度相同而长度不同的直条(有时可能部分甚至全部直条的长度相同)，表示当自变量是分类数据时相互独立的诸参量之间关系的一种坐标[图 4-3(a)]。在这种图中，每个直条代表一类数据，直条的长度表示数据的大小，其纵坐标的标值一般从"0"开始，各个直条或各组直条间的间距应相等。有时一类变量又可分几个水平，应该用相应数量的直条来表示，即用几个直条组合成一组，这种条形图为复式条形[图 4-3(b)]，但直条的数量不宜过多。为了便于对比，在复式条形图内一般要用诸如横线、竖线、斜线或者小点、小格、空白等图案来对不同的对比量加以区别，并相应示出"图例"。制作时要求直条的宽度与长度匹配匀称，线型和图案规矩、大方和美观。

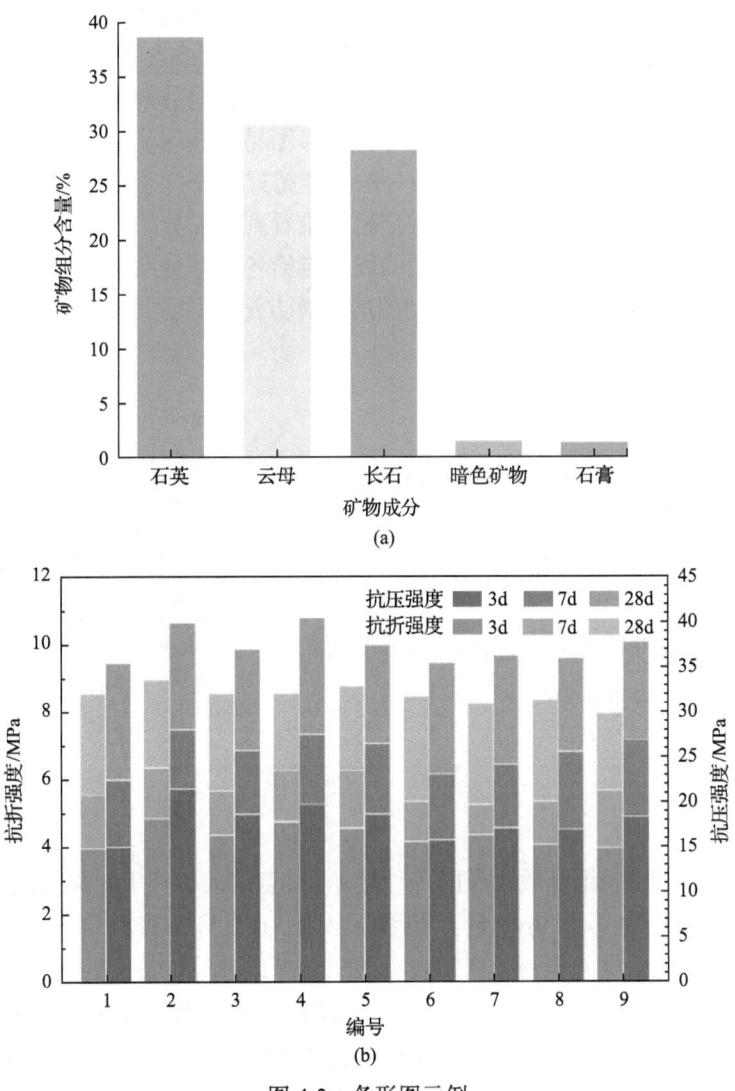

图 4-3 条形图示例

当自变量是分类数据时，也可采用线形图；当自变量是连续数据时，也可采用条形图。最终选用哪种图需要根据呈现数据的目的来确定，若强调某一变量随另一变量而连续变化，采用线形图较好；若强调不同类型之间相互比较，则采用条形图比较合适。

### 3) 饼形图

饼形图（pie chart）或百分比图（percentage chart）用来显示各种数字比例关系的统计图。把单位圆视为100%，不同线型或图案按各部分的构成比例把圆分割成若干扇形面，扇形面积表示所占的百分比，各部分标注的数字、字母、符号或文字说明可直接置于扇面内或用引线拉出圆外，文字说明可用图注方式放在图面的合适位置。为突出各部分的差异，可从明到暗用不同的线或点给各个部分涂上阴影。为表达准确、图形美观，对圆心角的分度要仔细，径向分割线都应汇聚于圆心。这种图比较直观，图示整体性很强。尽管饼形图易学好用，但在实际工作中使用比较少。其原因：首先，比较的项目一般不能超过6个，否则图形会太复杂难以理解；其次，当比较的数据很接近时，就很难看到各部分的差异。突出各部分差异的较好方法之一是从明到暗用不同的线或点给各个部分涂上阴影，最小的部分最黑，或者用不同的颜色来表明。制图的计算方法：百分比÷100×360=XXX。图4-4是饼形图的常见类型。

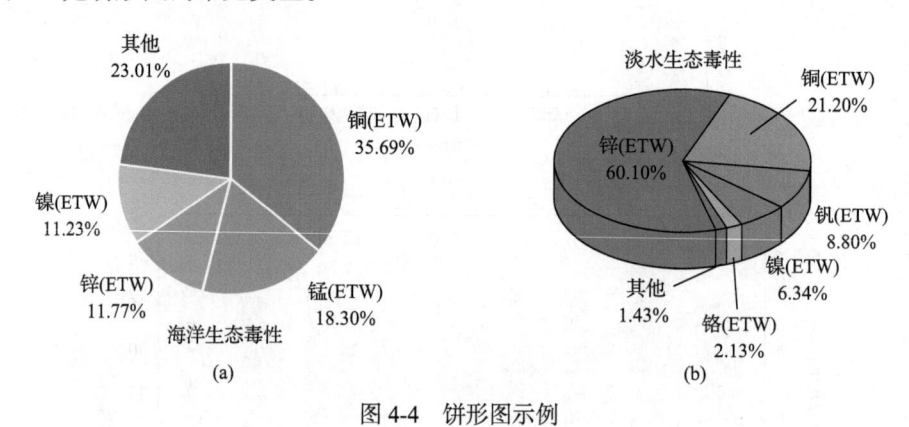

图 4-4 饼形图示例

### 4) 点图

点图是用点来表示函数关系的一种坐标图。点用大小相等的圆点或圆圈表示，其大小可根据图面实际大小确定。点图分为一般点图和散点图。

一般点图是用点的疏密程度来表示某项指标或参量在特定的不同条件下所呈现的频度分布的一种点图（图 4-5）。这种点图常用于对比观察或分析的场合。

散点图是用坐标图上的离散数据点来表述事物中关联参数间变化规律的一种点图（图 4-6）。这种图主要用于表示比较模糊的函数关系，把由若干个点组成的实验结果表示在图中，这些点对应于坐标系中各坐标轴的若干变量，表示某个事件的数值。由这些点的分布可以看出事物运动、变化的趋势和一般规律，若所有的点构成一个条形，则说明存在相关关系。例如：沿着斜线的一组点意味着线性相关，若所有点都落在一条斜线上，则其相关系数为1.0。

第 4 章　图表制作与描述

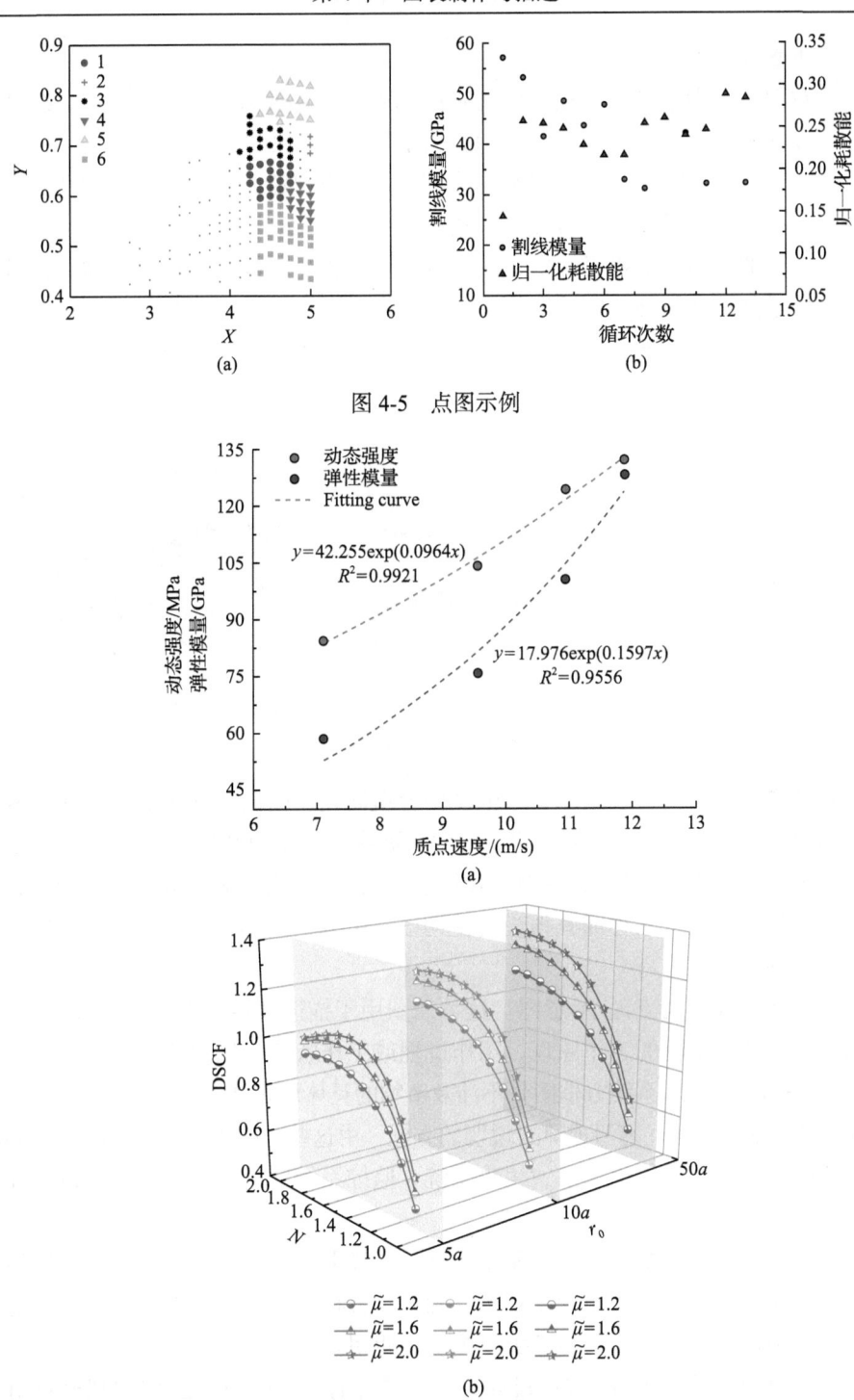

图 4-5　点图示例

图 4-6　散点图示例

5) 示意图

示意图主要用于定性描述。因为它形式多样，表现力强，图形简洁，绘制方便，所以在科技论文中应用较多。示意图主要有以下几种。

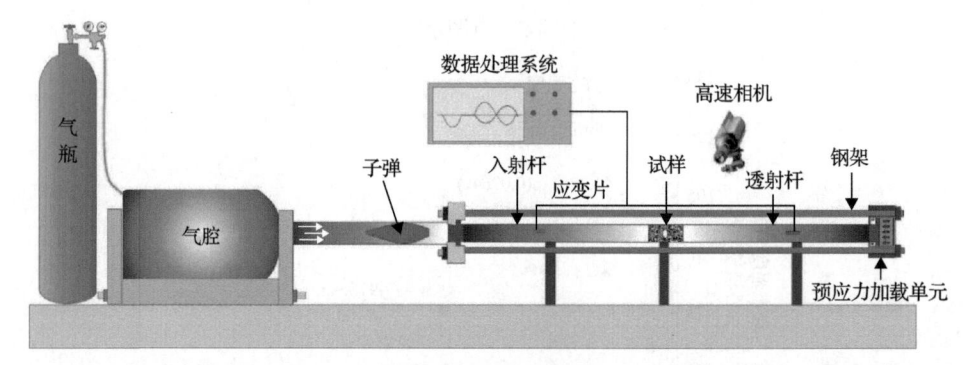

(1) 结构示意图(图 4-7)。结构示意图是用线条描绘物体外形的轮廓及其与周围环境关系的一种插图，一般用来表述用文字难以叙述清楚的物体，而且它在表述形态变化的细节方面甚至可能优于照片图。常见的结构示意图有机器、设备、仪表等的零部件或整体，地质地貌，山川流域，各种模型和建筑物，以及声、光、热、电、力等不可视或无定形的物质的传递系统装置或零部件结构等示意图。

图 4-7　结构示意图

对结构示意图的要求是既要形似又要合理简化，突出描述重点。组成元素一般可用引线引出，在引线外端标明它们的名称或其他说明性词语(图 4-7)；如果用数码标示，则采用阿拉伯数字按顺时针或逆时针方向连续顺序编号，并把与数码相对应的组成元素的名称或其他说明性词语集中置于图形下方，有时也可置于图形的左右侧。

(2) 工作原理(或流程)示意图。这种插图用于描述某些工作装置、机器部件、生物器官等动态系统的工作原理、工作过程或工作状态，如图 4-8 所示。

(3) 系统方框图。系统方框图是不涉及事物的具体形态和内部结构，而将它们抽象为一系列附有文字、符号或算式说明的方框，由这些方框组成的示意图(图 4-9)，一般适用于对复杂的工程系统、生物系统、监控系统和管理系统等工作过程和特点的动态描述。

对系统方框图的要求是：抽象要合理；要择取对于表现主题起主要作用的部分作为构成部分；方框的布局要规矩、匀称；方框中的文字、符号或算式表达要规范，体例要一致；方框间的箭头应按规定使用。

(4) 计算流程图。它是系统方框图的一种特例，专门用来表述计算机软件所反映的演算、监控或管理的逻辑思维和操作运行的程序，如图 4-10 所示。

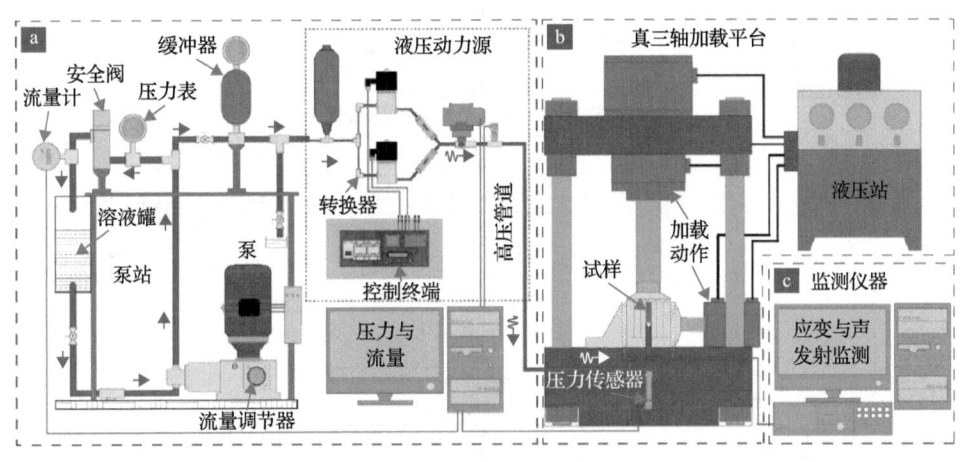

图 4-8　工作原理图[9]

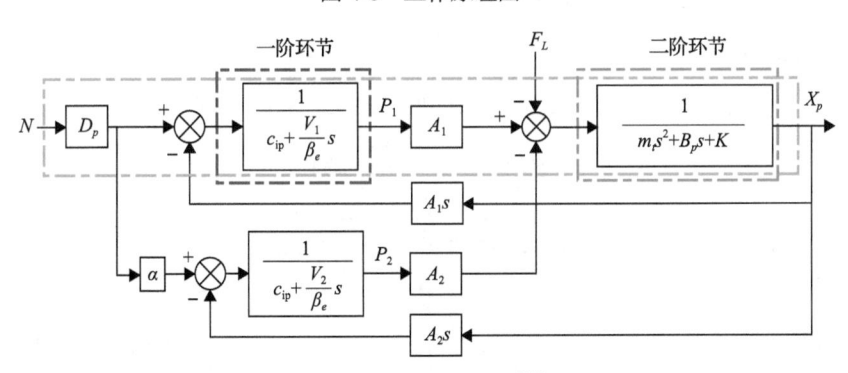

图 4-9　系统方框图[10]

(5) 网络图。网络图是把事物进行简化,将其分割成若干单元(环节),将分布参数变为集中参数,然后按单元的性质与顺序组成一个逻辑网络,以供进一步分析或数值计算的一种示意图(图 4-11)。常用于表述电工学中的电路网络、力学中的有限元网络和自动控制中的网络系统等。

(6) 记录谱图。记录谱图(图 4-12)是由仪器直接记录下来的一种曲线图。绘制时除了要加注标目、标值和其他文字说明外,应力求保持原记录的波形特点,达到逼真的效果,不可走样。

(7) 热力图。热力图是一种通过对色块着色来显示数据的统计图表。热力图通常用于表现二维数据集或者函数的三维数据集。可以反映数据的分布,高低变化和密度等色彩特征,形成具有自我解释性的图像。如图 4-13 所示,绘图时,需指定颜色映射的规则。例如,较大的值由较深的颜色表示,较小的值由较浅的颜色表示;较大的值由偏暖的颜色表示,较小的值由较冷的颜色表示。

· 138 ·　　　　　　　　　　　　　科技论文写作与发表

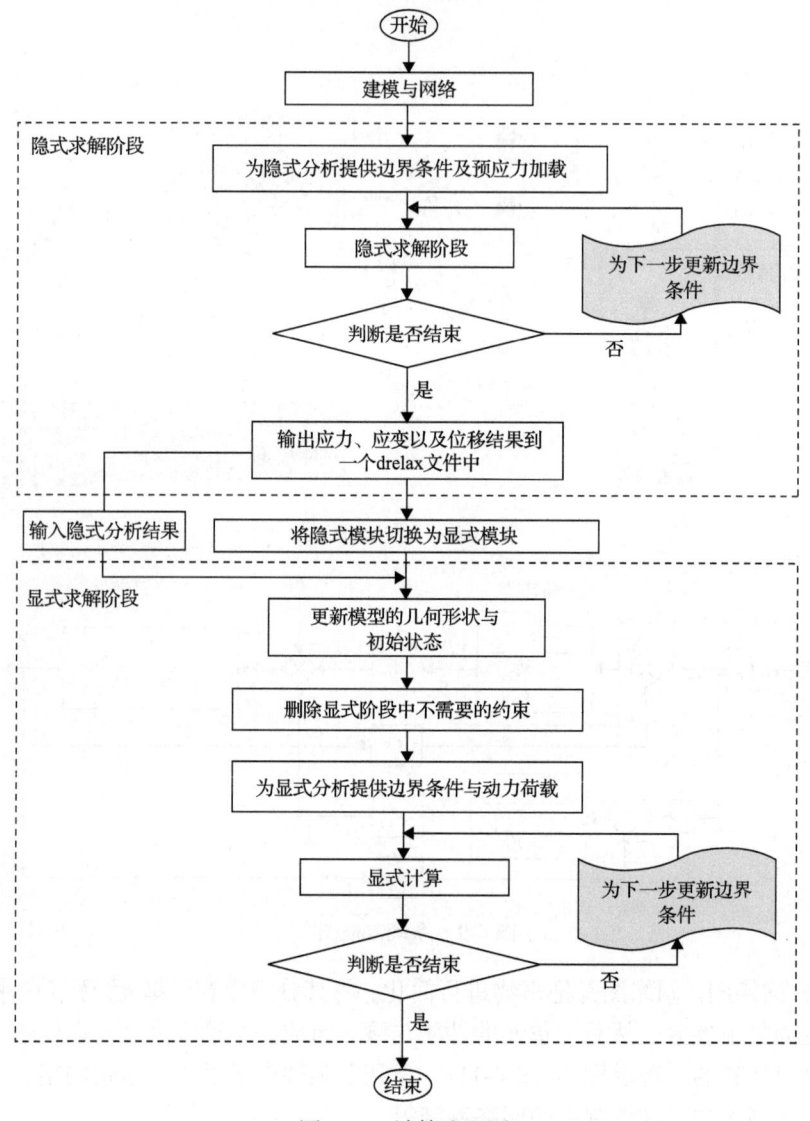

图 4-10　计算流程图

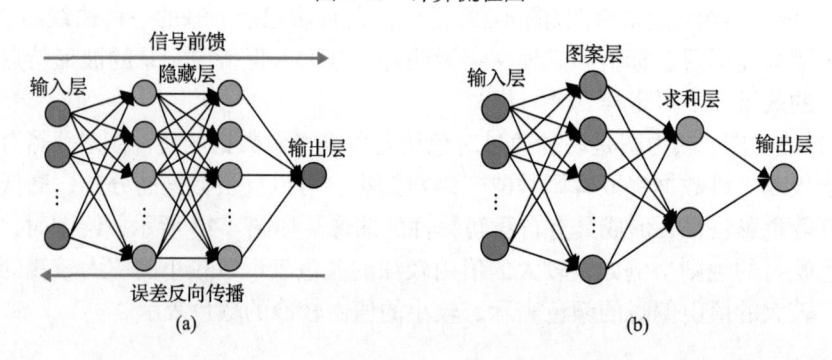

(a)　　　　　　　　　　　　　　　　　　(b)

图 4-11 网络图

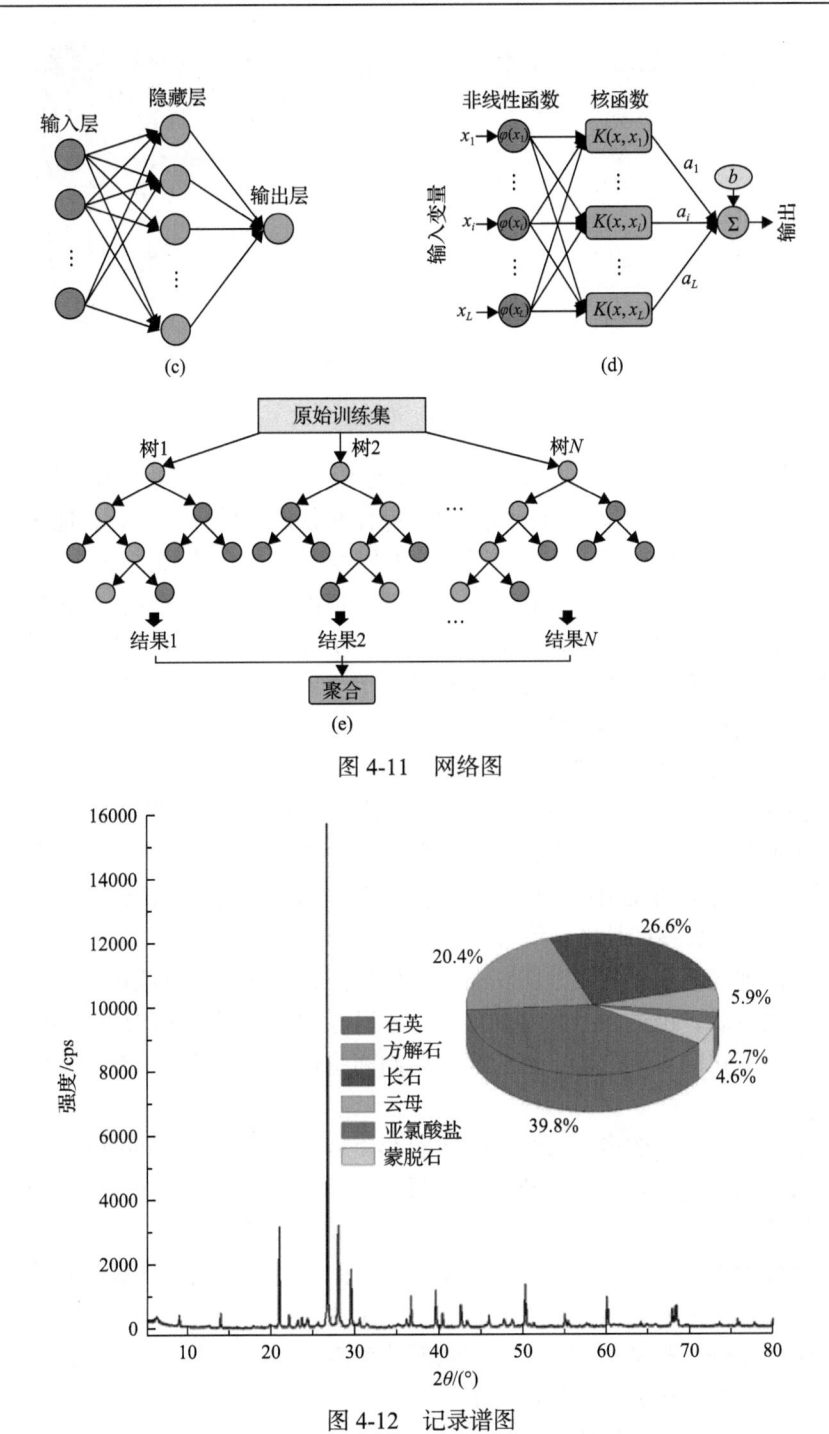

图 4-12 记录谱图

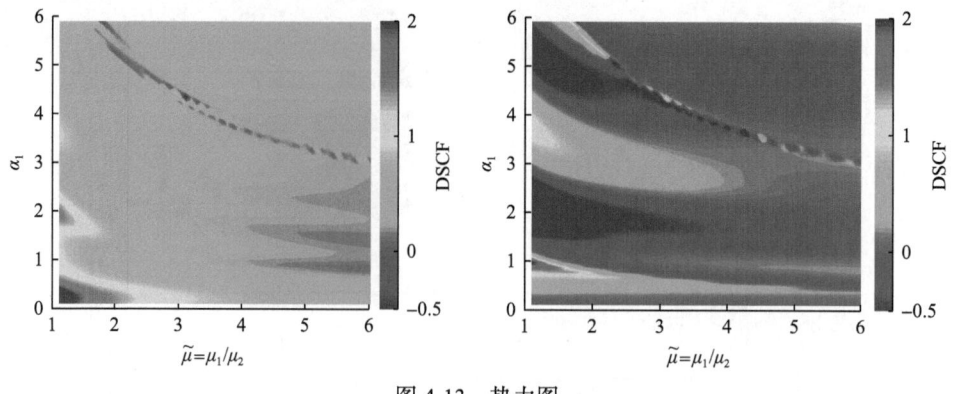

图 4-13 热力图

(8) 地图。地图可分为地理地图和统计地图，也可分为普通地图和专题地图。地理地图用于反映地理位置和疆域地界，制作时凡涉及国界、国名、地区名、城市名等均应以国家或权威地图出版社的《世界地图》《中华人民共和国地图》最新版本为准，并随时注意情况变化而采用最新、最准确的正式资料；应正确绘制和标示已定、未定地界；注意地图的规定画法。统计地图用于表示统计结果，是用不同的线条、点型和其他标志或图案在地图上分别表示某些统计量在不同地域的统计分布，用以反映各种物产、矿藏、行业、经济、人口、疫情、土壤、植被、森林、气候等的地理分布特性。科技论文中选用地图必须符合《地图管理条例》。地图的使用通常有以下几条重要原则：①要遵守国家有关保密的法律、法规。②要选用最新的地图资料；要正确反映各要素的地理位置、形态、名称及相互关系；要具备符合地图使用目的的有关数据和专业内容；地图的比例尺要符合国家规定。③绘有国界线的地图，跨省、自治区、直辖市行政区域的地图，我国台湾、香港、澳门地区地图，历史地图，时事宣传地图，均须出版单位送经国务院行政管理部门同意后，报送国家测绘局审核。④已经审核同意出版的地图再版时，其界线画法无变化的可不送审，但应当在印制前将样图一式两份送有关地图审核部门备案。

(9) 照片图。照片图多用来作为需要分清深浅浓淡、层次多变的插图，如图 4-14 所示。由于这种插图是原实物照片的翻版，所以形象逼真，立体感强；但显然不能描述抽象的逻辑关系和假想的模型体态，一般也不能反映物体的内部结构。照片图又可分为黑白照片图和彩色照片图两种。照片图质量的好坏是决定论文能否发表的一个重要因素。照片图的要求如下：①清晰度高，对比度好；②组织切片照片应标明比例尺和染色方法；③实物照片为表明实物大小，并将比例尺同时拍在照片上；④要对比强烈、重点突出。

(10) 扫描电镜图。扫描电镜(scanning electron microscope image，SEM)是通过 SEM 获得的特定样品的图像。在 SEM 中，电子束扫描样品表面并与样品相

第4章 图表制作与描述

图 4-14 照片插图

互作用，形成反射、透射和散射等不同类型的电子信号。这些信号被探测器捕捉，并转化为电子图像。如图 4-15 所示，SEM 图与普通光学显微镜图像有所不同。光学显微镜使用可见光来观察样品，而 SEM 使用电子束。由于电子束的波长比可见光短得多，SEM 可以提供更高的分辨率和更详细的样品表面形貌信息。SEM 图展示了样品的表面形态、纹理、晶体结构以及细微特征等细节。这对于研究材料科学、生物学、地质学等领域的样品具有很高的应用价值。SEM 图在科学研究和工业分析中被广泛使用，以帮助识别样品组成、研究材料性质以及分析结构特征。为了展示和分析 SEM 图，需要采用适当的图像处理和分析技术。这包括调整亮度、对比度、锐化图像、颜色增强以及使用标尺或比例尺等手段来提供尺寸和比例的参考。同时，相关的图例和标注也能帮助解释 SEM 图，并与论文中的文字描述相互补充。

(a) SED photos of coal sith 70 times magnification  
(b) SED photos of coal with 95 times magnification

软煤的微观结构图像

图 4-15 扫描电镜（SEM）图

### 4.1.2 插图的原则与要求

科技论文插图的规范使用体现在是否选用插图、插图类型选用是否合适、内容表达是否贴切、布局结构是否合理、设计制作是否规范、幅面尺寸是否恰当等多个方面，是否选用插图以及选用何种类型的插图需要从论文内容和读者对象的需求来考虑，其他方面则要服从制图标准、规范以及其他有关标准、规范。

1. 插图的基本原则

为了提高科技论文插图的表达效果和降低期刊印制成本，设计制作插图时一般应遵循以下原则。

1) 严格精选插图

严格精选插图指坚持"少而精"的插图选用原则——精选原则。这里的"精选"有两方面含义：一是根据所表述的对象及插图本身的功能决定是否采用插图；二是在初步确定采用插图的基础上对同类插图进行分析比较，确定可否将同类插图进行合并和删减。凡不用插图就能表达清楚的就不用插图；可用文字清楚、方便表达的也不用插图，坚决不用可有可无的插图；可用幅面较小的插图表达清楚的就不用幅面较大的插图；可用简单的插图表达清楚的就不用复杂的插图，尽量采用简化图或示意图，必要时可加局部详图；能用黑白图表达清楚的就不用彩色图；能用线条图表达清楚的就不用照片图。

2) 合理选择插图

墨线图含义清晰、线条简明，适于表述说理性和假设性强的内容，也适于表达事物或现象之间的定量或定性关系，而且描绘和印制比较方便；照片图层次有变化，立体感强，适于反映物体外观形貌或内部显微结构要求高的原始资料，其中彩色照片图色彩丰富，形象逼真，适用于需要色彩表达才能说清楚问题的场合，但是制作费用比其他插图高很多。所以，应根据表述对象的性质、论述的目的和内容，并考虑到印制费用来选取适宜的插图种类。作者若拟采用套色图或彩色图，则应事先征询编辑出版部门的意见，看有无可能。另外，对于一个或一组物体是用平面图或三面投影图，还是用立体图表达，要认真比较，合理选择。一般来说，用写真式的方法来描绘一种实验系统或一组动态过程，还不如用某种框图或单线条示意图；因为示意图形式多样，图形简练，使用灵活，绘制方便，所占幅面小。同样，对于一组参数的函数曲线，是采用立体曲面图，还是一组离散的平面图；对于某一事物的成分，是用构成比直条图还是用构成比圆图表达，都应仔细斟酌，合理选定。

3) 简化和提炼插图

简化和提炼插图指在设计制作插图时要通过简化、提炼和抽象的方式、过程，将原始图或实际图之类的一般图设计制作成具有高度表达效果的图。插图不仅要求表达内容的正确，还要求表达形式的简化。科技论文中的插图多为说明原理、结构、流程，或实验结果的原理图、抽象图，因此不宜把未经简化、提炼的原始图或实际图（如施工图、装配图等）原封不动地搬到论文中来，必须在原图的基础上加以简化、提炼、提高和抽象，尽可能突出所要表达、说明的主题，最终提高实际的表达效果。

4）合理布局插图

合理布局插图指要按照插图的幅面及其表达内容来合理安排和布置插图中各组成部分和要素的位置、大小及其关系而达到最佳表达效果。插图的合理布局是非常重要的，除考虑插图的内容表达外，还要注意插图布置匀称、疏密适中、不留大的空白、高宽比例协调，这不仅能增强表达效果，而且还能美化版面，并节省篇幅，特别对于计算机流程图、系统功能图、电路图等类型的插图更要注重其布局的合理性。

5）正确配合文字表达

插图具有自明性，即一幅完整的插图应具有必要的准确信息，使读者只看插图而无须再读文字就能获得插图所表达的全部内容，对插图已经表达清楚的内容，就不必再用文字重复叙述。正确配合文字表达指插图与文字的表达要恰当配合，表现为插图位置合理安排与图文表达一致两个方面。插图位置合理安排通常有插图随文排、先出现文字叙述后出现插图（先见文，后见图）、不跨节等原则。例如，文中若出现了"如图×所示"或"参见图×"之类的表达，接着就应在出现这类字样的段落后面给出相应的插图，当本页排版空间不够时，可将插图移至下页排，但不宜跨过本节的文字。不要出现这样的情况：文中提及某图（有"参见图×"之类的字样）但没有出现该图，或确有某图但并未提及该图（即文中没有"参见图×"之类的字样）。图文表达一致通常有插图与正文对同一内容的表达要一致且相互配合，文中叙述的关于图的内容在图中能够对应等原则。

2. 插图的一般要求

图易于进行比较、说明问题，侧重表现关联、趋势因果关系等。使用时应少而精，要绘制得清晰、简明、大方、美观，使人通过看图能够加深对内容的理解，在英文论文撰写和投稿提交过程中，应注意以下几点要求。

(1) 图应具有自明性，即只看图、图解和图例，不阅读正文，就可理解图意。
(2) 补充而不是重复文字的描述。
(3) 描述最基本、最重要的事实。
(4) 简明，省略不必要的细节。
(5) 插图应有图序和图题。一篇文章只有一个插图的也应用序号，如 Figure1

(Fig.1)。图题应简短准确。

(6) 线条图应线条清晰，粗细均匀，比例适当。

(7) 照片图应图像清晰，层次分明，反差适度。

(8) 插图均另纸附于文后或者另存为 JPEG 或者 TIFF 文件，并在文章中相应正文段落后标示其位置。

### 4.1.3 插图的规范与描述

1. 插图的基本规范

具体绘图或审理插图时应养成经常查阅相应的标准或资料的习惯，插图的线条粗细应合乎规范。在规范的要求范围内，线条的粗细还应参照插图的缩放比例和画面上的线条疏密程度等综合考虑确定。要防止线条过于粗壮或过于纤细而影响美观或制版时发生断线现象。插图因画面小，线条适当地选得细一些，但细线不应太细，以免断线。

科技论文的插图一般由图序、图题、图例、图注、主图等构成，线形图的主图通常包括坐标轴、标目、标值线、标值等，如图 4-16 所示。

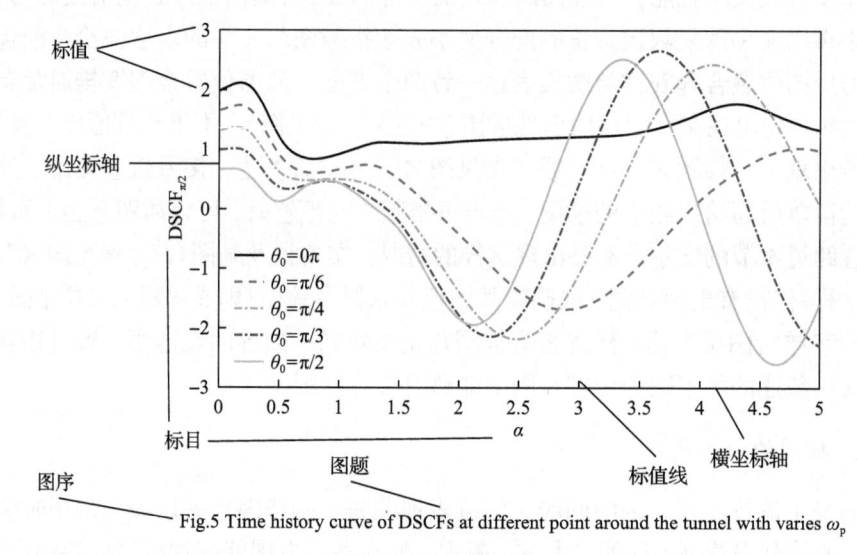

Fig.5 Time history curve of DSCFs at different point around the tunnel with varies $\omega_p$

图 4-16 插图构成

1) 图序和图题

图序指插图的序号，即图号。根据插图在论文中被提及的顺序，用阿拉伯数字对插图排序，如"图 1""图 2"等，并尽量把插图安排在第一次提及它的段落后面。一篇论文中只有一幅插图时，图序可用"图 1"或"图"字样。提及插图时，注意不要写成诸如"见上图""见下图"等形式，这种写法有时令人费解，特别当插图较多时更易造成误解，因为"上""下"有时并不容易确指；也不要写成诸如"见第×页的图"之类的形式，这种写法也可能会引起误解，甚至导致错误，因为在重新排版时此图所在位置(页码)有可能发生变化，论文中的写法也要跟随发生变化。

图题指插图的名称或标题。它应能确切反映插图的特定内容，达到简短、精练(避免过于简短或冗长)，常使用以名词或名词性词组为中心词的偏正词组，要求有较好的说明性和专指性。论文中要避免使用泛指性的词语作图题，不要为了追求形式上的简洁而选用过于泛指的图题，如"结构示意图""框图""原理图"等图题就缺乏专指性，应在其前面加上相应的限定词，可以改为"计算机结构示意图""分级递阶智能数字控制系统设计框图""产品数据管理平台工作原理图"；也不要凡是图题都用"图"字结尾，如图题"应变与应力的关系曲线图"改为"应变与应力的关系曲线"(其实"曲线"一词也可去掉)更恰当。

图序和图题之间通常加空，其间以及图题末尾一般不用加任何标点符号。图序和图题要放置于插图的下方，对整幅图面左右居中，其总体长度一般不宜超过整个图面的宽度，若整体长度过长，在有富余版面的情况下，可将图题转行排为两行或多行。

2) 图例

图例往往是多种图中不可缺少的重要组成部分，当图中需用不同的图形或符号来代表不同的变量、曲线或其他类别时，就应使用图例的形式来说明图形或符号的意义。例如，在地图中对所用的铁路公路线型、城市级别标识等进行特别说明时，就需要使用图例。图例通常放置于图内并成为图的一部分，因此其字体和字号与图的其他部分应该相同。坐标图中的图例最好放置于坐标轴的区域之内，例如在图 4-17 中，分别用不同的形状点和线条颜色表示不同的组成部分。

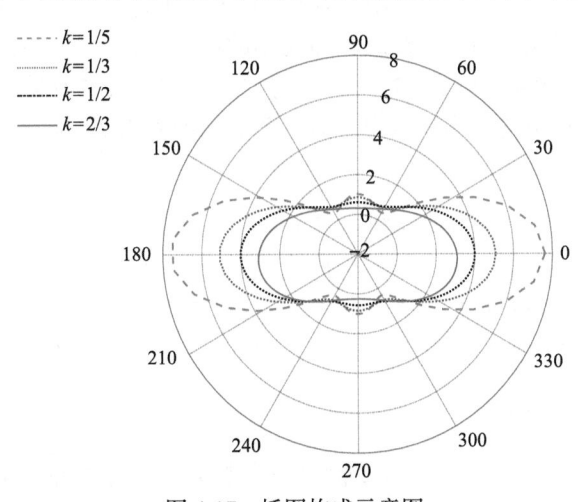

图 4-17 插图构成示意图

3) 图注

图注是简洁地表达插图中所标注的符号、标记、代码及所需说明的事项的一种简短文字。图中未能表达又需要表达的信息(如需要解释的事物结构组成名称、曲线的类别及缩略语,等等)均应在图注中加以说明,不要让读者只有阅读正文才能理解图的必要信息。特别在线形图中,图注往往不可缺少,常用图注给出实验条件,参变量的符号、数值、单位,多条曲线中各曲线的代号、名称、注释,以及所需的其他说明语句等。图注的位置要合理安排,既可处于图外(即图题下方),也可处于图中。图注的字号通常与图中其他字符的字号相同。

4) 标目

标目通常采用"量(单位)"这一标准化形式,如 $p(kPa)$、$U(V)$、$l(mm)$、$\rho(kg \cdot m^{-3})$ 等。标目有时又是由能标识标值信息特征或属性的词语构成的。例如:某图横坐标标值自左至右(从坐标原点开始)为 1985,1990,1995,2000,2005,…,那么标目就是"年份";某图横坐标标值自左至右(从坐标原点开始)为 08:30,09:00,09:30,10:00,10:30,…,那么标目就是"时刻";某图横坐标标值自左至右(从坐标原点开始)为 05-11,05-12,05-13,05-14,05-15,…,那么标目就是"日期"。

5) 标值线和标值

标值线即坐标轴的刻度线,是长的坐标标值线经简化后在坐标轴上的残余线段。标值为标值线对应的数字,是坐标轴定量表达的尺度,排在坐标轴外侧紧靠标值线的地方。设计坐标图时应避免标值线和标值过度密集,否则就容易出现数码前后重叠、连接、辨识不清的现象。标值的数字应尽量不超过 3 位数。同时还必须认真选取标目中的单位,如用"3kg"代替"3000g"。为避免选用不规则的标值,实际中可将不规则的标值改成较为规则的标值。例如:可将"0.385, 0.770, 1.115, …"改为"0.4, 0.8, 1.2, …";将"62.5, 78.3, 101.4, …"改为"60, 80, 100, …",并相应平移标值线,但不要变动图面内的数据点或曲线。

6) 坐标轴

平面直角坐标图的横纵坐标轴是相互垂直的直线,并交于坐标原点。若坐标轴表达的是定性的变量,即未给出标值线和标值,则在坐标轴的尾端按变量增大的方向画出箭头,并标注变量如 $x$, $y$ 及原点 $O$;若坐标轴上已给出标值线和标值,即坐标轴上变量增大的方向已清楚表明,则不再画箭头。

2. 插图的描述分析

在科技论文撰写过程中,对图例进行分析是非常重要的一环,插图的描述(图 4-18)分析可以包括以下几个方面。

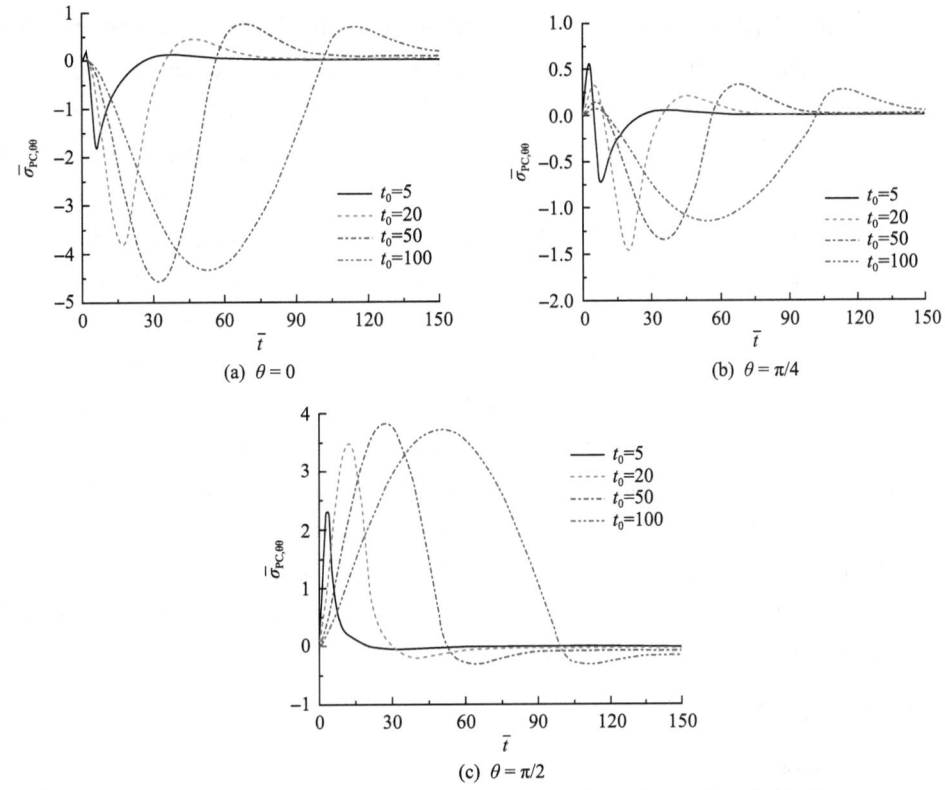

Fig.4. Distribution of dynamic stress concentration around a circular roadway under cylindrical P-waves.

图 4-18 科技论文插图的描述

(1) 点明图例，常用的句式：Figure 1 shows that…、… are shown in Figure 1。
(2) 指出插图的数据来源，例如具体的研究、调查或实验。
(3) 分析图例的整体趋势与走向。
(4) 分析曲线的特殊位置，如峰值、最低点等，描述曲线的趋势、斜率和各个阶段(平缓段、波动段)的特征，如果曲线图中包含多条曲线进行比较分析，要讨论不同曲线之间的差异、趋势或模式，并解释可能的原因。
(5) 在描述图例所体现的现象后，分析这个现象所反映的本质问题(推论)，解释出现这个现象的原因，如加上和前人的结果对比则可以起到"画龙点睛"的效果。
(6) 根据插图的内容和趋势，得出结论或观察，可以是相关的统计数据、比较结果或者其他关键发现。

总的来说，描绘和分析曲线图要确保准确描述图表信息，解读趋势，分析特征和差异，进行统计分析，并得出结论和观察。这样能够帮助读者深入理解曲线图所呈现的数据和趋势，提高论文的可信度和说服力。

例如：

图例的描述如下：Fig. 4 shows the distribution of DSCFs around the circular cavity under the action of the cylindrical P-wave. The distance between wave source and circular cavity is 5a. As shown, the DSCFs at different angles exhibit an obvious variation. At $\theta=0$, the DSCFs first increases to the peak value in the negative direction and subsequently returns to the position near zero as the dimensionless time $\bar{t}$ increases, and the DSCFs induced by the stress wave with a larger $t_0$ increase slightly towards the positive direction in the later period. This phenomenon indicates that the significant tensile stress concentration first occurs at $\theta=0$ and the subsequent compressive stress concentration only occurs under the cylindrical stress wave with a larger $t_0$, which is significantly different from the situation of the plane P-wave. ⋯ In addition, the maximum compressive stress concentration factor occurring at $t_0=5$ is 0.57 in the initial stage, and the maximum tensile stress concentration at $t_0=20$ is $-1.47$. At $\theta=\pi/2$, the stress concentration corresponding to different $t_0$, except $t_0=5$, is less than that at $\theta=0$. This illustrates that the compressive stress concentration areas are distributed at the vicinity of $\theta=\pi/2$, and most of the stress concentration levels are less than the tensile stress concentration at $\theta=0$.

### 4.1.4 插图的设计与制作

1. 科研绘图的设计思路

科研绘图是一门将艺术与科学相结合的工作，既能用图片的艺术感来吸引读者，又能表达出其真实的科学性，帮助读者去理解科研工作者所研究的内容。一般科研工作者会遇到两大类需要绘制的图片。一种是解释类图片，如论文中的TOC和Scheme，这类图片对科学性和严谨性要求最高，力求能够还原研究内容，在此标准下尽量美观；另一种是美化类图片，如学术期刊封面或是无法进行光学表达的微观图像展示，这类图片需要通过美化设计吸引他人关注研究者的具体研究内容，可以在表达内容的基础上进行一定的美化创造。针对这两类图片，总体设计思路一定要围绕文章的核心表达内容，力图简洁与突出。两类图片中学术期刊封面对美化设计和版面尺寸的要求最高，这里就以学术期刊封面为例，讲述三种设计方案，在具体绘制时，这三种方案可相互重叠[11]。

1) 对象聚焦法

这种方法能够对封面的核心内容绝对突出，适合于那些需表达内容比较形象具体的封面。顾名思义，在封面的最核心位置放置最核心的表达对象让读者第一眼看到的就是封面最核心的内容。同时可以辅以多种方法突出核心对象。

(1) 为核心对象添加高光、外发光、描边等效果。

(2) 通过调整核心对象与背景部分颜色的对比度、饱和度、亮度等使图片产生反差(注意一定要把握好反差度,封面整体要保持协调统一)。

(3) 通过镜头模糊方法使图像以核心对象为焦点逐渐向四周模糊过渡,如图 4-19 所示。

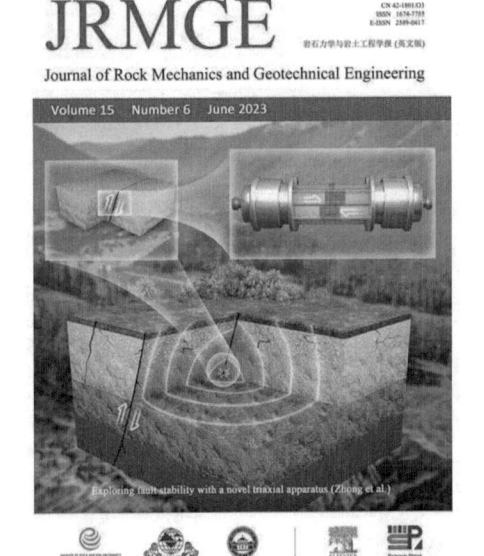

图 4-19　封面示意图(一)

2) 远近虚实推进法

这种方法能够在封面中表现多个内容对象,或是一个对象的多种形态,适合于表现内容丰富的封面,尤为适合表达对象间存在着时间上的前后顺序或是空间上的远近关系。在表现丰富内容的同时通过虚实结合可以有重点地突出部分内容,如图 4-20 所示。

3) 广角镜头平视法

当封面中需要表达的对象是以阵列方式存在或是存在于一个基底平面之上时,可以考虑使用这种方案。该方案是以一个广角镜头视角平视主体描述对象作为构图,所展现的图像由近到远,辅以强烈的透视,能够产生强大的视觉冲击效果,如图 4-21 所示。

2. 科研绘图的制作软件

在科研工作中,图形是用来说明问题的最佳辅助手段,图形的使用在一定程度上直接决定了文章的质量。在科研绘图工作中,可以利用的软件主要有 Adobe

Illustrator、Adobe Photoshop、CINEMA 4D、PowerPoint 等，一张优秀图像的制作离不开这些软件的综合运用。下面将具体介绍每款软件在科研绘图过程中扮演的角色和发挥的主要作用。

图 4-20　封面示意图（二）

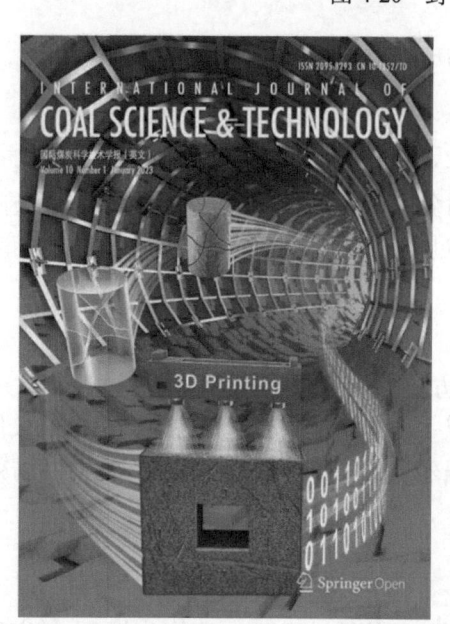

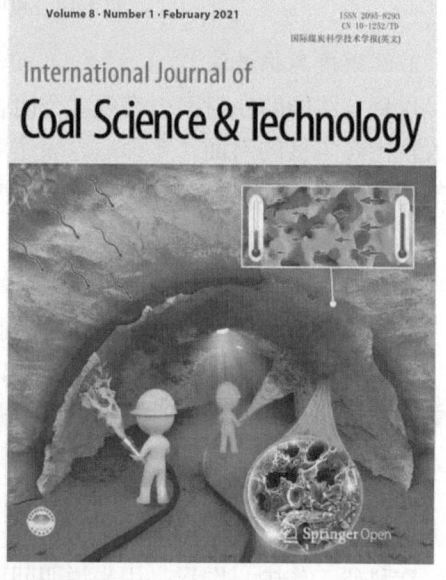

图 4-21　封面示意图（三）

1）Adobe Illustrator 科研绘图

根据绘图原理和方法不同，计算机图形可以分为矢量图和位图两种类型，也可以分别称为图形和图像。其中，矢量图是基于数学方式绘制的曲线和其他几何体组成的图形，简单地讲就是由轮廓和填充组成的图形。它的每个图形都是一个自成一体的实体，具有颜色、形状、轮廓、大小和屏幕位置等属性。当用户对矢量图进行编辑时，如移动重新定义尺寸、重新定义形状或改变矢量图形的色彩等，都不会改变矢量图的显示品质。Illustrator 是 Adobe 公司推出的一款功能强大的专业矢量绘图软件，其英文全称为 Adobe Illustrator，简称 AI。该软件具有较强的实用性和便捷性，绘图功能强大，绘图效果良好，软件操作界面直观明确，并与 Adobe 家族的其他软件紧密地结合在一起。通过 Illustrator，用户可以随心所欲地创建出各种内容丰富的彩色或黑白图形、设计特殊效果的文字、置入图像，以及制作网页图形。Illustrator 拥有钢笔、铅笔、画笔、直线段、矩形，以及极坐标网络等数量众多的矢量绘图工具，可创建任何图形效果，Illustrator 还提供了丰富的滤镜和效果命令，以及强大的文字与图表处理功能等。通过这些命令和功能可以为图形图像添加特殊效果，增强作品的表现力，从而使绘制的图形更加生动具体，使用 3D 效果功能可以将二维图形创建为可编辑的三维图形，还可以添加光源，设置贴图并且可以对效果随时进行修改。神奇的混合效果可以用绘制的图形、路径创建混合，从而产生从颜色到形状的过渡效果。模板和资源库提供了几百个专业设计模板，为创作提供了极大的方便。Adobe Illustrator 2023 启动界面如图 4-22 所示。

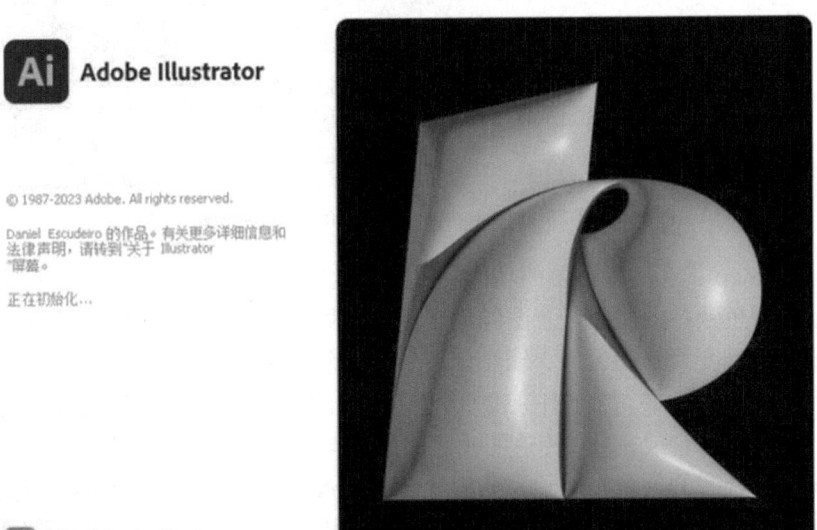

图 4-22　Adobe Illustrator 2023 启动界面

2) Adobe Photoshop 科研绘图

Adobe Photoshop，简称 PS，是由 Adobe 公司开发和发行的图像处理软件。Photoshop 主要处理以像素构成的数字图像，使用其众多的编修与绘图工具，可以有效地进行图片编辑工作。Photoshop 的应用领域十分广泛，主要有专业测评领域、平面设计领域、广告摄影领域、影视创意领域、网页制作领域、后期修饰领域、界面设计领域等，并伴随着科学可视化程度的不断发展。Photoshop 在科研绘图领域的应用也逐渐深入，利用其强大的图像编辑功能，越来越多的科研工作者将 Photoshop 作为科研成果表达的重要工具。Photoshop 是最常用的图片处理软件，尤其适用于位图的制作，在科技期刊中有广泛的应用，如显微照片等。文件可直接打开或通过截屏、虚拟打印等处理方式导入 Photoshop 中，再利用各种工具对图片进行编辑加工。Adobe Photoshop 2023 启动界面如图 4-23 所示。

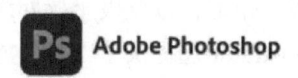

图 4-23　Adobe Photoshop 2023 启动界面

Photoshop 具有许多重要的功能，按照功能划分，可以分为图像编辑、图像合成、校色调色及特效制作等。图像编辑是图像处理的基础，使用 Photoshop 可以对图像做各种变换，如放大、缩小、旋转、倾斜、镜像、透视等；也可以进行复制、去除斑点、修补、修饰图像残损等。图像合成则是将几幅图像通过涂层操作、工具应用等方法合成完整、传达明确意义的图像，Photoshop 提供的绘图工具让外来图像与设计者的创意实现了完美的融合。Photoshop 还可以实现校色调色，方便快捷地对图像的颜色进行明暗、色偏的调整和校正，也可以在不同颜色间进行切换，以满足图像在不同领域的应用。Photoshop 的特效制作主要由滤镜、通道及其他工具综合应用完成，包括图像的特效创意和特效文字的制作，如油画、浮雕、石膏画、素描等常用的传统美术技巧都可以通过该软件特效完成。科技类图片常用功能有编辑—裁切、描边、自由变换等，图像—调整—色阶、自动色阶、亮度、对比度等，图像—图像大小、画布大小等，色彩范围—色彩变化、加深、变淡等。

3) CINEMA 4D 科研绘图

CINEMA 4D 字面意思是 4D 电影，简称 C4D，其本身就是三维的表现软件，由德国 MAXON Computer 开发，以极高的运算速度和强大的渲染插件著称，很多模块的功能在同类软件中代表科技进步的成果，并且在用其描绘的各类电影中表现突出，随着其越来越成熟的技术受到越来越多的电影公司重视。CINEMA 4D 启动界面如图 4-24 所示。

图 4-24　CINEMA 4D 启动界面

CINEMA 4D 是一款易学、易用、高效且拥有电影级视觉表达能力的三维软件，由于其出色的视觉表达能力已成为视觉设计师首选的三维软件。C4D 具备建模、材质、灯光、绑定动画、渲染等功能，在影视特效、动画设计、工业医药、物理等方面都有强大的内置，具有如下特色模块。

(1) 预制库：CINEMA 4D 拥有丰富而强大的预置库，设计者可以轻松地从它的预置中找到需要的模型、贴图、材质、照明、环境、动力学，甚至是摄像机镜头预设，大大提高了用户的工作效率。

(2) 高级渲染模块：CINEMA 4D 拥有快速的渲染速度，可以在最短的时间内创造出最具质感和真实感的作品。

(3) BodyPaint 3D 三维纹理绘画：使用这个模块可以直接在三维模型上进行绘画，有多种笔触支持压感和图层功能，功能强大。

(4)文件转换：从其他三维软件导入的项目文件都可以直接使用，不用担心会有破面、文件损失等问题。

(5)CINEMA 4D 的毛发系统(迄今为止最强大的系统之一)：便于控制，可以快速造型，并且可以渲染出各种所需效果。

(6)MoGraph 系统：它将类似矩阵式的制图模式变得极为简单有效而且极为方便，一个单一的物体经过奇妙地排列和组合，并且配合各种效应器的帮助，会发现单调的简单图形也会有不可思议的效果。

4)PowerPoint 科研绘图

PowerPoint(简称 PPT)是目前最流行也是使用最简便的一种幻灯片制作工具，它集文字、图片、图像、声音及视频剪辑于一体。利用它不但可以创建各种精美的演示文稿，还可以制作广告宣传和产品演示的电子版幻灯片，所以 PPT 越来越受到人们的青睐，它的应用也越来越广泛，其操作界面如图 4-25 所示。PPT 已经成为人们学习和交流的重要信息技术工具，在教育教学、学术交流、演讲、产品展示及工作汇报等场合得到广泛应用。对于科研工作者而言，科研成果的汇报展示也成为其工作的重要组成部分，一个精彩的 PPT 汇报能够为其成果增色不少。

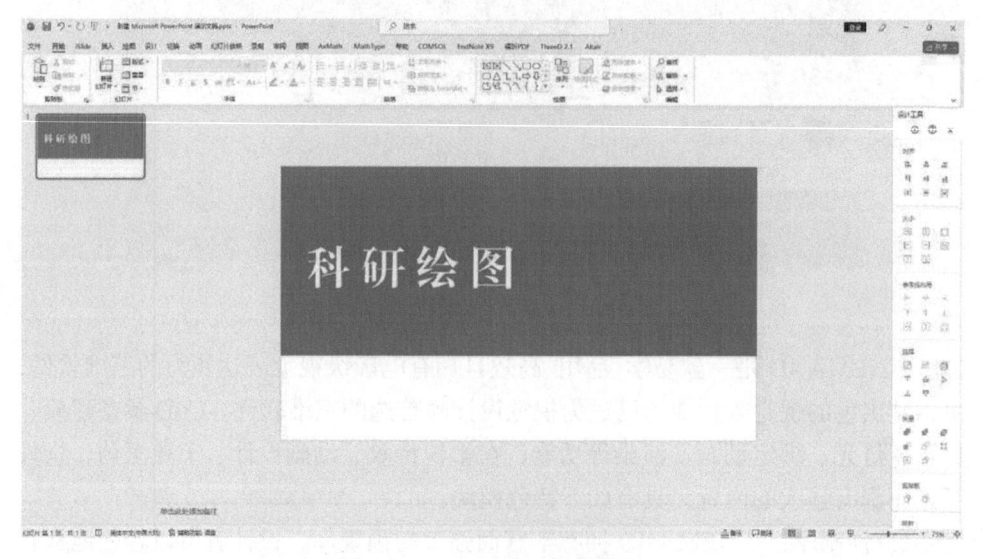

图 4-25　PowerPoint 操作界面

PPT 中除了需要各种数据作为支撑，也会经常需要用到一些原理图进行更为形象的说明。有些时候可以不借助其他绘图软件，PPT 简易的操作界面和丰富的功能组合，能够满足科研工作者的大部分绘图需求，同时科研插图的简单修改/修饰均可通过 PPT 实现，这些功能远比我们想象的要强大，不仅可以轻松地绘制二维图像，还能加以设置转换为三维图像。虽然它的三维功能不能单独拿出来和

3Ds Max 比较,它的二维功能也比不上 AI,但是它的便利性是无可替代的,综合其他软件优势使得 PPT 大而全,仅需在这一款软件中就能实现简单的绘图功能,足以应付一般要求不高的示意图。

5) MATLAB 和 Origin 科研绘图

MATLAB 是 matrix 和 laboratory 两个词的组合,意为矩阵工厂(矩阵实验室),是由美国 MathWorks 公司发布的主要面对科学计算、可视化及交互式程序设计的高科技计算环境。MATLAB 通常只要一条指令就可以解决诸多在一般高级语言需要进行复杂编程才能解决的问题,如矩阵运算(求行列式、求逆矩阵等)、解方程、作图、数据处理与分析、快速傅里叶变换、声音和图像文件的读写等,从而使用户从烦琐的程序编写与调试中解脱出来。此外,MathWorks 公司针对不同应用领域推出了如信号处理、偏微分方程、图像处理、小波分析、控制系统、神经网络、鲁棒控制、优化设计、统计分析、通信等多种专门功能的开放性的工具箱。MATLAB 是一种高速、可靠和开放性的科学计算语言,在数据处理和图形处理上有着其他高等语言所不能及的优点,它具有使用简单、思路直观、编程高效的特点。MATLAB 在数据可视化方面提供了强大的功能,它可以把数据用二维、三维乃至四维图形表现出来。通过对图形的线型、立面、色彩渲染、光线及视角等属性处理,将计算数据的特性表现得淋漓尽致。在理论研究中加以合理利用可以使研究者从烦琐的编程、数据处理、制图等技术细节中解脱出来,将精力更多地投入到分析事物现象的本质和内在联系的科研中去,从而提高科研效率。MATLAB 操作界面如图 4-26 所示。

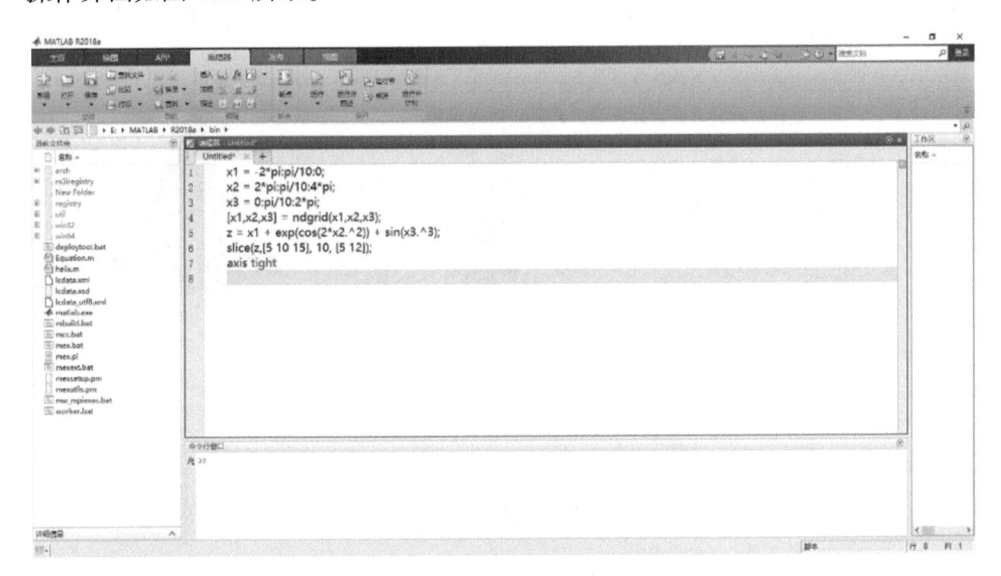

图 4-26　MATLAB 操作界面

Origin 是美国 OriginLab 公司开发的图形可视化和数据分析软件，是科研人员和工程师常用的高级数据分析和制图工具。Origin 自 1991 年问世以来，由于其操作简便、功能开放，很快就成为国际流行的分析软件之一，是公认的快速、灵活、易学的工程制图软件，既可以满足一般用户的制图需要，也可以满足高级用户进行数据分析、函数拟合的需要。Origin 的绘图是基于模板的，本身提供了几十种二维和三维绘图模板（图 4-27）。绘图时只需选择所要绘图的数据，然后单击相应的工具栏按钮即可。二维图形可独立设置页、轴、标记、符号和线的颜色，可选用多种线型。选择超过 100 个内置的符号。调整数据标记（颜色、字体等），选择多种坐标轴类型（线性、对数等）、坐标轴刻度和轴的显示，选择不同的记号，每页可显示多达 50 个 $xy$ 坐标轴，可输出各种图形文件或以对象形式拷贝到剪贴板。用户可自定义数学函数、图形样式和绘图模板，可以和各种数据库软件、办公软件、图像处理软件等连接；可以方便地进行矩阵运算，如转置、求逆等，并通过矩阵窗口直接输出三维图表；可以用 C 语言等高级语言编写数据分析程序，还可以用内置的 Lab Talk 语言编程。同时，Origin 可以导入包括 ASCII、Excel、pClamp 在内的多种数据。另外可以把 Origin 图形输出为多种格式的图像文件（JPEG、GIF、EPS、TIFF）。

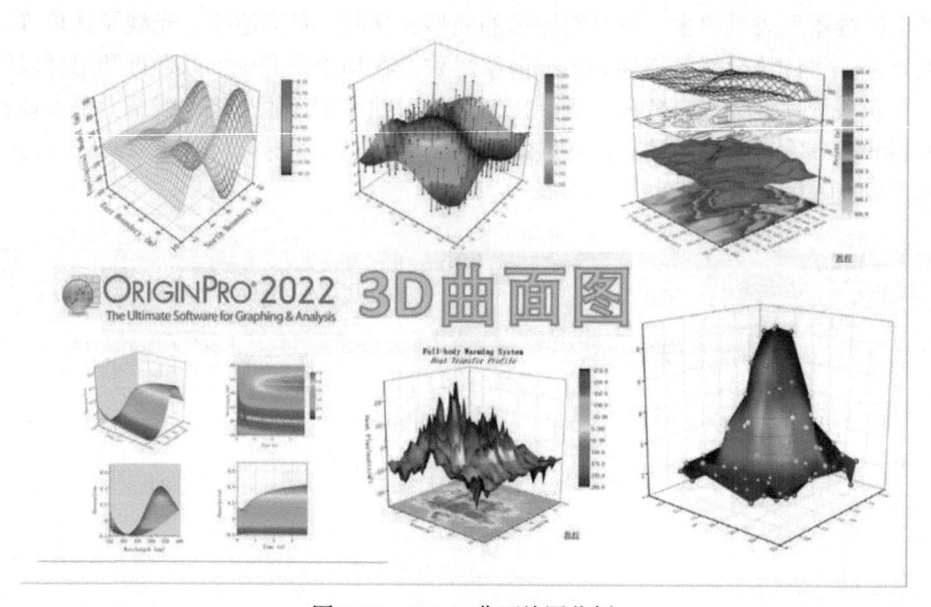

图 4-27　Origin 曲面绘图范例

## 4.2　表　　格

表格是记录数据或事物分类等的一种有效表达方式，具有简洁、清晰、准确的特点,逻辑性和对比性很强,因此表格在论文中被广泛采用。表格的正确性直接影响论文的信息传播功能。表的种类较多,主要有示意表、统计表、说明对照表等。表格适于呈现较多的精确数值或无明显规律的复杂分类数据和平行、对比、相关关系的描述,但缺乏趋势。

### 4.2.1 表格的使用原则

科技论文表格的规范使用体现在是否选用表格、表格类型选用是否合适、内容表达是否贴切、布局结构是否合理、设计制作是否规范、幅面尺寸是否恰当等多个方面,是否选用表格以及选用何种类型的表格需要从论文内容和读者对象的需求来考虑,其他方面则要服从有关表格设计的标准、规范。规范使用表格有以下一般原则[12]。

1. 严格精选表格

严格精选表格指按表述对象和表格自身功能确定是否采用表格。下列情况宜用表格。

(1) 描述的重点是对比事项的隶属关系或对比数值的准确程度。

(2) 按研究和论文写作要求,需要给出定量反映事物运动过程和结果的系列数据。

(3) 消除烦琐的重复性文字叙述。

注意,通常情况下对论文中的同一结果,不宜同时用插图和表格一起表达,如果实验、观测结果很重要,为了明确、充分地阐述清楚,则可以共用插图和表格。有些情况下,宜用插图而不宜用表格来表示;能用简短、概括的文字叙述清楚的,就没有必要采用占用较多篇幅的表格,也没有必要对这类表格删繁就简地进行大幅度的修改。在内容复杂、非单一主题或又派生出子表格的情况下,应以简化原则进行分解处理;当采用多个数据表说明同一现象而造成表格之间重复时,应选择一个最准确、最有说服力的表格,并将重复的表格删除。当文字叙述与插图、表格重复时,应从中选择最合适的一种。

2. 恰当选择表格类型

恰当选择表格类型指使用表格时,首先合理地选择使用何种类型的表格,然后再设计相应的表格。之所以强调选择表格类型的重要性,是因为不同类型的表格有不同的特点,用不同类型的表格分别表述同一事物时,可能会有不同甚至差别很大的效果。因此,应根据表述对象性质、论述目的、表达内容及排版方便性等因素来选择最适宜的表格类型。例如:无线表中没有一根线,非常适于内容特别简单的场合;系统表可免去水平线(横线)和垂直线(竖线),而只用很短的横线、竖线或括号就可以把文字连接起来；三线表可以克服传统卡线表的横、竖线较多，栏头有斜线，表达不简练，排版较麻烦的缺点，用少量几根线就可以清楚地表达。

3. 科学设计表格

科学设计表格指对表格从内容到形式进行科学合理的设计，做到层次清楚、简单明了、直观易懂、形式合理、符合规定。在内容方面，表中数据可以是原始或经过整理、处理的数据；栏目、内容应具有可读性，读者能容易地看出或得出有关结论；数据精度不能超出由实际数据所能得到的精度。在形式方面，表中各行列的排列顺序要合理，符合逻辑事理；表格的幅面要合理，宽度不宜超出版心，而且符合排版要求；表格的布局要合理，要按照需要恰当、合理、巧妙和正确地运用设计技巧，如表格排式转换、处理表中图或解决表格跨页排问题等。一个表格应围绕一个主题进行设计，围绕多个主题设计同一表格可能会造成表格内容较多、幅面偏大等问题；一个表格中已含有正常的横、竖表头，而在表头中又出现新的表头时，将会使表格复杂化，可能导致表格表达不规范，而且带来排版困难，这时应考虑将原来的表格分解为主题不同的两个表格。还要恰当处理表中图，这种图通常不宜过大，也不能过于复杂。

4. 正确配合文字表达

一个完整的表格必须具有必要的信息，使读者只看表格而无须再看文字或插图就能获得全部必要的内容；对表格已经表述清楚的内容，就不必再用文字和插图重复表述。除了论文"附录"中的表格，其他表格均应在正文中随文给出。表格的表达应完整，不能只给出表序、表题。表格在文中的位置通常是先出现文字叙述后出现表格（先见文，后见表），即表格与正文相呼应，在正文的适当位置（某段落中）以"如表×所示"或"参见表×"之类的表述加以引导，表格一般紧接在此位置所在段落的后面排放，尽可能避免先出现表格后提及表序，或根本不提及表序。

5. 优先使用三线表

科技论文中应优先使用三线表。使用三线表应注意以下原则。

（1）一定有项目栏，否则表体中的内容无栏目或标目，没有项目栏的三线表不规范。

（2）对于项目及层次较少的三线表，设计时要合理安排项目栏，必要时采用竖项目栏。

（3）安排项目栏时，为便于对比，在版面允许的情况下，应将同一栏目下的信息（主要指数值）作竖向上下排列。

(4) 注意为安排好的项目栏恰当地取名。

(5) 对于比较复杂的三线表，要注意合理安排结构，细致地确定栏目或标目。

### 4.2.2 表格的基本结构

SCI 期刊常使用三线表(一般没有竖线)，即只有表格顶线、栏目线和底线。表制版容易，显示简练。

三线表的规范格式如下：

表 1　砂岩基质不同夹塞体的基本物理力学参数

| 类型 | 密度 /(kg/m³) | 泊松比 | 弹性模量 /GPa | P波波速 /(m/s) | 单轴抗压强度/MPa |
|---|---|---|---|---|---|
| 砂岩 | 2460 | 0.15 | 12.5 | 2973 | 64.4 |
| 石膏 | 1450 | 0.38 | 2.2 | 1605 | 4.5 |
| 环氧树脂 | 1820 | 0.32 | 5.3 | 2480 | 82.3 |
| 水泥(#525) | 2556 | 0.20 | 24.7 | 3250 | 47.2 |

（表序、表题、顶线、表头、栏目线、表身、底线）

表序和表题：表序即表格的序号，表题即表格的名称。应准确得体，用简短精练的文字来表达表题，连同表号置于表格顶线上方，其总体长度不宜超过表格的宽度。表序和表题常用黑体字。每个表格必须有表序和表题。表序与表题之间留 1 个汉字的空格，其间不用任何点号。

表头：指表格顶线与栏目线之间的部分，表明表格内的项目或反映了表身中该栏信息的特征或属性。

表身：栏目线与底线之间为表身，是表格的主体。

表注：必要时，应将表中的符号、标记、代码以及需要说明事项，以最简练的文字作为表注，横排底线下方。

## 4.3　图表设计制作中常见的错误

(1) 图、表格内容与文字重复。在 SCI 论文中，相同内容不宜用文字、表格和统计图重复表达，应根据内容的需要选择一种表达形式即可。这方面的原则应是：凡是用简要的文字能够表达清楚的就不用图和表格来表达；凡是用表能够一目了然表示的就不用图。为使读者便于对照比较和了解精确结果时，以表格形式为宜。

(2) 表格中数值计算不精确，保留位数不一致。表中数值精确与否是决定统计表质量的关键因素，也是科学实验结果是否严密的具体体现。由于表格中的数据是经过原始数据计算得出的，因此往往不是整数，应该使用相同的小数位。表格中同一指标数字的有效位数应一致，不足者以"0"补足。计算百分比时，应注意各百分比相加应为 100%。

(3)缩略语及量和单位不规范。表格中所列的指标名称不宜随意而定，应使用固定的缩略语。特殊情况下使用不常用的单位和缩写词时，需在表注中说明。表格中的法定计量单位，一律使用符号。单位应该遵循国际标准命名原则。在数字和单位之间应有一个单一空格。千计单位应该用逗号分离(如 1,000)。

(4)表中分组变量与观测指标的位置颠倒及数据排列不当。表中数据的排列应按同类数据纵排的原则安排，排列不当则导致读表费力，不易对照比较和从中了解变化规律。

(5)表注说明过繁。表注是对表中有关内容的必要补充和说明，应简明扼要。如需要说明的内容较多时，应在移入表前的正文中用文字介绍，表中数据的计算公式应在论文的"Materials and Methods"部分介绍，不宜列入表注。

(6)罗列原始记录数据。典型的表和图是对结果的总结，研究过程中的原始数据不必全部罗列于表中。表格中的数据一般应是经过统计学处理的。

(7)无表题或表题不确切或重点不突出。表题是表格的重要组成部分，是对表中内容的概括，表题应主谓有序，简洁、准确。

(8)图、表中的术语、符号、单位与文中文字叙述不一致或者正文没有提及图和表。图、表中出现的术语、符号、单位应与文字叙述相一致，以显示整个论文的完整与统一。

(9)统计图表设计不规范，表中线条过多。

# 第5章　科技论文解析与撰写范例

*"You can always edit a bad page. You can't edit a blank page."*

*Jodi Picoult*

　　科技论文的结构基本上规定了它的组成部分及其顺序。从整体结构看，科技论文组成部分的顺序基本上是相同或相近的，虽然不同领域、不同出版物对论文的结构及组成部分的要求不一定相同，但这种不同并不影响论文的本质，整体结构的合理安排较为容易；但从各组成部分特别是正文的结构看，因为研究对象、目的、方法和内容等的不同，各组成部分对规范表达的要求可能有较大差异，应该根据实际情况分别对待。正文写作通常涉及材料获取、论据选择、论证使用、写法确定、结构安排、段落划分、层次标题拟定等多个方面，其结构的合理安排相对来说并不容易。各组成部分在表达上虽有某些相同之处，但由于其各自的特点，在表达上可能存在较大差异，其规范表达也不容易。但是，只要按照科技论文的写作要求、方法及有关标准，规范认真地写作和编辑，就能编写出既符合规定格式要求，又在主题思想、表达手法、写作风格和编辑排版等方面各具特色的高质量论文，这正是高水平出版物所要求的。本章将阐述科技论文各组成部分的规范表达并详细解析，并列举代表性著作进行评析。

　　与一般文学写作不同，英文科技论文有一定的格式，尽管不同期刊又有自己的特殊要求，但基本格式是一致的。稿件的行与行之间要留有手写修改文字的空间，图和表一般都是附在稿件的后面，与文字分开，而不是安插在文字中间。一般要有以下几个部分，先后顺序如下。

Title Page Including Authors, Affiliation and Contact Information（one page）
［扉页，包括作者、所属单位和联系信息（一页）］
Abstract and Keywords（one page）［摘要和关键词（一页）］
Introduction（引言）
Materials and Methods（材料与方法）
Results（结果）
Discussion（讨论）
Conclusion（结论）
Acknowledgments（致谢）
References（参考文献）
Table（表格）

Figure（图）

刚开始论文写作时会感觉无从下手，建议按以下顺序着手。

（1）阅读和研究文献，特别是过去发表的文章，了解论文格式、描述方法、领域的前沿和面临的问题等。

（2）先从自己熟悉的部分开始写作，比如先写结果部分。这部分内容自己熟悉，也是一篇论文的核心。

（3）根据实验结果，针对性写实验方法。实验方法要与实验结果匹配，且不能有遗漏，也不能有多余的实验。

（4）写前言部分。这时对自己科研结果的意义、创新有数了，比较容易写前言部分的 why，how，what。

（5）写讨论部分。讨论部分与引言部分应该是衔接的，都涉及文献的综述和自己的结果对文献的贡献。

（6）写结论和摘要。不是每个期刊都要求有结论部分。论文主体写好后，写结论和摘要就容易了。

（7）写题目。

（8）对整个论文反复修改。

（9）仔细阅读期刊的 Guide for Authors（《作者指南》），按期刊的要求格式整理文献、摘要和其他主体部分。

（10）投稿之前写介绍信（cover letter）。

为满足不同期刊的特殊要求，作者应先阅读 Guide for Authors，并参阅期刊已发表的论文。写好科技论文的基本条件是首先作者要思路清晰，对自己的科研领域、实验结果和它的意义有清楚的了解；否则，再好的语言表达能力也无用武之地。其次，运用自己的英语能力，通过合理的语法、正确的字词拼写，组织好完整的句子和清晰的段落。论文要一句一句地写，写作也是一个需要下很多功夫的过程。这中间的用词、组句、文献和数据的阐述，都要经过多次修改才能达到令人满意的程度。下面介绍每个部分的具体写法和内容要求。

## 5.1 标 题 页

题目、标题、篇名或题名（title）相当于论文的"标签"，是简明、确切地反映论文最重要特定内容、研究范围和深度的最恰当的多个词语的逻辑组合，通常是读者最先浏览的内容，也是检索系统首先收录的部分，是体现论文水平与范围的第一重要信息。题名具有画龙点睛、启迪思维、激发兴趣的功能，审稿专家和读者通过它基本能够了解论文的内容（论文的内容实际上就是围绕题名来展开的）。一般的读者通常是根据题名来考虑是否有必要阅读摘要或全文，而这个决定往往是在快速浏览题名的过程中做出的，若题名表达不当就会失去应有的作用，使真正需要该论文的读者错过阅读它的机会。另外，图书馆和研究机构大都使用自动联机检索系统，其中有些是根据题名中的主题词来查找资料的，因此不规范的题名可能会导致论文"丢失"，从而不能被潜在的读者查找到。可见，规范表达题名有多么的重要！

考虑到以上因素，设定题目，首先要考虑内容性。科技论文题目需要围绕研究对象、研究方法和研究结果三个部分或至少两部分来设计。例如，"Modeling Brazilian Tensile Strength Tests on a Brittle Rock Using Deterministic, Semi-deterministic, and Voronoi Bonded Block Models"，包含了研究对象"Brittle Rock"、研究结果"Modeling Brazilian Tensile Strength Tests"和研究方法"Deterministic, Semi-deterministic, and Voronoi Bonded Block Models"。其次，要考虑可读性。即使内容上概括了整个文章，但如果表达错误，或太啰嗦，也会影响审稿人对稿件做出正确评价。

对于阅读和引用科技论文的读者，大部分具有明确的目的性，如为了跟踪研究领域科研动向，或者为了查新，看自己的研究是否有创新性，或寻找自己所需的研究方法或研究结果。在检索文献时，大多依据题目或关键词进行检索。

题目要简洁清晰，内容性强，用字尽量少，可以写成概括阐述的形式，如：

Poisson's ratio values for rocks

2D and 3D Roughness Characterization

也可以写成具体描述的形式，如：

Numerical study of the effect of confining pressure on the rock breakage efficiency and fragment size distribution of a TBM cutter using a coupled FEM-DEM method

当用概括阐述的形式时，注意题目应与文章的内容相符合，不能太宽泛地描述，这样具体描述的形式才能更明确和信息性强。读者应参考自己科研领域的文献，注意学习其他作者是如何写 Title 的。

除了是第一个字，题目中的冠词(a, an, the)、介词(at, in, on, of)、连接词(and, but, if)的第一个字母不大写，如：

Optimization of Tunnel Boring Machine（TBM）Disc Cutter Spacing in Jointed Hard Rock Using a Distinct Element Numerical Simulation

写作者和工作单位时，中文名字用汉语拼音，要写全名，不要简写，一般应名在前，姓在后。双名的拼音一般要写在一起，如 Likang Zhang；若把两个字的拼音分开，其中应加连字符，如 Li-Kang Zhang。中文名字的英文写法是比较混乱的，无论采用哪种写法，最重要的是保持自己名字的英文写法一致。作者一般按贡献大小排列，第一作者是主要实验操作者，最后一个通常是指导教授。但也有教授把自己的名字列为第一作者的。如果作者中有多人做出了同等贡献，尤其是第一作者，可以加注解符号备注出来，这样就成为并列第一作者。若作者来自不同科研单位，一般在名字右上角加注解，如 a、b、c 等，但是要慎重标记，一般标记 a 的为第一单位。联系人的名字右上角一般加*号，也称为通信作者。有的期刊在申请后可以并列通信作者，标记两个加*号作者。Title 页的下半页写联系地址、电话和 E-mail 地址等。

常见的 Title 页：

Dynamic response of pre-stressed rock with a circular cavity subject to transient loading

Ming Tao[a,b,*], Ao Ma[a], Wenzhuo Cao[c], Xibing Li[a], Fengqiang Gong[a]

a. School of Resources and Safety Engineering, Central South University, Changsha, Hunan 410083, People's Republic of China

b. Post-Doctoral Scientific Research Workstation of Western Mining Co., Ltd, Xining, Qinghai, People's Republic of China

c. Department of Earth Science and Engineering, Royal School of Mines, Imperial College, London SW7 2AZ, United Kingdom

*Corresponding author

Contact Information

Ming Tao

School of Resources and Safety Engineering

Central South University

Changsha

China

Email: ×××

题目设计时一般容易犯三个方面的错误：一是写得太简单，没有有效地反映稿件的内容；二是写得太冗长，太啰嗦；三是语法错误。其中语法错误最常见。

规范的题名应至少具有准确、简洁、清楚等特征：准确指准确地反映论文的主要内容；简洁指以最少数量的词语概括尽可能多的内容；清楚指清晰地反映论文的具体内容和特色。

### 5.1.1 内容规范表达

内容规范表达指题名所述内容准确恰当，与论文内容紧密匹配，具体有以下原则。

1. 题文相扣

题名要准确表达论文的内容和主题，恰当反映研究的范围和深度，与论文内容要互相匹配、扣紧，即题要扣文，文要扣题，这是题名规范表达的基本准则。

实际中常常出现不扣文的过于笼统的题名。例如：

【1】岩石强度的研究
【2】岩石破碎的研究
【3】边坡稳定性的研究

以上题名过于笼统，所指研究范围太大而不明确，若针对论文内容或具体研究对象来命名，效果就会好得多。【1】可改为：岩石单轴抗压强度测试的理论和方法。还可有其他修改方案，取决于论文所述的最重要特定内容或具体研究对象。【2】、【3】可分别改为：深部开挖时岩石破碎的机理与实验、基于有限元方法的露天缓倾斜边坡稳定性分析。

2. 概念准确

表达题名中的概念时，在逻辑上要充分注意并恰当运用概念的外延和内涵，否则就可能写出不恰当的题名。外延指一个概念所反映的每一个对象，内涵指对每一个概念对象特有属性的反映。为确保题名的含义准确，应尽量避免使用非定量的、含义不明确的词，并力求用词具有专指性。

3. 术语使用

题名的用词十分重要，直接关系到读者对论文的取舍态度。题名中要尽量使用术语来表达有关概念，以加强概念表达的专业性、准确性、简洁性以及论文写作的严谨性、学术性。表达术语时，能用某术语却用了别的词语，或不必要地对其重新给出定义，或给出与其现有公认概念有出入的解释，均不可取。题名中的术语应是论文中重要内容的"亮点"。例如：

【4】基于计算机的工艺设计技术的智能化发展策略

此题名存在未准确使用术语的问题，其中"基于计算机的工艺设计技术"可直接改用术语"计算机辅助工艺规程设计"，或其英文名称 computer aided process planning 的缩写 CAPP。

## 5.1.2 语言规范表达

语言规范表达指题名的用语和组织要符合语法、逻辑、修辞规则及结构要求，尽量给读者以清晰感、美感，具体有以下原则。

1. 简短精练

题名应当确切具体地反映研究的主要内容或对象，用词造句要简短精练，字数要尽可能少。撰写题名，不能因为追求形式上的简短而忽视对论文内容的反映，过于简短常常起不到帮助读者理解论文的作用，偏长则不利于读者浏览时快速了解信息。在内容层次较多、难以简化的情况下（使用短题名时语意未尽），或系列研究内容分篇报道时，可以使用主、副题名相结合的方法，其中副题名起补充、说明作用，能收到很好的效果。例如：

【1】关于高地温隧道灾变机制与灾害防控方法的研究

此题名在语言表达上较为烦琐，存在一些冗词，很明显其中"关于""研究"等词在删掉的情况下并不影响原意的表达。可改为：高地温隧道灾变机制与灾害防控方法。修改后读起来干净利落、简短明了。

值得注意的是，题名末尾的"研究"在多数情况下可以省略；但有时不宜省略，因为省略后可能难以读通，而且还会影响原意的表达。例如：

【2】钻孔卸压防治岩爆实验及破坏特征研究
【3】动载频率对砂岩冲击岩爆影响的数值研究

题名【2】末尾的"研究"可以删掉，而【3】中的"研究"不能删掉。

若短题名不足以显示论文内容或反映不出属于系列研究的性质，则可以在主题名的后面加副题名，使整个题名既充实准确而又不流于笼统和一般化。例如：

【4】采矿未来——智能化 5G N00 矿井建设思考

此题名中破折号的前面部分为主题名，后面部分为副题名。主题名与副题名之间也可用冒号来分隔。

2. 结构合理

题名像一条标签，忌用冗长的主、谓、宾语结构的完整语句逐点描述论文内容，习惯上常用以名词或名词性词组为中心的偏正词组，一般不用动宾结构。但当中心动词前有状语时，则用动宾结构；"论……""谈谈……"等形式的题名也可用动宾结构。例如：

【5】研究整车物流中的委托代理问题

此题名是动宾结构（研究+委托代理问题），可改为偏正结构：整车物流中的委托代理问题。

【6】应用信息经济学研究整车物流中的委托代理问题
【7】利用单吸气储液器改善双缸压缩机的声学特性

此两题名中的中心动词"研究""改善"之前分别有状语"应用信息经济学""利用单吸气储液器",无法将这两个动词作为名词而改为相应的偏正结构。这种情况下,题名用动宾结构合适。

【8】谈谈整车物流中的委托代理问题

此题名为动宾结构(谈谈+委托代理问题),不必改为偏正结构。

3. 索引方便

题名所用词语要符合编制题录、索引和检索的有关原则,并有助于选定关键词。目前,大多数索引和摘要服务系统都已采用"关键词"系统,因此题名中应使用论文的主要关键词,并且容易被理解和检索。一般情况下,题名中应避免直接使用英文词,为方便检索,题名中尽量不要出现式子(数学式、化学式)、上下标、特殊符号(如数字符号、希腊字母等)、不常用的术语、非公知公用的缩略语等。例如:

【9】软岩巷道掘进期间微震活动特征及稳定性分析

此题名中的"软岩巷道"为论文的主要关键词,若改为"巷道",题名就变得过于笼统和空泛,不便于索引。

【10】基于关键设备工序紧凑的工序分类分批的 Job-shop 调度算法

Job-shop 引自国外的文献,是"车间"的意思,这里宜使用其中文名称。有时这种外来词表示的是一种新生事物,在中文中可能还没有或很难找到相应的词语,即使这样也应该尽量用中文来表达,必要时可在中文后加括号,在括号内给出原来的英文词语。例如:

【11】RMS 中基于相似性理论的 VMC 生成方法

RMS 是 reconfigurable manufacturing system 的缩写,目前没有统一的中文名,可译为"可重构制造系统"、"可重组制造系统"或"可重配置制造系统";VMC 是 virtual manufacturing cell 的缩写,中文名为"虚拟制造单元"或"虚拟加工单元"。可改为:可重构制造系统中基于相似性理论的虚拟制造单元生成方法;或改为:可重构制造系统(RMS)中基于相似性理论的虚拟制造单元(VMC)生成方法。

4. 语序正确

题名要用正确的语序来书写，语序不当会造成表意混乱，使读者费解。另外还要注意题名中"的"字的位置，其位置不同，题名所表达出来的意思就可能不同。例如：

【12】计算机辅助机床几何精度测试

此题名的语序不正确，可改为：机床几何精度的计算机辅助测试。

【13】基于 EDM 能量算子的调解方法及其在机械故障诊断中的应用

按论文内容，此题名中 EDM 应为介词"基于"的对象，"其"字不是指"算子"而是指"方法"，因此第一个"的"字放错了位置；另外 EDM 为非公知公用的缩略语，改为中文名"经验模式分解"（empirical mode decomposition，缩写为 EMD，不是 EDM）更合适。可改为：基于经验模式分解的能量算子调解方法及其在机械故障诊断中的应用。

### 5.1.3 英文题名规范表达

规范地表达英文题名，不仅要注意上述原则，还要注意以下原则。

1. 词数恰当合适

题名既不能过长，也不能过短，恰到好处为好，这是题名规范表达的重要原则。科技期刊中对题名词数一般来说是有所限制的，英文题名词数应为 10～12 个单词，最好不超过 100 个英文字符（含空格和标点），通栏排版时能用一行文字表达就尽量不要用两行（超过两行有可能会削弱或冲淡读者对论文核心内容的印象）。美国医学会规定题名不超过 2 行，每行不超过 42 个印刷符号和空格；美国国立癌症研究所杂志要求题名不超过 14 个单词；英国数学会要求题名不超过 12 个单词。这些规定可供作者和编辑参考，总的原则是，在能够准确反映论文特定内容的前提下，题名词数越少越好，达到确切、清晰、简练、醒目即可。例如：

【1】A Bonded-particle Model for Rock
【2】A Clumped Particle Model for Rock

此两题名虽然分别只有 5 个和 6 个单词，但词数恰到好处，简洁明确地表达了论文的内容。但以下题名的词数不恰当：

【3】Study on Strength

此题名过短，读者无法知道具体的研究领域，其中的 Strength 是有关力学、机械工程、体育学还是医学方面的，不得而知。

【4】Preliminary Observations on the Effect of Zn Element on Anticorrosion of Zinc Plating Layer

此题名偏长，用词和表意冗余，精简后效果会大大提升。可改为：Effect of Zn on Anticorrosion of Zinc Plating Layer。

为简化题名，最直接的办法是减少题名词数，这通常可以通过删除冠词和说明性冗词来实现。在过去，科技论文题名中的冠词用得较多，目前简化的题名出现得也越来越多，凡可用可不用的冠词均可省去，如题名 The Procedure Sequence of Distribution Center in a Multiple-echelon Supply Chain 中的定冠词和不定冠词均可省去。说明性冗词通常有：Analysis of，Development of，Evaluation of，Experimental，Investigations on，On the，Regarding，Report of (on)，Research on，Review of，Study of (on)，The Nature of，Treatment of，Use of 等。这类词（包括冠词）在题名中通常可以省去，但并不一定要省去。例如，题名【5】～【7】中画线的词或词语就不宜或不能省去。

【5】A Comparative <u>Study of</u> Germination Ecology of Four Papaver Taxa
【6】<u>Determination of</u> Residual Strength Parameters of Jointed Rock Masses Using the GSI System
【7】<u>Prediction of</u> Blast-induced Ground Vibration Using Artificial Neural Network

表达题名时还要注意避免词意上的重叠，如 Zn Element 中的 Element，Traumatic Injuries 中的 Traumatic，at Temperature 100℃中的 Temperature 都是可以省去的，Experimental Research 或 Experimental Study 可直接表达为 Experiment。

在内容层次较多、难以简化的情况下，可以采用主、副题名相结合的方法。例如：

【8】Industrial Engineering and Visualisation—A Product Development Perspective
【9】3D Behaviour of Bolted Rock Joints: Experimental and Numerical Study
【10】Damage-induced Permeability Changes in Granite: A Case Example at the URL in Canada

题名【8】的破折号及【9】、【10】的冒号的前后部分分别为主、副题名。

### 2. 表意直接清楚

题名表意要直接、清楚，以便引起读者的注意，因此应尽可能将表达核心内容的主题词放在题名的开头。例如：在题名 The Effectiveness of Vaccination Against Influenza in Healthy, Working Adults 中，如果作者用关键词 Vaccination 作为题名的开头，读者可能会误认为这是一篇方法性论文，而用 Effectiveness 作为题名的第一个主题词，就直接指明了研究的主题；而在题名 Improved Method for Hilbert Instantaneous Frequency Estimation 中，用 Method 作为题名的第一个主题词，就直接指明了这是一篇方法性论文。

模糊不清的题名往往给读者和索引工作带来麻烦和不便。例如：

【11】Hybrid Wavelet Packet-Teager Energy Operator Analysis and Its Application for Gearbox Fault Diagnosis

【12】A Complication of Translumbar Aortography

此两题名中的 Its 和 Complication 表意不明确。另外，为确保题名的含义准确，应尽量避免使用非定量的、含义不明的词（如 new, rapid, good 等），并力求用词具有专指性。例如，【13】题名中 New 是指作者新提出的，还是别人已有的，表意就不大明确。

【13】New Hydraulic Actuator's Position Servocontrol Strategy

### 3. 句法结构正确

题名常由名词性短语构成，基本上由一个或若干名词加上前置和（或）后置修饰语构成，其中动词多以分词或动名词的形式出现。例如：

【14】Particle Distribution in Centrifugal Accelerating Fields

【15】Ambient Temperature and Free Stream Turbulence Effects on the Thermal Transient Anemometer

由于陈述句易使题名具有判断式的语意，通常显得不够简洁和醒目，重点也不够突出，况且题名主要应起标示作用，因此题名一般不宜用陈述句。但有时题名可用陈述句，少数情况下还可用疑问句，尤其在评论性、综述性和驳斥性论文的题名中，使用探讨性的疑问句型可以有探讨性语气，使题名表达显得较为生动，容易引起读者的兴趣。例如，【16】为陈述句，【17】为疑问句，【18】的副题名也为疑问句。

【16】Sorghum Roots are Inefficient in Uptake of EDTA-chelated Lead

【17】Can Agricultural Mechanization be Realized without Petroleum?

【18】A Race for Survival: Can Bromus Tectorum Seeds Escape Pyrenophora Semeniperda-caused Mortality by Germinating Quickly?

由于题名比句子简短，而且不必主语、谓语、宾语齐全，因此题名中词的顺序变得尤为重要，词序不当会导致表达不准确甚至错误。一般来说，表达题名时应首先确定好最能够反映论文核心内容的主题词（中心词），再进行前后修饰来扩展，修饰语与相应的主题词应紧密相邻。例如：

【19】Cars Blamed for Pollution by Scientists

【19】题名想表达的本意是"科学家将污染归罪于汽车"，但由于词序不当而表达成了"科学家造成的污染归罪于汽车"。应改为：Cars Blamed by Scientists for Pollution。

【20】Neutrons Caused Chain Reaction of Uranium Nuclei

【20】题名为陈述句，若改为短语 Chain Reaction of Uranium Nuclei Caused by Neutrons，表达效果会更自然、恰当。

【21】Multi-scale and Multi-phase Nanocomposite Ceramic Tools and Cutting Performance

【21】题名中第二个连词 and 的前面部分的中心词是 Tools，Tools 前面的 Multi-scale and Multi-phase Nanocomposite Ceramic 是它的修饰语，而后面部分的表意是 Tools 的 Cutting Performance，由 and 连接明显不妥当。很明显，and 的前面部分对 Tools 的什么进行研究并没有交代，应该补出必要的词语。如果论文的主题就是"切削性能"，则可以改为：Cutting Performance of Multi-scale and Multi-phase Nanocomposite Ceramic Tools。

【22】Numerical Simulation by Computational Fluid Dynamics and Experimental Study on Stirred Bioreactor with Punched Impeller

按论文内容，先介绍的是有关"实验装置和方法"的内容，因此【22】题名中连词 and 前后部分的顺序不妥。可改为：Experiment on Stirred Bioreactor with

Punched Impeller and Numerical Simulation by Computational Fluid Dynamics。

悬垂分词(如 using, causing 等)在题名中十分常见,因为其潜在的主语是"人"(研究者)而不是"物"(研究对象),使用时容易出错,因此使用悬垂分词时应十分小心。例如:

【23】Nanoscale Cutting of Monocrystalline Silicon Using Molecular Dynamics Simulation

【23】题名容易误解为"单晶硅使用了分子动态模拟"。可改为:Using Molecular Dynamics Simulation in Nanoscale Cutting of Monocrystalline Silicon。

【24】New Scaling Method for Compressor Maps Using Average Infinitesimal Stage

【24】题名存在的问题同上句。可改为:Using Average Infinitesimal Stage in Scaling Method for Compressor Maps。

4. 介词正确使用

题名中常见的介词有 with、of、for、in 等,如果不加区分就容易出错。题名中常使用名词做修饰语,如"放射性物质运输"(radioactive material transport),"多区域移动网格算法"(multizone moving mesh algorithm)等,但有些情况下,汉语中起修饰作用的名词译成英语时,用对应的名词直接做前置修饰语就不合适。例如,当名词做修饰语来修饰另一个名词时,如果前者是后者的一部分或所具有的性质、特点,在英语中则需要用前置词 with 加名词的"with + 名词"短语放在所修饰的名词之后来修饰。例如:"具有中国特色的新型机器"不能译为 Chinese Characteristics New Types of Machines,而应译为 New Types of Machines with Chinese Characteristics;"异形截面工作轮"不能译为 Noncircular Section Rolling Wheel,而应译为 Rolling Wheel with Noncircular Section 或 Rolling Wheel with Special Shaped Section。

题名中常使用"定语+的+中心语"的结构,此处"的"在英文中有两个相应的前置词 of、for,其中 of 主要表示所有关系,for 主要表示目的、用途等。题名中还常使用 in 表示位置、包含关系。例如:

【25】Nonlinear Estimation Methods for Autonomous Tracked Vehicle with Slip

此题名中所指的方法 Nonlinear Estimation Methods 用于车辆 Autonomous Tracked Vehicle,表示方法的用途或使用场合,所以其间用 for 而不用 of。

5. 字母大小写正确

题名中字母的大小写主要有全部字母大写、实词首字母大写、第一个词首字母大写(其余小写，特殊词除外)等形式。例如：

【26】WEB SERVICES BASED COLLABORATIVE DESIGN MODEL OF GRAPHICS CAD SYSTEMS ON INTERNET

【27】Web Services Based Collaborative Design Model of Graphics CAD Systems on Internet

【28】Web services based collaborative design model of graphics CAD systems on Internet

目前第二种形式用得最多，而第三种形式也有增多的趋势。作者应遵循相应出版物的规定和习惯，对于专有名词首字母、首字母缩略词、德语名词首字母、句点后单词的首字母均应大写，而且第一个词应尽量避免使用首字母以"位次"开始的化学名称(如 α-Toluene，其中的 α 表示位次)或以其他类似前缀开始的单词。

### 5.1.4 缩略语正确使用

题名中应慎重使用缩略语，尤其对于可以有多个解释的缩略语更应严格加以限制，必要时应在其后括号中注明其中文名称(在中文题名中)或英文名称(在英文题名中)。只有对那些全称较长、已得到科技界或本行业公认的缩略语才可直接使用，这种使用还应受到相应读者群的制约，而且有的缩略语直接用在英文题名中是可以的，但直接用在中文题名中不恰当。例如：DNA(Deoxyribonucleic Acid，脱氧核糖核酸)、AIDS(Acquired Immune Deficiency Syndrome，获得性免疫缺陷综合征，简称艾滋病)等已为科技界公认和熟悉，可用在各类科技论文的题名中；CT(Computerized Tomography，计算机体层成像或计算机断层扫描)、NMR(Nuclear Magnetic Resonance，核磁共振)等已为医学界公认和熟悉，可用在医学类论文的题名中；BWR(Boiling Water Reactor，沸水反应堆)、PWR(Pressurized Water Reactor，压水反应堆)等已为核电学界公认和熟悉，可用在核电类论文的题名中。

### 5.1.5 页眉

为方便读者阅读，不少期刊发表的论文还提供页眉(眉题)。页眉通常由主要作者姓名和论文题名构成，或只由论文题名构成，排在论文部分页面(单页码，或双页码，或除首页外的单、双页码)的最上方。例如："余锋杰等：飞机自动化对接中装配准确度的小样本分析"；"常用营养风险筛查工具的评价与比较"。注意：中文论文的页眉一般排为中文，页眉的论文题名部分与论文题名一般相同，如果将页眉排为英文，由于受版面的限制，英文页眉中的论文题名部分可以由英文题名缩减而成。例如：题名 Constructing Maximum Entropy Language Models for Movie Review Subjectivity Analysis 可缩减为 Max Ent Models for Subjectivity Analysis；题名 Differential Responses of Lichen Symbionts to Enhanced Nitrogen and Phosphorus Availability：An Experiment with Cladina stellaris 可缩减为 Effect of Nutrients on the Growth of Lichen Symbionts。

### 5.1.6 系列题名

系列题名指主题名相同但论文编号和副题名不同的系列论文的题名，如"轴流压气机转子尖部三维复杂流动Ⅰ——实验和理论研究"和"轴流压气机转子尖部三维复杂流动Ⅱ——数值模拟研究"。

这种题名有以下问题，一般不宜采用：主题名重复，系列论文的内容重复部分（如引言）较多；仅阅读其中某篇（或部分）论文难以了解内容全貌；系列论文中某篇（些）论文不能被同一出版物发表时，有失连贯性。对读者来说，每篇论文都宜展示相对独立的内容，因此作者应尽可能将系列内容合并写成一篇论文，单独发表，或分别独立成文，分别发表。

### 5.1.7 中英文题名内容一致性

对于同一论文，中、英文题名在内容上应该一致，否则就会出现中文题名指这回事，而英文题名指另一回事的现象。这里只是说内容上的一致，并不强求中、英文词语一一对应（要意译，不宜直译）。在很多情况下，个别非实质性的字、词是可以省略或变动的。例如：

【1】莱州花岗岩应变岩爆实验声发射频谱特征分析
Experimental Research on Acoustic Emission Spectral Characteristics of Granite Strainbursts from Laizhou

【1】英文题名的直译中文是"莱州花岗岩应变岩爆声发射光谱特征实验研究"，与中文题名"莱州花岗岩应变岩爆实验声发射频谱特征分析"相比较，二者用词虽有差别，但在内容上是一致的。

【2】基于金字塔模型的粒子群优化算法及其在卫星舱布局设计中的应用
Particle Swarm Optimization Based on Pyramid Model for Satellite Module Layout

【2】中文题名是一个并列结构（算法+应用），而英文题名是一个加有后置修

饰语(based on…)的名词短语(…optimization)，内容上不一致。若将中文题名改为"求解卫星舱布局的基于金字塔模型的粒子群优化算法"，则它的中英文题名在内容上就一致了。

## 5.2 摘　　要

摘要(abstract)要单独占一页。虽然摘要在论文的前面，但一般都最后写。稿件主体部分写成后，摘要就容易写了。摘要就是论文的简本，浓缩了论文最重要的部分，能让审稿人或读者在不读全文的情况下了解作者的科研结果，来判断是否阅读全文及是否接收或引用该篇论文。因此，一篇论文的主要内容，如课题背景、要解决的问题、实验设计、关键结果和结论都应包括在摘要中。期刊对摘要字数一般都有严格要求，100~200个单词不等，目的是言简意赅。一般都是稿件主体部分写成后，才来写摘要。摘要中会有结论性一小句话，但要避免和结论中的句子重复。

摘要(概要或内容提要)的定义为："以提供文献内容梗概为目的，不加评论和补充解释，简明、确切地记述文献重要内容的短文。"摘要具有独立性和自明性，能充分反映研究的创新点，拥有与论文同等的主要信息，即不阅读全文就能获得必要的信息。摘要表达要简洁明了，内容要充分概括，篇幅要合适(过长或过短均不合适)，字(词)数一般不宜超过论文字(词)数的5%。例如：对于6000个字(相当于3000个单词)的论文，其摘要一般不宜超过300个字(150个单词)。国内、外科技期刊对摘要的写作要求很高，既要求简洁精练，又要求包含主要内容。随着学科专业的细分，编辑不大可能了解每个专业，也不大可能就摘要中关于专业知识方面的论述进行很好的修改。因此，作者是写好摘要的关键人物，必须掌握摘要的写作要领，编辑当然有责任帮助和指导作者写好摘要。

### 5.2.1　摘要的特点

摘要有以下基本特点：①通常为一段(也可为多段)，行文统一、连贯、简明、独立；②可顺序体现论文的目的、方法、结果、结论、建议和创新点等；③各部分间的联系和转换在逻辑上非常严谨；④可很好地总结论文全文，无须添加论文涉及范围以外的新信息；⑤可被更加广泛的读者理解；⑥英文摘要多用被动语态，以弱化作者，强化信息；⑦格式体例较为规范，一般不出现图表、引文序号、式子及非公知公用的符号和术语。

### 5.2.2　摘要的作用

摘要是论文的精华部分，从某种程度上讲，摘要比论文更为重要，因为它有可能决定研究成果能否为科技界所承认。摘要的作用主要有以下几个方面。

(1) 作为整篇论文的前序，为读者提供研究所要解决的问题，采用的方法，得到的结果、结论，以及创新点的简短概括，让读者尽可能快速地了解论文的主要内容。读者通常先阅读摘要，然后判断是否值得花费时间下载、阅读全文，以弥补只阅读题名的不足。现代科技文献信息浩如烟海，摘要担负着吸引读者和介绍论文主要内容的重要任务。

(2) 作为检索期刊和检索系统中几乎独立的短文，是检索的重点内容，无须查阅全文就可以被参考，能为科技文献检索数据库的建设和维护提供方便。网上查询、检索和下载专业文档和数据已成为当前科技信息搜索、查询的重要手段，网上各类全文数据库、摘要数据库越来越显示出现代社会信息交流的水平和发展趋势。

(3) 作为检索文献的重要工具，论文发表后检索期刊或各类数据库对高质量的摘要可不做修改或稍做修改就可直接利用，从而避免他人编写摘要可能产生的误解、欠缺甚至错误，因此摘要写作质量的高低直接影响论文的检索率和被引频次。好的摘要对出版物和论文增加检索和引用机会、吸引读者、扩大影响起着不可忽视的作用。

(4) 英文摘要更有特殊意义和作用，是国际界知识传播、学术交流与合作的桥梁和媒介。尤其是目前国际上各主要检索系统(如 SCI、EI 等)的数据库对摘要写作质量的要求很高，英文摘要的质量已成为国际检索系统收录论文的基本标准。

(5) 摘要还有其他作用，如图书馆采购人员通过摘要对期刊或系列读物内容得出一个总体判断，一些组织或会议的网站、报纸等为其会员提供有关文章的摘要。

摘要的这些作用，均要求它对论文所报道或描述的科研成果进行准确可靠的描述、归纳、提炼和总结。论文发表的最终目的是要被别人参考，如果摘要写得不好，论文被下载、收录、阅读、引用的机会就会减少甚至丧失。

### 5.2.3 摘要的基本结构及内容

摘要本质上是一篇高度浓缩的论文，其基本结构与论文的 IMRAD 结构是对应的。摘要主要包括以下内容的概括。

(1) 目的——研究工作的前提、目的、任务及所涉及的主题范围。

(2) 方法——所用的理论、技术、材料、手段、设备、算法、程序等。

(3) 结果——观测、实验的结果和数据，得到的效果、性能和结论。

(4) 讨论——结果的分析、比较、评价和应用，提出的问题、观点、理论等。假设、启发、建议、预测及今后的课题等内容也应列入此部分。

(5) 其他——创新点，或不属于研究、研制和调查的主要目的却具有重要信息价值的其他内容。

对于不同的摘要类型，以上要素的内容各有侧重，一般地说，报道性摘要中以上要素相对详细，而指示性摘要中以上要素相对简单，有的甚至不用写进来，或根本没有。

### 5.2.4 摘要的基本类型

按内容的不同，摘要可分为报道性摘要、指示性摘要和报道-指示性摘要三类。

1. 报道性摘要

报道性摘要(informative abstract)也称信息性摘要或资料性摘要，用来全面、简要地概括和反映研究目的、方法及主要结果(数据)和结论，向读者提供尽可能多的定性或定量信息，充分反映研究的创新点。这种摘要相当于简介，不但包含研究目的、方法，还为读者提供研究结果、结论和建议，通常可以部分地取代阅读全文。科技论文如果没有创新的内容以及经得起检验的与众不同的方法或结论，是不大可能引起读者的阅读兴趣的。因此学术期刊或会议文集中的文章以及各种专题技术报告应优先选用报道性摘要，用较多的篇幅向读者介绍论文的主要内容。

报道性摘要分为传统型(或非结构式)摘要和结构式摘要两类。无论哪种摘要都应包含以下几个基本要素：①主题(main topic)；②目的(purpose)；③方法(methods)；④材料(materials)；⑤结果(results)；⑥结论(conclusions)。传统型摘要中，上述要素以一定的逻辑关系连续写出，不分段或以明显的标识加以区分。比较而言，这种摘要的段落不够分明，给审稿、编辑、阅读及计算机检索带来诸多不便。结构式摘要中，上述要素分段或以一定的标识加以区分，段落清晰、明了，便于审稿、编辑、阅读及计算机检索。

传统型摘要示例如下。

【1】
　　国家部署在青藏高原等复杂艰险山区的重大工程面临着全球最为复杂的工程地质条件。受深部环境和工程扰动影响，复杂艰险山区深埋隧道围岩失稳灾变问题凸显；符合深部特征的围岩灾变分析研究，既是深埋长隧安全建设的重大现实需求，也是提升特殊地质条件下深部工程开发能力的关键。为此，以深部围岩灾变分析为核心，从深部围岩孕灾的原位地质环境与工程扰动效应入手，重点开展深部围岩质量分级、大变形判识和岩爆孕灾等方面的理论方法研究与思考。首先，概述了复杂艰险山区深部围岩孕灾的原位地质环境特征，并从试验模拟和理论分析两个层次揭示了深部围岩孕灾的工程扰动效应；进一步地，以修正的 BQ 法为基础，发展了可综合反映地应力、地温和地下水影响的围岩

质量分级方法,初步应用于复杂艰险山区深部多场耦合环境下的隧道围岩分级修正研究;最后,针对深埋隧道围岩灾变的两种典型显现形式(大变形与岩爆),提出隧道围岩大变形分级多因素分步评估方法,以及深部围岩岩爆综合预测研究思路和预测模型与方法。相关研究成果和学术思想可为复杂艰险山区深埋隧道围岩灾变分析与稳定性研究提供借鉴与参考。

【2】

Scientists have attempted to investigate deep underground rock failure. A key challenge to study underground rock failure is the difficulty to survey its process. Therefore, a large number of important and insightful laboratory investigations of underground rock failure experiments are conducted. In this paper, an experimental method is proposed to explore dynamic failure process of pre-stressed rock specimen with a circular hole. The failure process of a rock specimen under different initial static stress coupled with dynamic loading is clearly illustrated by a high speed camera. The experimental results indicated that high static pre-stress coupled with dynamic loading induces rock debris to be ejected at the surrounding circular hole; however, lower static pre-stress coupled dynamic loading cannot induce rock failure. The dynamic stress concentration surrounding the circular hole by transient wave incidence was further demonstrated at the condition of half-sine wave loading. In this condition, the results demonstrated that combined action of static and dynamic stress concentrations induces the primary fractures of rock specimen.

按包含上述要素的多少,又可将结构式摘要分为全结构式和半结构式两类。全结构式摘要包含全部应有的要素。1974年,加拿大麦克马斯特大学医学中心的Dr. R. Brian Haynes 首先提出建立临床研究论文的结构式摘要,在 Dr. Edward J. Huth 的倡导下,美国《内科学记事》(*Annuals of Internal Medicine*)在国际上率先采用了这种摘要。Haynes 提出的全结构式摘要包含八个要素:①目的(objective)——说明要解决的问题;②设计(design)——说明研究的基本设计,包括研究的性质;③地点(setting)——说明研究的地点和研究机构的等级;④对象(patients, participants, subjects)——说明参加并完成研究的患者或受试者的性质、数量及挑选方法;⑤处理(interventions)——说明确切的治疗或处理方法;⑥主要测定项目(main outcome measures)——说明为评定研究结果而进行的主要测定项目;⑦结果(results)——说明主要的客观结果;⑧结论(conclusions)——说明主要的结论,包括直接临床应用意义。

结构式摘要的观点更明确,信息更多,差错更少,同时也更符合计算机数据库的建设和使用要求,但缺点也很明显,即烦琐、重复、篇幅过长,而且不是所有研究内容都能按以上八个要素分类。于是，更多的科技期刊扬长避短，采用半结构式摘要。半结构式摘要也称为四要素摘要，包括目的(objective, purpose, aim)、方法(methods)、结果(results)和结论(conclusions)。

结构式摘要示例如下。

【3】

目的：调查北京大医院住院患者营养风险、营养不足、超重和肥胖发生率及营养支持应用情况。

方法：对2005年3月—2006年3月北京3家大医院6个科室的住院患者进行调查，营养风险筛查2002(NRS2002)≥3为有营养风险，体重指数(BMI)＜18.5kg/m²(或白蛋白＜30g/L)为营养不足。在患者入院次日早晨进行NRS2002筛查，并调查2周内(或至出院时)的营养支持状况，分析营养风险和营养支持之间的关系。

结果：共有1127例住院患者入选，其中971例(86.2%)完成NRS2002筛查。营养不足和营养风险的发生率分别为8.5%和22.9%。如果将不能获得BMI值的患者排除，则两者的发生率分别为7.6%和20.1%。在258例有营养风险的患者中，有93例(36.0%)接受了营养支持；在无营养风险的869例患者中，有122例(14.0%)接受了营养支持。所有患者肠外和肠内营养的应用比例为5.6∶1。

结论：北京大医院中有相当数量的住院患者存在营养风险或营养不足，肠外和肠内营养应用存在不合理性，应推广和应用基于证据的肠外肠内营养指南以改善此状况。

【4】

Background and aims Mycorrhizal fungi play a vital role in providing a carbon subsidy to support the germination and establishment of orchids from tiny seeds, but their roles in adult orchids have not been adequately characterized. Recent evidence that carbon is supplied by Goodyera repensto its fungal partner in return for nitrogen has established the mutualistic nature of the symbiosis in this orchid. In this paper the role of the fungus in the capture and transfer of inorganic phosphorus (P) to the orchid is unequivocally demonstrated for the first time.

Methods Mycorrhiza-mediated uptake of phosphorus in G. repenswas investigated using spatially separated, two-dimensional agar-based microcosms.

Result External mycelium growing from this green orchid is shown to be effective in assimilating and transporting the radiotracer 33P orthophosphate into the plant. After 7 d of exposure, over 10% of the P supplied was transported over a diffusion barrier by the fungus and to the plants, more than half of this to the shoots.

> Conclusions Goodyera repenscan obtain significant amounts of P from its mycorrhizal partner. These results provide further support for the view that mycorrhizal associations in some adult green orchids are mutualistic.

采用何种摘要形式需要根据各出版物的具体要求而定，目前国内不少科技期刊正从非结构式摘要向半结构式摘要过渡。

2. 指示性摘要

指示性摘要(indicative abstract)也称说明性摘要、描述性摘要或论点摘要，一般只用两三句话概括论文的主题，而不涉及论据和结论，多用于综述性文献、研究简报、会议报告、图书介绍等。此类摘要既可以包含也可以不包含研究目的和方法，但不用提供研究结果、结论和建议等，篇幅比报道性摘要短得多，读者只有阅读全文才能对研究的主要内容有一个轮廓性的、大致的了解，才能得知具体的结果和结论。此类摘要可用于帮助潜在的读者来决定是否有必要阅读全文，适用于创新内容较少的论文。

指示性摘要示例如下。

> 【5】
> 给出了可重构制造系统(RMS)的定义，分析了 RMS 与刚性制造系统(DMS)、柔性制造系统(FMS)的区别。建立了 RMS 的组成、分类和理论体系框图，将 RMS 基础理论概括为系统随机建模、布局规划与优化、构件集成整合、构形原理、可诊断性测度和经济可承受性评估 6 个方面，并提出了 RMS 的使能技术。
>
> 【6】
> Recent developments in the methodology of large-eddy simulation applied to turbulent, reacting flows are reviewed, with specific emphasis on mixture-fraction-based approaches to nonpremixed reactions. Some typical results are presented, and the potential use of the methodology in application and the future outlook are discussed.

3. 报道-指示性摘要

报道-指示性摘要(informative-indicative abstract)是以报道性摘要的形式表述论文中价值较高的那部分内容，以指示性摘要的形式表述其余部分，篇幅通常介于报道性摘要和指示性摘要之间。

报道-指示性摘要示例如下。

【7】

二次调节液压混合动力车辆通过保证发动机工作于高效区以及回收和再利用制动能来提高车辆的燃油经济性。相对于电动技术，二次调节静液传动技术具有功率密度大和全充全放能力强的优点，但是较低的能量密度需要功率匹配和特殊控制策略来实现动力元件的最优工作方式。提出多目标优化方法识别液压混合动力车辆关键元件参数的最优解位置，设计液压再生制动策略和能量利用策略来回收和再利用车辆的制动动能。研究结果表明，关键元件的参数匹配和提出的控制策略能有效地提高车辆在城市工况下的系统效率和燃油经济性。

【8】

The aim of the paper is to present the results of investigations conducted on the free surface flow in a Pelton turbine model bucket. Unsteady numerical simulations, based on the two-phase homogeneous model, are performed together with wall pressure measurements and flow visualizations. The results obtained allow defining five distinct zones in the bucket from the flow patterns and the pressure signal shapes. The flow patterns in the buckets are analyzed from the results. An investigation of the momentum transfer between the water particles and the bucket is performed, showing the regions of the bucket surface that contribute the most to the torque. The study is also conducted for the backside of the bucket, evidencing a probable Coanda interaction between the bucket cutout area and the water jet.

以上三种摘要类型可供作者选用，一般地说，学术论文应选用报道性摘要或报道-指示性摘要，创新内容较少或没有创新的论文可选用指示性摘要。一篇论文价值很高，创新内容很多，若写成指示性摘要，就可能会减少展现论文学术价值的机会，进而失去较多的读者。在这种情况下，编辑在通知作者修改论文时应提醒作者进行必要的修改。

### 5.2.5 摘要规范表达一般原则

一般地，摘要规范表达有以下几方面原则。

(1)摘要的篇幅应尽量简短。摘要中应排除本学科领域中已成为常识的内容，研究背景信息的表达应尽可能简洁而概括，切忌把应在前言中出现的篇幅较长的内容写入摘要，而且不得有对论文的正文进行补充和修改的内容，一般也不要对论文内容作诠释和评论，尤其作者不要进行自我评价。

(2)摘要的内容在正文中必须出现过，而且不宜简单地重复题名信息。例如，某论文的题名是"汽车碰撞仿真研究中点焊连接关系的有限元模拟"，其摘要的开头就不宜写成"为了……，对汽车碰撞仿真研究中点焊连接关系的有限元模拟进行了研究"。

(3)摘要应达到结构严谨、表达简明和语义确切。摘要是一篇完整的短文，其各部分要按逻辑顺序来安排，句子间要上下连贯、互相呼应。摘要的每一语句都要表意明白，无空泛、笼统、含混之词。

(4)中文摘要多用第三人称来写。建议采用"对……进行了研究""报告了……现状""进行了……调查"等记述方法表明一次文献的性质和主题，不必用"本文""作者""我们""笔者""本研究""本课题""本课题组"等做主语，也不要出现"本文中""文中""这里"等状语。

(5)摘要中要使用公知公用的规范的术语和符号。新术语或尚无合适汉语术语的词语，可用原文或译出后加括号注明原文。摘要中的缩略语、简称、代号等，除了相关专业的读者能清楚理解的，在首次出现时还应先写出其全称。

(6)除特别需要外，摘要中一般不要使用数学式和化学式，不要出现插图、表格，不要列举例证，不要详细讲述研究或工作过程。

(7)摘要中一般不要出现引文，但对于证实或否定了他人已发表成果的特别文献，可以在摘要中加以引用，涉及他人的研究成果时，应尽量列出其主要责任者的姓名。

(8)摘要中应正确使用语言文字和标点符号，还要正确使用量和单位，句子表达应力求简单，要慎用长句，句子成分要搭配。

(9)除非确实是事实，摘要中不宜出现言过其实的不严谨的词句，如"本文涉及的研究工作是对过去……方面研究的补充(改进、发展、验证)""本文首次提出了……""本工作首次实现了……""经检索尚未发现与本文类似的研究"等。

### 5.2.6 英文摘要规范表达

中文摘要规范表达的基本原则适于英文摘要，但因为英文表达有其自己的特点、方式及习惯，英文摘要与中文摘要在表达上还是有较大差异的。

1. 英文摘要的时态

英文摘要时态的运用应以简练为佳，常用一般现在时、一般过去时，少用现在完成时、过去完成时，基本不用进行时和其他复合时态。

一般现在时用于说明研究目的、叙述研究内容、描述研究结果、得出研究结论、提出建议或进行讨论等。例如："In order to study the rigidity coefficient …, the stress and strain model is concluded." "As a result, all of the mechanical properties, microstructure and the dimension accuracy satisfy the technical requirement." "The result shows(reveals) …" "It is found that …" "The conclusions are …" "It is suggested that…" "The experimental results confirm that …" 涉及公认事实、自然

规律、永恒真理等时，用一般现在时。

一般过去时用于叙述过去某一时刻（时段）的发现、某一研究过程（如实验、观测、调查、医疗等过程）。例如："The algorithms were developed with Visual C++, and the correctness of these algorithms was verified through examples test." "The heat pulse technique was applied to study the stemstaflow of two main deciduous broadleaved tree species in July and August, 1996."需要指出的是，用一般过去时描述的一定范围内的发现、现象往往是尚不能确认为自然规律、永恒真理的，而只是当时的现象、结果等，所描述的研究过程也明显带有过去时间的痕迹。

完成时应尽量少用或不用，但不是不可以用。现在完成时把过去发生的或已完成的事情与现在联系起来，表示过程的延续性，强调过去发生的某事件（或过程）对现实所产生的影响，而过去完成时用来表示过去某一时间以前已经完成的事情，或在一个过去事情完成之前就已完成的另一过去行为。例如："However, subsequent research reports have not been presented." "Man has not yet learned to store the solar energy." "The fact is that after the experiments had been repeated like Table 3 for different values of d, we obtained the same conclusion, that the deviation of the value of k is very small."

英文摘要语句表达究竟采用何种时态应视情况而定，应力求表达自然、妥当，大致应遵循以下原则。

(1) 介绍背景资料，句子的内容若为不受时间影响的普遍事实，宜使用现在时，若是对某种研究趋势的概述，则使用现在完成时。

(2) 叙述研究目的或主要研究活动，若采用"论文导向"，则多使用现在时，如"This paper presents…""This paper investigates…""This paper is to…"；若采用"研究导向"，则使用过去时，如"This study presented…""This study investigated…""This study was to…"。

(3) 概述实验程序、方法和主要结果，常用现在时。例如："The result shows…""Our results indicate…""We describe…""Extensive experiments show…"。

(4) 叙述结论或建议，可使用现在时，或使用臆测动词或 may、should、could 等助动词。

2. 英文摘要的语态

英文摘要语句表达采用何种语态，既要考虑摘要的特点，又要满足表达的需要。摘要很短时，尽量不要随便混用语态，更不要在一个句子里混用语态。英文科技论文中被动语态的使用在 20 世纪 20～70 年代曾经比较流行。现在仍有不少科技期刊强调或要求摘要中的谓语采用被动语态，理由是科技论文主要用来说明事实经过，至于事情是谁所为，无须一一证明。事实上，指示性摘要中，为强调动作承受者，采用被动语态为好；报道性摘要中，即使有些情况下动作承受者是无关紧要的，也需要用强调的事物做主语。例如："In this case, a greater accuracy in measuring distance might be obtained."

现在也有不少科技期刊越来越多地主张摘要中的谓语尽量采用主动语态，理由是主动语态的表达更为准确、自然，更易阅读。因而目前很多科技期刊提倡使用主动语态，国际知名科技期刊 Nature（自然），Science（科学），Cell（细胞）等尤其如此。例如："The author systematically introduces the history and development of the tissue culture of poplar" 比 "The history and development of the tissue culture of poplar are introduced systematically" 的语感要强，必要时 "The author systematically" 也可以去掉而直接以 "Introduce" 开头。

摘要中的语句也可直接用动词不定式开头。例如："To solve…""To study…""To develop…""To introduce…""To overcome…"等。

3. 英文摘要的人称

过去英文摘要的首句多用第三人称 This paper、This study 等开头，现在倾向于采用更简洁的被动语态或原形动词开头，第一人称的使用也十分普遍。例如："The similarity included in mix machine/process routings of parts in Reconfigurable Manufacturing System（RMS）is analyzed based on similarity science" "To describe…""To study…""To investigate…""To assess…""To determine…""In this paper, we have first designed and implemented wide-use algebra on the presentation level" 等。

4. 英文摘要常用句式

由于摘要的表达要求用词准确、层次清楚，因此掌握一些特定的规范表达方式或常用句式很有必要。摘要的类型不同，写法也就不同，即使写同一内容的摘要，不同人也有不同的写法，但不论何种摘要，其组成部分的表达还是有一些规律可以遵循的。摘要各组成部分的内容不同，常用的表达方式也就不同。

（1）引言部分。回顾研究背景的常用句式有："We review…""We summarize…""We present…""We describe…""This paper outlines…"等。阐明写作或研究目的的常用句式有："We attempt to…""For comparison purposes we present…""With the aim to…, we…""In addition to…, this paper aims to…""To…, we…"等。介绍重点内容或研究范围的常用句式有："Here we study…""This paper includes…""This paper presents…""This paper focuses on…""The focus of this paper is…""We emphasize…""This paper synthesizes…""The main emphasis of this paper is…""The paper lays particular emphasis on…""We draw attention to the problem…"等。

(2) 方法部分。介绍研究或实验过程的常用句式有:"We use… to investigate…" "We present an analysis of…""We tested…""We study…""This paper examines how…""Numerical experiments indicate also…""This paper discusses…""This paper considers…"等。说明研究或实验方法的常用句式有:"We have developed… to estimate…""This study presents estimates of…""We…to measure…""…to be calculated as…"等。介绍应用、用途的常用句式有:"Our program uses…""As an application, we…""We used…""Using…, we show…""We apply…"等。

(3) 结果部分。展示研究结果的常用句式有:"We show…""Our results suggest…""Recent research has shown…""Our results show…""The results we obtained demonstrate…""We present the results of…""We present…"等。介绍结论的常用句式有:"We introduce…""By means of…we conclude…""We give a summary of…"等。

(4) 讨论部分。陈述论点和作者认识、观点的常用句式有:"The results suggest…""In this study, we describe…""We report here that…""We present…""…important findings that explain mechanisms involved in…""We expect…"等。阐明论证的常用句式有:"We showed…""These results demonstrate…""Our conclusions are supported by…""Here we provide evidence from…""Our studies indicate…""We find…""Finally, we demonstrate…""Here we present records of…""We clarify how…"等。推荐和建议的常用句式有:"The authors suggest…""We suggest…""The paper suggests…""We recommend…""We propose…""In this paper, …is proposed which…""I expect that…"等。

**5. 其他注意事项**

英文摘要的规范表达还要注意以下事项。

(1) 表达简洁,一些不必要的词句有时可以直接省略或通过改变句式来省略。例如:"In this paper…""It is reported…""The author discusses…""This paper concerned with…""Extensive investigations show…"等,在表意明确时是可以省略或改变句式的。

(2) 提炼出观点,将创新性内容和技术要点写出来,尽可能采用国际通用标准术语来表达,切不可因为某些内容不好用英文表达就不写要点;简化背景信息陈述,背景信息应只包含新情况、新内容。

(3) 尽量简化一些措辞和表意重复的词语。例如,at a temperature of 250℃ to 300℃ 应改为 at 250-300℃;at a high pressure of 200kPa 应改为 at 200kPa;discussed and studied in detail 应直接表示为 discussed 或 studied。

(4) 避免用长句,长句容易造成语义不清;避免单调和重复;避免连续使用多个形容词、名词，或形容词、名词来修饰名词，可用连字符连接名词词组中的名词，或使用介词短语，形成修饰单元。例如："The chlorine containing high melt index propylene based polymer" 应改为 "The chlorine containing propylene-based polymer of high melt index"。

(5) 注意冠词用法，不要随便省略冠词，尤其要避免漏用定冠词。当定冠词 the 用于表示独一无二的事物、形容词最高级等情况时比较容易掌握，但用于特指时常被漏用，要坚持"当用 the 时，读者能确切知道其所指"的原则。例如："The author designed a new machine. The machine is operated with solar energy." 和 "Molar mass M has long been considered one of the most important factors among various relevant parameters. The parameter Molar mass M was calculated with the following equation." 两句中的 The(the) 均不可省略。现在缩略语越来越多，要注意区分其前面的不定冠词 a 和 an。例如：an X-ray 中的 an 不要写成 a；an SFC 中的 an 不要写成 a。

(6) 避免用阿拉伯数字作首词。例如："Ten algorithms are developed with Visual C++, and the correctness of them is verified through examples test." 中的首词 Ten 不宜写成 10；"More than 20 mathematical models are built in this test." 或 "Over 20 mathematical models are built in this test."，不宜写成 "20 more mathematical models are built in this test."

(7) 避免单复数不分。一些名词的单复数形式不易辨别，容易造成谓语形式出错。例如："The data are shown in Table 2." 中的 are 不要写为 is(data 是复数形式，其单数形式是 datum，很少用)；"Literature does not support the need for removal of all bone and metal fragments." 中的 Literature does 最好不要写成 Literatures do(Literature 指文献时是不可数名词，一般不用复数形式)。

(8) 可用动词的情况下尽量避免用动词的名词形式。例如："Thickness of plastic sheets was measured." 不要写为 "Measurement of thickness of plastic sheet was made."

(9) 组织好句子，使动词尽量靠近主语，而且用重要的事实开头，尽量避免用辅助从句开头。例如：① "When the pigment was dissolved in dioxane, decolorization was irreversible after 10h of irradiation." 不要写为 "The decolorization in solutions of the pigment in dioxane, which were exposed to 10h of irradiation, was no longer irreversible." ② "Power consumption of telephone switching system was determined from data obtained experimentally." 不要写为 "From data obtained experimentally, power consumption of telephone switching system was determined."

(10) 尽量少用特殊字符以及由特殊字符组成的数学式，缩略语首次出现时应给出全称。例如：为了方便，想用 GERT 这个缩略语代替其全称 graphical evaluation and review technique 时，在其首次出现时应该表达为 graphical evaluation and

review technique(GERT)，再次出现时才可直接使用其缩略语 GERT。

### 5.2.7 EI 对英文摘要规范写作的要求

目前，一些作者撰写的摘要通常较为粗糙，离国际交流的要求相距甚远。这一方面是由于作者英文写作水平有限或投入写作的精力不足，另一方面是由于大多数作者对摘要的写作要求和国际惯例不甚了解或不够重视。下面主要介绍《美国工程索引》(*The Engineering Index*，*EI*)对摘要规范写作的要求，供读者参考。

1. 摘要规范写作要求

摘要应该用简洁、明确的语言(一般不超过 150 个英文单词)，将论文的目的(purposes)、主要的研究过程(procedures)、所采用的方法(methods)、得到的主要结果(results)和得出的重要结论(conclusions)表达清楚，如有可能还应该尽量提一句论文结果和结论的应用范围、情况。也就是说，要规范地撰写摘要，作者必须清楚回答以下几个问题：①本文的目的或要解决的问题；②本文解决问题的过程与方法；③本文的主要结果与结论；④本文的创新与独到之处。

2. 摘要各部分规范写作

摘要的写作没有一成不变的格式，但一般来说它是对原始文献不加诠释或评论的准确而简短的概括，并能反映原始文献的主要信息。

(1) 目的或主要解决的问题。这部分主要说明作者写此论文的目的或主要解决的问题。一般来说，一篇规范的摘要，一开头就应把本文的目的或主要解决的问题非常明确地交代清楚，必要时可用论文中所列的最新文献简要地介绍前人的工作，但这种介绍一定要非常简练；不谈或尽量少谈背景信息；避免在第一句话重复使用题目或题目的一部分。

(2) 解决问题的过程与方法。这部分主要说明作者的主要工作过程及所用的方法，也包括众多的边界条件以及使用的主要设备和仪器。过程与方法的阐述在摘要中起着承前启后的作用。开头交代了要解决的问题之后，接着要回答的自然就是如何解决问题，而且最后的结果和结论也往往与研究过程及方法密切相关。大多数作者在阐述过程与方法时，常常是泛泛而谈、空洞无物，只进行定性描述，读者很难清楚了解论文中解决问题的过程和方法。因此，在说明过程与方法时，应结合论文中的数学式、实验框图等内容来进行阐述，这样既可给读者一个清晰的思路，又可给读者一种可信的感觉。

(3) 主要结果与结论。这部分代表着论文的主要成就和贡献，论文有无价值以及是否值得阅读主要取决于作者所获得的结果和所得出的结论。因此，在撰写结果和结论部分时，一般要尽量结合实验结果或仿真结果的图、表和曲线等内容来加以说明，使结论部分言之有物，而且有理有据；同时，对读者来说，通过这些图表并结合摘要的介绍，就可以比较清楚地了解论文的结果和结论，论文的结论才有说服力。

(4) 创新与独到之处。这部分要点出论文的创新和独到之处，如有可能，在结尾部分还可将论文的结果与他人最新的研究结果进行比较，以突出论文的主要贡献及创新、独到之处。

### 3. 摘要文字效能提高

EI 编辑部非常看重摘要的文字效能，提出了提高这种效能的两个原则：摘要中只谈新的信息；尽量使摘要简洁。总的原则是，应尽量删去摘要中所有多余的词、句。目前，不少中国作者在英文写作方面的能力比较欠缺，所写的摘要离要求相距甚远。有的作者虽然写出了很长的摘要，但文字效能较低，冗余的词、句很多；有的作者写的摘要很短，但也存在多余的词、句。EI 对摘要的写作要求可以概括为以下几个方面。

(1) 摘要的句法要遵守以下一般原则：①尽量使用短句；②描述作者的工作一般使用过去时态（因为工作是在过去做的），但在陈述由这些工作所得出的结论时应该使用现在时态；③一般都应使用主动语态，如 A exceeds B 的表达比 B is exceeded by A 的表达更好。

(2) 摘要篇幅的缩短按以下方法进行：①取消不必要的句子；②简化通用词语的表达；③取消或减少背景信息；④只表述新情况、新内容，过去的研究细节可以取消；⑤不说废话；⑥不写作者的未来计划；⑦尽量简化一些措辞和重复单元；⑧摘要的第一句话要避免与题目重复；⑨不要出现包含诸如 figure ×(Fig. ×)、table ×(Table ×)、reference ×(Ref. ×)之类的表述。

(3) 摘要的文体风格要达到以下要求：①完整、清楚、简明，尽量用简短、词义清楚并为人熟知的词语，多用短句，避免句型单调；②用过去时态叙述作者的工作，一般现在时态叙述作者的结论，多用主动语态代替被动语态；③可用动词的情况下尽量避免用动名词；④不要误用、滥用或随便省略冠词；⑤避免用长系列形容词或名词来修饰名词；⑥不用俚语、外来语表达概念，尽可能使用标准英语；⑦不使用文学描述手法，文辞要淳朴无华；⑧涉及他人的成果时尽量列出其姓名；⑨词语拼写使用英、美拼法均可，但每篇论文须保持一致；⑩对于大众所熟知的缩略语可直接使用，缩略语首次出现时一般应先写出其全称。

## 5.3 关　键　词

关键词(keywords)是为了满足文献标引或计算机检索及国际联机检索工作的

需要，而从论文题名、摘要、层次标题以及正文中选出来的用以反映论文主题概念的关键性词或词组，是科技论文文献检索的标识。关键词应为规范的术语，通常位于摘要之后，3~8个较为合适。早在1963年，美国《化学文摘》(*Chemical Abstracts, CA*)从第58卷起就开始采用计算机编制关键词索引，实现了快速检索文献资料的主题。在科学技术信息迅猛发展的今天，学术界早已约定利用主题词来检索最新发表的论文。发表的论文若不标注关键词，文献检索数据库一般就不会收录此类论文，读者也就不会检索到。一篇论文的关键词选用恰当与否关系到该论文能否被检索及其成果利用率的高低。

### 5.3.1 关键词分类

关键词包括叙词和自由词两类。叙词也称正式主题词或主题词，是指收入专业性词表中，可专门用于标引或检索文献主题概念而从自然语言的主要词汇中挑选出来并经过规范化的词或词组。专业性词表主要有：《医学主题词表》(《MeSH主题词表》, MeSH 为 Medical Subject Headings 的缩写)；《航空航天叙词表》(《NASA叙词表》, NASA 为 National Aeronautics and Space Administration的缩写)；《核科学技术叙词表》(《INIS叙词表》, INIS 为 International Nuclear Information System 的缩写)；《工程与科学词汇叙词表》(《TEST叙词表》, TEST 为 Thesaurus of Engineering and Scientific Terms 的缩写)等。自由词是指反映论文主题中新技术、新学科尚未被主题词表收录的新产生的术语，或在叙词表中找不到即还没有规范化的词或词组。

### 5.3.2 关键词标引

关键词标引是对文献和某些有检索意义的特征(如研究对象、处理方法和实验设备等)进行主题分析，并利用主题词表给出主题检索标识的过程。进行主题分析是为了从内容复杂的文献中通过分析找出构成文献主题的基本要素，准确地标引所需的叙词。标引是检索的前提，没有正确的标引就不可能有正确的检索。科技论文应按叙词的标引方法标引关键词，尽可能将自由词规范为叙词。

1. 基本原则

关键词标引应遵循专指性原则、组配原则和自由词标引原则。

1) 专指性原则

专指性是指一个词只能表达一个主题概念。若在叙词表中能找到与主题概念直接对应的专指性叙词，就不允许选用词表中的上位词或下位词；若在叙词表中找不到与主题概念直接对应的叙词，而词表中的上位词确实与主题概念相符，即可选用该上位词。例如，对于"飞机防火"这一主题概念，在叙词表中可以找到与其相应的专指词"专机防火",那么就应该优先选用"专机防火",而不得选用其上位词"防火"标引,也不得选用"飞机"与"防火"这两个主题词的组配标引。

2) 组配原则

组配是指概念组配,包括交叉组配和方面组配两类。交叉组配指两个或两个以上具有概念交叉关系的叙词所进行的组配,其结果可以表达一个专指概念。例如:"喷气式垂直起落飞机",可用"喷气式飞机"和"垂直起落飞机"这两个泛指概念的词确切地表达叙词表中没有的专指概念;"肾结石"可用"肾疾病"和"结石"这两个叙词表示一个专指概念。方面组配指一个表示事物的叙词和另一个表示事物某个属性或某个方面的叙词进行的组配,其结果可以表达一个专指概念。例如:"信号模拟器稳定性"可用"信号模拟器"与"稳定性"组配,即用事物及其属性来表达专指概念;"彩色显像管荧光屏涂覆",可用"彩色显像管""荧光屏(电子束管)"和"涂覆"三个词组配,即用事物及其状态、工艺过程三个方面的叙词表达一个专指概念。

在组配标引时,要优先考虑交叉组配,然后考虑方面组配。参与组配的叙词必须是与文献主题概念关系最密切、最邻近的叙词,以避免越级组配;组配结果要求所表达的概念要清楚、确切,只能表达一个单一的概念。如果无法用组配方法表达主题概念,可选用最直接的上位词或相关叙词标引。

3) 自由词标引原则

自由词标引是指用叙词以外的词进行标引。在以下几种情况下允许采用这种标引方式:①主题词表中明显漏选的主题概念词;②表达新学科、新理论、新技术、新材料等中新出现的概念;③主题词表中未收录的地区、人物、产品等名称及重要数据名称;④采用组配原则其结果会出现多义的概念。

自由词应尽可能选自其他词或较权威的参考书、工具书,所选用的自由词必须概念明确、简洁精练、实用性强。采用自由词标引后,应及时做好记录,必要时可向叙词表管理部门反映。

2. 标引方法

关键词标引的一般选择方法或步骤如下。

(1) 作者在完成论文写作后,纵观和通阅全文,对论文进行主题分析,弄清论文的主题概念和中心内容。

(2) 尽可能从论文题名、层次标题、摘要及正文的重要段落中选出与主题概念一致的词、词组。

(3) 对选出的词、词组排序,对照叙词表确定这些词的类别,找出哪些可直接作为叙词标引，哪些可通过规范化变为叙词，哪些可组配成专指主题概念词组，哪些需用自由词标引。

例如："可重构制造系统中工件路径网络生成方法"一文的关键词有 6 个，分别为"可重构制造系统、路径网络、自动导引小车、多工艺路线、虚拟制造单元、设备布局"，其中前面两个选自论文题名，后面几个则是从论文层次标题和正文内容中选出的，补充了论文题名所未能表示出的主要内容，加大了论文所涉及概念的表达深度。

### 5.3.3 关键词标引常见问题

关键词标引时，避免主题概念分析和词的组配有误；还要恰当选用自由词，只要是表达主题概念所必需的都可作为自由词标引，并列入关键词，但要注意控制自由词标引的数量。

以下列出科技论文关键词标引上存在的一些共性问题，希望引起作者和编辑的重视。

1) 通用词过多

将无独立检索意义的通用词(泛指词)，如"方法、研究、探讨、分析、报告、思路、措施、发展、理论、途径、策划、建议、创新"等作为关键词，缺乏对论文主题内容的专指性，不能准确概括全文的主题内容。用这样的关键词检索，结果必然将多学科文献中包含这类词的文献汇集到一起，形成一堆杂而乱的无用信息，降低文献的查准率，导致文献的错检。

2) 主题词漏选、叠加

没有选出内容最为合适、数量足够的主题词，或将几个主题词叠加成一个词组当主题词用。不少作者完成论文撰写的主体工作后，要么带着应付的态度随便写几个词作关键词，要么仅局限于从标题或摘要中草率选取若干关键词，导致选取的主题词欠准确、不完整。另外，当有多个同级概念时，并未全部选取，而是轻率地选用它们的上位概念来代替，或者干脆将几个主题词叠加成一个词组来做关键词，这些情况都是应该避免的。

3) 词性不当

将名词、术语或名词性词组以外的词或词组作关键词。有的作者错误地将虚词，动词、形容词、副词等实词，或一些偏正结构的词组作关键词，导致检索信息的混乱，失去了关键词应有的标引和检索作用。关键词应该是自行独立的，一般不应带有修饰词，也不宜用"和、与、而"之类的连词将几个关键词联结在一起所形成的词组作关键词。另外，一般不宜用人名作关键词，但重要人物除外，如马克思、毛泽东、邓小平等，但人名作关键词不要带官职。

4) 排序不当

未按一定的规则、顺序排列关键词,未将词与词之间的逻辑关系反映出来,没有清楚明晰、层层深入地反映论文主题,造成层次不清、逻辑混乱以及对论文主题的误解。有的作者标引关键词的顺序相当随意,要么简单地以其在标题或正文中出现的先后顺序而定,要么凌乱堆砌,任意排序,使关键词的逻辑组合不能有效地揭示论文的主题,影响文献的检索。

5) 深度不合适

没有把握好关键词的深度,关键词标引的数量不太合适。有的作者不了解标引深度对文献检索的影响,在关键词数量的选取上不加斟酌,要么过多,要么过少。过多时,标引深度虽然很高,但会增加一些不必要的"噪声";过少时,标引深度过浅,检索时会造成有用信息的遗漏,难以全面反映论文的主题内容。

6) 缩略词随意使用

随意使用非公知公用或自定义缩略词作关键词,造成阅读、理解困难。作者对专业通常比较熟悉,但使用缩略词时一般不大注意给出其全称(包括中英文名称),而是直接使用缩略词作关键词。关键词一般应是学术界或学科、专业内知、公用的词语或专业术语。新产生的术语,应写完整而不宜简化,对非公知公用的俗称、简称尽量少用,有确切术语、称谓的就不宜俗称、代称,对自定义、自行简化的简称、缩略词应坚决不用。使用关键词全称时,为突出其简称或缩略形式,可在全称后面加括号,再在括号内给出其简称或缩略形式。

7) 自由新词使用不当

随意使用一些新出现的、还未列入主题词表的自由词作关键词。新的名词、术语不断出现,通常不大可能被及时收录、更新到现有主题词表中,作者选用一些使用频度高的、为大众或专业人士广泛使用的作关键词,是非常必要的,也是时代进步的需要,这样就需要作者进行甄别,选出合适的词来。使用新的自由词时应看其是否符合下列条件:具有独立的检索意义;促进新的学科、技术发展;被国内外文献检索系统接纳;与国际知名刊物特别是知名检索刊物对关键词的选用相接轨。

在科技信息迅猛发展的互联网和大数据时代,如何从浩如烟海的文献中快速、准确、便捷地查找相关领域的研究现状及最新成果,科技论文中的关键词无疑起着举足轻重的作用。因此,科技论文是否录入关键词或关键词的标引是否恰当,直接关系到知名数据库的收录和论文被检索的概率,影响查全率、查准率以及该研究成果的被利用率和有效传播。关键词的正确标引对提高期刊被引频次和影响因子有重要意义,应引起足够重视。

## 5.4 引　　言

　　引言(introduction)部分要对论文研究的领域做一简要介绍,要涉及研究的意义,现在的问题在哪里,是如何去解决问题的。一般先从大面上说起,然后再转到研究的课题,再阐明现在的问题是什么,以及如何去研究这个问题的。这些一般都是比较简要的描述,详细的探讨通常放在讨论部分进行。引言要写的内容一般有如下几点。

　　(1)研究的理由、目的和背景。包括:问题的提出,研究对象及其基本特征,前人对这一问题做了哪些工作,存在哪些不足;希望解决什么问题,该问题的解决有什么作用和意义;研究工作的背景是什么。要回答的问题比较多,只能采取简述的方式,通常用一两句话即把某一个问题交代清楚。

　　(2)理论依据、实验基础和研究方法。如果是沿用已知的理论、原理和方法,则只需提及一笔,或标注出有关的文献;如果要引出新的概念或术语,则应加以定义或阐明。

　　(3)预期的结果及其地位、作用和意义。要写得自然、概括、简洁、确切。

　　从字数上来看,主要部分是文献综述。这需要较广的文献知识,并且每个阐述都要有文献来源。比如写了十个句子来描述课题已有的知识,至少要有十个文献来源。文献要与自己的科研有关,在写作时,手头上最好有10~20篇与课题密切相关的文献。阅读这些有关文献,看其他作者是如何组织科研背景介绍的。

　　描述研究本课题的必要性时,一句或最多两句话就可以。根据实验结果写引言,有目的地写,需要什么样的新结果。结尾可以用三句话:我们做了什么,发现了什么和科研的意义。

　　引言开头的几句话要使用题目中的关键词,以便使文章直接进入主题,把读者引入到研究课题中去,不要写与主题无关的字句。比如文章的题目是"A New Strategy to Improve the Production Yield of Insulin",开头的第一句话中就应有Insulin。接下来就简要介绍课题的背景知识,也就是描述文献研究。然后提出现在的问题或缺陷在哪里,作者是如何进一步去研究的。

　　引言的写作要求有以下几点。

　　(1)言简意赅,突出重点。引言中要求写的内容较多,而篇幅有限,这就需要根据研究课题的具体情况确定阐述重点。共知的、前人文献中已有的不必细写。主要写好研究的理由、目的、方法和预期结果,意思要明确,语言要简练。

　　(2)开门见山,不绕圈子。一起笔就切题,不能铺垫太远。下面的例子很典型,类似的毛病比较多见,应予避免。

　　(3)尊重科学,不落俗套。有的作者在论文的引言部分总爱对自己的研究工作或能力表示谦虚，寻几句客套话来说，如"限于时间和水平"或"由于经费有限，时间仓促"，"不足或错误之处在所难免，敬请读者批评指正"等。其实大可不必。因为：第一，这本身是客套话，不符合科学论文严肃性的要求。第二，既是论文，作者应有起码的责任感和自信心。这里的责任感表现在自我要求不能出差错，自信心表现为主要问题上不会有差错；否则就不要投稿，不要发表。第三，水平高低，质量好坏，应让读者去评论。

(4) 如实评述，防止吹嘘自己和贬低他人。在引言中表述作者研究成果的意义和评价他人的已有成果时，一定要实事求是，掌握好分寸，不说过头话。对于自己的成果，有多大价值、有多少分量就说多大、说多少，不要拔高，当然也不要过谦。尤其要注意的是，若无绝对把握，不要使用"首次提出""首次发现"等表示首创性的用语。对于他人成果的评价，更要注意掌握分寸，尤其是介绍或指出前人研究的不足时，一定要做到证据确凿，分析得当，用语准确。

引言的写法上最常出现的格式是先描述研究课题的意义，再描述该领域的进展，然后转到存在的问题，最后阐述作者是如何去研究和寻找答案的。

引言部分的写作可以采用先搭架子，再添加材料的模式。架子由三部分组成，第一部分描述课题背景，第二部分写为什么需要进一步研究，第三部分写做了什么。论文写作先写实验结果后写引言的好处是，引言可以依照结果部分组织，达到前后对应，连贯一致的目的。

英文写作中可以简单地按照如下格式：Starts with background description, followed by xxxx remains unknown, xxxx is less studied, there is a need to xxxx. Therefore, we investigated xxxx, we found that xxxx and our results provides insights (unique method) to xxxx.

下面通过剖析一些论文的引言部分，介绍如何写出流畅的引言。

【1】

**An Extended Grain-Based Model Accounting for Microstructures in Rock Deformation**[13]

**Introduction**

Rock fracturing has been one of the most concerned issues in rock engineering practice, such as underground excavation (Tsang et al., 2005), shale gas production (Gandossi, 2013), rock slope stability (Brideau et al., 2009), and enhanced geothermal systems (McClure & Horne, 2014). The overall behavior of the fractured rock formations is mostly accounted for by the effect of fractures associated with the distortion of fractured systems, stress redistributions, evolution of fluid flow channels, etc. Therefore, the interest of understanding the fractured system has been attracted by the geometrical and mechanical representations of the fracture network (Cai & Horii, 1992; Dershowitz & Einstein, 1988). In the cases of ground works where field observation is practically feasible, some measurement techniques such as window and scanline mapping or borehole imaging are commonly used for discontinuity data collection (Prange & LeFranc, 2018; Priest & Hudson, 1981). Field data, however, are generally empirically measured owing to a lot of inherent uncertainties introduced by spatial variations in rock heterogeneity and discontinuity (Hajiabdolmajid & Kaiser, 2003). As a special application, the study of enhanced geothermal systems is highly challenged by a proper evaluation of the hydraulic fracturing response of the geothermal system due to the deep burial (>3,000m). These difficulties in large-scale field investigation promote the development of small-scale (laboratory scale) tests for understanding the mechanism of rock fracturing(开始介绍课题的研究现状和意义)

A large number of laboratory tests have been conducted on both rock materials including marble, granite, limestone, shale, and sandstone (Feng et al., 2009; Morgan et al., 2013; Nezhad et al., 2016; Yang et al., 2013; Zou & Wong, 2014) and rock-like materials (e.g., gypsum; Wong & Einstein, 2009a, 2009b; Zhao et al., 2016). ……(接着介绍当前研究现状)

In the context of numerical simulations, most studies consider only grain boundary microcracks, but less effort has been placed on the characterization of intragranular and transgranular cracks (Hamdi et al., 2015; Hofmann, Babadagli, Yoon, et al., 2015)(然后介绍当前研究的不足)

For accurate representation of grain-scale heterogeneity and discontinuity, microcomputerized tomography scanning technology and thin section images are employed to obtain microscale phase distribution and microcracks, respectively, which are then directly mapped to a combined finite-discrete element model to simulate the tensile behavior of crystalline rocks (Mahabadi et al., 2014). With similar motivations, we developed an extended grain-based model (extended GBM) based on the discrete element methods in a more low-cost and convenient way. This is crucial for advancing the methodology to a level where it is easily applicable by a large community. The extended GBM is an integration of two well-established models: a GBM and a discrete fracture network (DFN) model. GBM is used to reproduce the microstructure of a real rock based on the results obtained from digital image processing. Meanwhile, the statistical DFN model captures the effect of initial microcracks that is not accounted for in the conventional GBM.

For accurate representation of grain-scale heterogeneity and discontinuity, microcomputerized tomography scanning technology and thin section images are employed to obtain microscale phase distribution and microcracks, respectively, which are then directly mapped to a combined finite-discrete element model to simulate the tensile behavior of crystalline rocks (Mahabadi et al., 2014). With similar motivations, we developed an extended grain-based model (extended GBM) based on the discrete element methods in a more low-cost and convenient way. This is crucial for advancing the methodology to a level where it is easily applicable by a large community. The extended GBM is an integration of two well-established models: a GBM and a discrete fracture network (DFN) model. GBM is used to reproduce the microstructure of a real rock based on the results obtained from digital image processing. Meanwhile, the statistical DFN model captures the effect of initial microcracks that is not accounted for in the conventional GBM(然后写作者做了什么，发现了什么和这项科研的意义)

This paper is structured as follows: sections 2 and 3 describe the digital image processing technique and the analysis of thin sections to obtain rock microstructures and statistical properties of microcracks, respectively. Section 4 introduces the extended grain-based modeling approach. Simulation results and discussion are presented in section 5, followed by the conclusions in section 7(最后一段介绍这篇文章的结构和各部分内容，这段话也可省略)

【2】

**Numerical study of the effect of confining pressure on the rock breakage efficiency and fragment size distribution of a TBM cutter using a coupled FEM-DEM method**[14]

**Introduction**

Due to their high construction efficiency, low cost, low environmental effects, and favourable stability control of the surrounding rock mass (Liu et al., 2016b; Zheng et al., 2016), Tunnel Boring Machines (TBMs) are widely used in the excavation of tunnels. The rock breakage efficiency of a TBM cutter is critical to the excavation efficiency of the tunnel. Therefore, many researchers have studied the factors that affect the breakage efficiency of TBM cutters. These studies have generally focused on two main topics: optimizing the design of the TBM, such as the cutter spacing (Cho et al., 2010; Han et al., 2017; Liu et al., 2016a) and the cutter edge type (Balci and Tumac, 2012; Zhang et al., 2013), and investigating the effects of the geological conditions, such as the rock brittleness (Gong and Zhao, 2007), rock joint development (Gong et al., 2006; Yang et al., 2018; Yin et al., 2016; Zhai et al., 2016), and confining pressure. With the increasing depths of excavations, TBMs have become widely used for deep tunnel excavation, which has made the influence of the confining pressure on TBM tunnelling efficiency a popular research topic(这段指出研究主题，并且总述了刀间距、刀尖形状、地质条件和围压对 TBM 开挖的影响，特别是围压的影响)

Field research is the most direct method to study the rock breakage efficiency of TBMs. Based on the tunnelling experience at the Jinping II Hydropower Station, Gong et al. (2012) found that the cutting efficiency of a TBM decreases under high in-situ stresses (in-situ stresses of approximately 30 MPa). Yin et al. (2014b) conducted three sets of TBM penetration tests under different in situ stress conditions in three TBM tunnels and concluded that in-situ stresses within a certain range have an adverse effect on the tunnelling efficiency of a TBM. However, several studies have reached the opposite conclusion. Gong et al. (2010) and Tarkoy and Marconi (1991) found that a high ground stress causes the rock surface to be more severely damaged, which in turn improves the rock breakage efficiency(这段总结了现场实验的 TBM 破岩研究)

In addition to field research, laboratory tests have been used by many researchers to explore the influence of confining pressure on the rock breakage efficiency of TBM cutters due to their simplicity, convenience, ease of observation and control, and easy consideration of various effects. Laboratory tests generally can be divided into two categories: linear cutting tests and indentation tests. Ma et al. (2016) studied the effect of confining pressure on the performance of a TBM cutter in granite in a full-scale cutting test. The results showed that the normal force increases with increasing confining pressure, but the rolling force gradually decreases. Pan et al.(2018) studied the effect of confining pressure on the performance of a TBM cutter in Chongqing sandstone in a full-scale linear cutting test. The results showed that for the same cutter penetration, the cutter normal force, rolling force, cutting coefficient and normalized resultant force first increase with increasing confining pressure and then decrease rapidly to a small value when the confining pressure increases to a certain threshold. Indentation tests require less equipment than linear cutting tests, so more researchers have used indentation tests to study the effects of confining pressure. Yin et al.(2014a) performed indentation tests under different confining pressures. The results showed that with increasing confining pressure, the crack initiation force and the crushing area gradually increase; in addition, rock fragments form more easily due to the increase of the confining pressure, so the rock breakage efficiency of the TBM cutter is higher. Innaurato et al.(2011) also found through indentation testing that when the confining pressure increases, the breakage increases. However, Chen and Labuz (2006) performed indentation tests and found that if the confining pressure increases to a certain critical value, rock failure is significantly inhibited, and the rock breakage efficiency is reduced. Liu et al.(2015a) conducted indentation tests on granite and sandstone specimens in a biaxial state. The results showed that increasing the maximum confining pressure increases the total energy required to break the rock. However, increasing the maximum confining pressure will also increase the volume of rock that breaks, which in turn leads to an increase in the rock breakage efficiency. Increasing the minimum confining pressure results in an increase in the total energy consumed and a reduction in the volume of rock breakage, which in turn leads to a decrease in the rock breakage efficiency. Liu et al.(2016a) also studied the effect of the differential confining pressure on the optimal spacing of cutters. The results showed that a wider cutter spacing is advantageous when the differential confining pressure increases and that the opposite is true when the differential confining pressure decreases(这段总结了基于室内实验的 TBM 破岩研究)

Numerical simulation is one of the means to study rock fracture（Wu and Wong, 2012; Fan et al., 2013; Wu et al., 2017; Zhou and Bi, 2016; Zhou et al., 2015）, which is also widely used in studies of the influence of confining pressure on the rock breakage efficiency of a TBM cutter due to their lower cost, repeatability and efficiency. (这句话引出了数值模拟在 TBM 破岩研究的应用) The main numerical methods used to study the effects of confining pressure on TBM cutting efficiency are the finite element method（FEM）and the discrete element method（DEM）. N. Bilgin et al. (2000) applied the Franc2D/L finite element software to study the cutting performance of a TBM cutter under different confining pressure conditions. Their results illustrated that with increasing confining pressure, the penetration force of the cutter increases. However, in their study, no rock breakage and fragments were involved, which makes estimating the actual rock breakage efficiency very challenging. Ma et al. (2011) used the finite element program RFPA2D to study the effect of the limiting stress on the rock fragmentation performance of a TBM cutter and concluded that the confining pressure can change the direction of crack propagation and the length of the effective crack, which was consistent with the conclusions of Liu et al. (2002), who used the R–T2D (Rock–Tool interaction) program. Ma et al. (2011) also calculated the specific energy (SE) required for different confining pressures and found that when the confining pressure is less than a critical value, the SE increases with increasing confining pressure. When the confining pressure is greater than the critical value, the SE decreases as the confining pressure increases. However, the RFPA2D program models crack initiation and expansion through element failure, which is not a realistic reflection of the rock breakage process, and element failure will induce material loss during breakage. In addition, the crack in the RFPA2D simulation is at least one element wide, which will inevitably affect the accuracy of the predicted fragment size and rock breakage area. By treating a material as bonded discrete blocks, the DEM can easily model the material failure process by breaking the bond between two distinct elements and successfully capture the fragment interaction. With an appropriate definition of material failure, the DEM can accurately reflect the energy dissipation that occurs during the fragmentation process, which can then be successfully used to simulate the fracturing of rock by a TBM cutter. The discrete element software commonly used in TBM cutter rock breakage research includes PFC and UDEC. Li et al. (2016) studied the effect of the confining pressure on crack propagation during TBM rock breakage using the PFC-2D software. They concluded that the confining pressure plays a negative role in the median crack propagation and that a higher confining pressure consumes more energy. Liu et al. (2015b) also used PFC2D to study the geometric features of the fragments generated by indentation tests under different confining pressures and concluded that the fragment width decreases with increasing confining pressure. The reason for this phenomenon is that the confining pressure increases the deflection angle of the crack initiation, which is consistent with experimental results (Cook et al., 1984) and finite element numerical simulation results (Liu et al., 2002; Ma et al., 2011). Zhang et al. (2010) used the UDEC software to simulate the rock breakage process of a TBM cutter under different confining pressures and studied the relationship between the confining pressure and the optimal cutter spacing. The research shows that the optimal tool spacing increases with increasing confining pressure, but after the confining pressure exceeds the critical value, the optimal tool spacing decreases. However, although the DEM is favoured by many researchers in rock breakage research because of its advantage of being able to simulate fracturing, it is difficult to establish the relationship between the microscopic and macroscopic parameters, and the calculation costs are high, especially in large-scale computing. In addition to the above two numerical methods, some novel numerical simulation methods have also been applied to the hob rock breaking simulation（介绍了两种数值模拟方法，说明两种方法的缺点，并引出本文的研究内容和方法）

Recently, continuum-discontinuum numerical methods have been developed and widely used to simulate the fracturing process of rock materials (Kazerani, 2011, 2013; Mahabadi, 2012; Mahabadi et al., 2012; Sun et al., 2013; Wu et al., 2018; Zhao, 2015, 2010). In this method, the rock microstructure is idealized as a collection of deformable distinct elements joined together along their cohesive boundaries, and the distinct elements are assumed to have the same elastic properties as those of the original rock. The process of the transition of the rock from a continuum to a discontinuum through deformation, fracturing and fragmentation can be modelled easily, and the interaction between fragments after destruction can be correctly considered using the contact algorithm. In addition, by adopting a stress-deformation law, the relationship between the microscopic and macroscopic parameters can be established, which allows the microparameters to be easily determined. As described above, there is currently no consensus about the effects of the confining pressure on TBM cutting efficiency.（介绍了本文使用方法的优越性）Therefore, to study the effect of the confining pressure on the rock breakage performance of a TBM cutter, this study develops a coupled FEM-DEM model and incorporates it into the LSDYNA software to simulate the fracturing process of rock materials. To verify the proposed model and calibrate the selected microscopic parameters, numerical uniaxial compression tests and numerical Brazilian splitting tests are conducted, and their results are compared with the corresponding laboratory test results. Then, based on the verified FEM-DEM scheme, numerical indentation tests are conducted under different confining pressure conditions to study the effects of the confining pressure on the TBM cutting process. The effects of the confining gpressure on the rock fracturing process during cutter indentation are analysed in detail. In addition, based on the fracturing modelling results, a fragment extraction algorithm fitted with the simulation results is proposed to extract the cutter-induced fragments, on the basis of which the fragment area and fragment size distribution in each case is accurately calculated. Based on the calculated fragment areas and the work done by the cutter, the SE of the rock for each confining pressure is obtained, and the variation of the SE with the confining pressure is determined. Finally, the suitability of the fractal method for predicting the fragment size distribution is studied, and the detailed fragment size distributions for different confining pressures are discussed（最后介绍了本文做了什么，简单明了）

## 5.5　材料和方法

材料和方法(materials and methods)部分的写作要详细、具体，但不能冗长，要达到读者根据实验描述能重复出实验结果的目的。所以在岩石力学实验中，对样品的出处、处理方法、实验的操作步骤等都要有详细的描述。任何一个实验结果都要有相应的实验方法。先写结果部分的好处之一就是材料和方法部分写起来很有针对性，有了实验结果，材料和方法部分写什么就明确了。

材料和方法部分的写作方法应注意以下几点。

(1)用小标题来组织实验部分，按合理的顺序来讲述实验是如何操作的。

(2)都用过去时，以第三人称和被动句为主，偶尔使用第一人称。

(3)特别注意实验要定量。用量、时间、温度等都要具体写明。

(4)明确写出具体条件、试样、所用仪器型号、生产厂家等，避免使用含糊的代词，比如用 1% ethanol，而不用 solution 1；用 1 mg/mL，而不用 indicated concentration 等。

(5)写明数据处理和分析的方法。

材料和方法部分从写作上来讲相对简单，一句一句地并列可以接受；但实验步骤往往是一步接一步，在前后连接上，往往会出现过多使用"Then, After"等词，造成单调冗长的感觉。为了避免出现多个重复的单句，几个单句可以合并。例如：

After the mixture in the fissure was solidified within 6 h, the specimens containing the filling were placed in a curing box at 20℃ and humidity of 95% for 28 d.

下面是一些常见的材料和方法部分的例子。

【1】

**Influence of grain size and basic element size on rock mechanical characteristics: insights from grain-based numerical analysis**[15]

**Real granite materials:**

The granite material used in the laboratory test was obtained in the Huanggang area of Hubei Province, China. Cores were obtained from the same block to ensure the reliability of the test results (Lin et al. 2020). The granite was processed into cylindrical samples with a diameter of 50 mm and length/ diameter ratio of 2.0 (Yin et al. 2019b). All samples were polished to a surface roughness of less than 0.02 mm (Lin et al. 2020). X-ray diffraction (XRD) analysis is a widely accepted method to determine the volume composites of various minerals in rock materials (Yakaboylu et al. 2020; Yu et al. 2020a; Wu et al. 2022). The principle is as follows: when a monochromatic X-ray is incident to the tested sample, X-rays scattered by different atoms of various minerals interfere, resulting in a strong X-ray diffraction effect in some special directions and the formation of a specific diffraction pattern. The orientation and intensity of the diffraction lines are closely related to the crystal structure of the mineral. According to the obtained diffraction pattern, the volume composites of minerals of the test sample can be determined. To explore the mineralogical composition of the tested granites, both optical microscopy and XRD testing were conducted in this study. The results are displayed in Fig. 3, in which the red dotted lines and blue dotted lines represent the intergranular structure between the same minerals and the intergranular structure between the different minerals, respectively. The granites used in this paper were mainly composed of feldspar (51.0%), quartz (44.0%), biotite (3.0%), and other minerals (2.0%). Based on the above testing results for real granites, all contacts in the numerical sample are grouped into intragranular contacts in feldspar, quartz, biotite, and other minerals and intergranular contacts between the same and different minerals in the numerical sample. All contact types are listed in Table 1.

【2】

**Rock burst process of limestone and its acoustic emission characteristics under true-triaxial unloading conditions**[16]

**AE monitoring:**

AE events always occur when slips suddenly take place over a certain area and thereby stored energy is set free. The primary events are characterized by dislocation, phase change, slip area, twin crystallization, and stress drop. However, two types of AE waveform are generally observed: one whose amplitude attenuates quickly, the other without obvious amplitude attenuation in which many AE events occur in a short time. AE parameters for a short-duration AE event (in Fig. 3) with the amplitude attenuating quickly commonly include arrival time, rising time, event duration, peak amplitude, detection threshold, count of threshold crossings (ring-down count), energy, and energy rate. AE event rate or simply AE rate indicates the intensity of microfracturing, and it has been used widely to quantify damage accumulation in rocks. AE cumulative energy is the total energy released in all events. Compared with traditional non-destructive monitoring, AE monitoring technique has many advantages. For example, one of the advantages of AE technique is that damage processes in rocks being tested can be observed during the entire load history, without any disturbance to the specimen. Furthermore, its time and cost required for monitoring are generally short and small. In addition, AE event locations can be accurately determined and direct human access for instrumentations is not absolutely required. When combined with other monitoring methods, it provides an integrated method for the assessment of structure safety in many engineering applications. However, the present system with only three AE transducers as in Fig. 4 cannot be used to exactly determine the AE source location, which may be improved by more investment in future. In the study, AE monitoring and its analysis technique are employed to investigate the AE characteristics of limestone under true-triaxial dynamic unloading.

## 5.6 结　　果

结果（results）是论文中最为关键的部分，是整篇论文的立足点及价值所在。全文的一切结论、结语由结果得出，一切分析、讨论由结果引发，一切推理、判断由结果导出。

论文写作刚开始不妨先从简单、易写、自己熟悉的实验数据和结果开始，先完成结果部分。结果部分都是分成若干个小段落，一段一段写起来比较容易。在写结果之前，一般要把主要结果和数据做成表和图，而这些表和图会作为每个小段落的核心，围绕这些数据来组织。将实验数据列表格和制图是非常重要的，要用较长时间来精心准备。结果写作之前还应参考有关文献，看看文献中是如何组织数据和实验结果的。总体来讲，结果部分写起来比较容易，语言上应注意用过去时，用词上要准确。

结果通常包括以下内容：结果的介绍（指出结果在哪些插图、表格或相关表述中列出）；结果的描述（描述重要的实验或观测结果）；结果的评论（对结果的说明、解释及与模型或他人结果的比较）。有些出版物允许将"结果"与"讨论"合并，但作者撰写初稿时宜将二者分开来写，然后再按需进行合并。

结果段落是客观地讲述实验结果，一般不加讨论和解释。写作方法应注意以下几点。

(1) 通常用过去语句，但某些结果，如计算等应用现在时态。

(2) 有的学科只用文字来讲述实验结果，但大部分学科往往添加图(figure)和表(table)来帮助组织数据。制备图和表是结果部分写作的重要部分。图和表的数量不要太多，能用文字说明清楚的，就用文字。

(3) 图和表要分别给予序号，不统一排序。

(4) 表要有表题，表题写在表的上方。表格编号后应该有个"."，题目结尾没"."，注解文字写在表的下方。表有时需要照相排版，所以草稿中的表要单独成页。表应该附在稿件的后面，如放在参考文献后面。

(5) 考虑到排版的需要，期刊要求草稿中的每个图要单独占一页，并且这一页只是图，把序号写在图页的背面。图应该附在稿件的后面，如放在参考文献后面。

(6) 图的说明(figure caption)要单独写，不与图放在一起，一般可以放在参考文献前面或后面。但不同图的说明可以排在一起。图的说明中只写介绍图的文字，不对图的结果进行解释。

结果段落开头时可以直接讲述结果，不必加引言或过渡句。经常会用"为了×××，而做×××实验"作开头。

结果部分一般要分段，小标题写作。具体写作时可以考虑先把小标题列出来。

这部分写作的主要特点是要清楚、简洁、准确，避免使用含糊的字词，如 situation, above, modulate, this, the former, the later, scientific basis, value, performance 等。要用很明确的字词，如 increase, decrease, inhibit, stimulate, activate, this result, the sample preparation procedure 等。

## 5.7 讨　　论

许多期刊把结果和讨论放在一起以便讨论结果的意义。讨论部分与引言是紧密相关的。讨论要起始于某个课题的已知情况，然后再讨论实验结果对课题研究的进一步认识和意义，当然也要说明结论存在的问题和局限等。可以说这部分是一篇文章中最难写的，如何解释实验结果需要有一定的知识基础和科研思维能力。要写好自己的实验结果及其意义和它对某个课题研究的更深入认识，需要对这个领域的过去和现状有基本了解，一般作者做了些实验，这有些新数据，是知识的积累，往往不是创新，在讲述这些结果的意义时，要做到合理、合适，不牵强附会。科学结果往往是相对的，没有绝对正确，写起来要留有余地，所以会经常使用 suggest, imply, appear 等词。除了掌握写作技巧外，作者应熟悉自己科研领域的文献，善于把自己的结果与文献知识联系起来，这样才能在已有的知识背景下讨论实验结果的含义和意义。

讨论部分写作一般应注意以下几个问题。

(1) 尽量使用主动句，可以用第一人称。语句要简练，避免写冗长的句子。

(2) 对实验结果按其顺序进行讨论，讲述每个结果表示什么和对某个问题认知的意义，这时需要引用文献结果来支持自己的结论。

(3) 讨论部分一般不能引入新的数据，所有数据都应来自结果部分。

(4) 要引用已发表的他人的结果或自己以前的结果来支持自己的结论，有时也需要表明自己的结果支持他人的发现，应该写出自己的结果与已发表的文献的相同和不同之处。

(5) 应该用一小段来阐述在自己的结果基础上，新的问题或假想是什么？是如何去研究新的问题或假想的。

论文，顾名思义，就是要"论"或"Discuss"。通过论述，把自己科研成果和理论的重要性、意义、应用、缺陷等表述清楚，以达到交流的目的。如果把科研成果比喻成一件艺术品，那论述就是你对这件艺术品的讲解。艺术品的创造、特点、与其他类似作品的显著区别及不足等都可能是你讲解的内容。同样，论述部分一般或多或少要涉及四个方面：论文的新颖发现；与已发表成果的不同或对已有成果的补充；科研成果的意义和应用性；有待改进之处和未来科研方向。讨论部分最容易被写成文献综述或实验结果的另一种描述。为避免这种情况发生，讨论部分要先从自己的成果写起，讨论你的结果对课题研究的认识和意义。讨论是在论述文献的背景下，与文献知识相比，阐述论文的结果。从很多方面可以找出论文研究的新颖之处。

## 5.8 结　　论

结论(conclusion)位于正文的后面部分，是体现作者更深层次认识的整篇论文的全局性总结，是从论文全部材料出发，经过推理、判断、归纳等逻辑分析而得到的新的学术总观念、总见解。结论通常是实验、观测结果和理论分析的逻辑发展，是将实验和观测所得数据、结果经判断、推理、归纳等逻辑分析而得到的对事物本质和规律的认识。多数读者(包括审稿专家)一般习惯于按题名→摘要→结论的顺序来阅读论文，读完结论后才有可能知道论文的价值，并决定是否去阅读全文。结论不仅是引起读者阅读兴趣的重要内容，也是文献工作者从事摘要工作的重要依据，因此写好结论很重要。有时可将结论的内容包括在"结果与讨论"中，但学术论文中宜将"结论"单独列为一节。

结论主要回答"研究出什么"的问题，其内容主要包括：①研究结果所揭示的原理、规律，所说明和解决的理论与实际问题；②研究的创新点，对已有研究成果的补充、修改和证实；③研究工作与他人(包括作者自己)已有研究工作的异同；④获得的研究成果及其理论意义与实用价值；⑤研究的局限性、遗留未予解决或尚待解决的问题，解决这些问题可能的关键点、方向及基本思路；⑥对进一步深入研究或相关课题的建议和意见，指明可能的应用前景及需要进一步深入研究的方向。

结论的规范写作应遵循以下原则。

(1) 把由实验、观测所得到的现象、数据以及对它们的阐述、分析作为依据，准确明白、精练完整、高度概括、直截了当而不含糊其词、模棱两可地表达每一句话。

(2) 基于实验、观测结果进行判断、推理，不要做无根据和不合逻辑的推理进而得出无根据和不合逻辑的结论，必要时可根据实验、观测结果进行一些讨论。

(3) 坚持从整体出发全面考虑的原则，不要将结论写成摘要、标题、正文中各部分及实验、观测结果的小结，也不能简单地重复这些部分中的语句。

(4) 恰如其分地评价所得成果并表达出创新点，不可夸大其词、自鸣得意，也不要过度谦虚、谨小慎微，证据不足时不要妄下结论，对尚不能完全肯定的内容的叙述要注意留有余地，不要轻率地否定或批评别人的结果、结论，更不能借故贬低别人。

(5) 措辞严谨，逻辑严密，文字具体。结论宜直接写，其前不必另写语句；内容较多时可以分条来写，并给以编号，每条成一段，每段包括几句话或只有一句话；内容较少时可写为一段。

(6) 根据论文内容和表达需要来确定结论的字数，不要为了写长而故意涉及论文中不曾指出的新事实，或叙述其他不重要甚至与本项研究没有密切联系的内容。

## 5.9　致　　谢

致谢写在结论和参考文献之间，一般是感谢项目资助单位和对论文的实验和写作部分有贡献但又不是作者的同事。

例如：

The research presented in this paper was jointly supported by the 973 Program of China (Grant No. 2010CB732004), the National Natural Science Foundation of China (Grant No. 50934006 and 10872218) and the Ph.D. Programs Foundation of Central South University, China (Grant No. 2010bsxt10). The first author would like to thank the Chinese Scholarship Council for financial support to the joint Ph.D. at University of Adelaide, Australia and express the acknowledgment to Dr. Arris ST at Eindhoven University of Technology and Dr. Liang Huang at Hunan University, China.

## 5.10 参考文献

索引文献的写法，不同期刊的要求差别很大，作者应严格按照所投期刊的要求去撰写。用 EndNote 软件来帮助组织文献是值得提倡的，特别是在需要索引大量文献时。EndNote 还可以按所投期刊的要求来编排。

文献在论文中的引用可以用三种方法标出。

(1)在括号或方括号中引用，如(1)或[1]。

The method was developed by Smith's group (1).

The method was developed by Smith's group [1].

当在句尾引用时，它们写在","或"."之前。

(2)上角标注引用的序号。

The method was developed by Smith's group. [1]

The method was developed by Smith's group[1].

当在句尾引用时，有时它们写在","或"."之前，有时写在","或"."之后。

(3)按作者姓名引用。

①Single author: the author's name (without initials, unless there is ambiguity) and the year of publication, like (Zhang, 1998), (Allen, 2001; Seymour, 2003).

②Two authors: both authors' names and the year of publication, like (Allen and Wang, 1998).

③Three or more authors: first author's name followed by "et al." and the year of publication, like (Gao et al., 2007). There is a "." after et al.

可以直接引用(或插入)。

Kramer et al. (2000) have recently shown…….

Groups of references should be listed first alphabetically, then chronologically. Examples: "as demonstrated (Allan, 1996a, 1996b, 1999; Allan and Jones, 1995)".

每个期刊对文献的书写方法都有自己的要求，请查看期刊的 Guide for Authors。

一般要注意的是：①排序可按出现先后，也可按作者姓名字母排列；②作者姓名的写法，可先写姓也可后写姓，比如 Smith A.J. 也可写成 A. J. Smith，但全文要统一；③注意期刊名称用意大利化字体还是用黑体，应特别注意期刊名称的简写方式，不能随便臆造；④注意发表年、卷、页数的写法和排列方式。

# 5.11 撰写范例

为了更加清晰和直观地说明如何撰写科技论文，本章节选取几篇典范性的科技论文进行评析，解释其写作技巧，使读者在撰写科技论文时有一个参照系，有技法可依据，有章法可循。当然，这些典范性论文只作参考，而不是让其依样画葫芦，或是进行模仿，而是启迪思路，开阔视野，提供范本，如能"踵事增华"自然是一件好事。黄宗羲说："学问之道，以各人自用的著者为真，凡依门傍户，依样画葫芦者，非流俗之士，则经生之业也。"这位大师的意思是说，不管是做学问，还是撰写科技论文，不要仿照他人，而要以创新为好。我们殷切期望广大科研人员，能够通过观摩、借鉴、学习，吸取营养，为己所用，撰写出有特色、有新意的论文。

## 5.11.1 研究论文的范例

本节介绍一篇研究论文的典范性论文，该论文是 Luke Griffiths 等人发表在 *International Journal of Rock Mechanics and Mining Sciences* 上的一篇文章 Quantification of microcrack characteristics and implications for stiffness and strength of granite[17]。

这篇文章的摘要为传统报道性摘要，从主题(main topic)、目的(purpose)、方法(methods)、材料(materials)、结果(results)、结论(conclusions)进行了叙述。

正文部分主要分为 Introduction(引言)、Materials and methods(材料与方法)、Micromechanical modelling(Result)[微观力学模型(结果)]、Discussion(讨论)和 Conclusions(结论)，属于典型的研究论文撰写结构。

Introduction 第一段介绍了微裂缝的定义，并说明了微裂纹对岩石强度和刚度的影响，引出了论文的主题，最后强调了这项研究的意义。第二段介绍了研究微裂纹的力学模型，并且指出其局限性。第三段介绍了显微镜在微裂纹研究方面的应用，并且说明了光学显微镜对比扫描电镜的优势，最后一句话引出了该文的研究内容：开发一种针对光学显微照片的自动化程序。第四段介绍了文章的研究目的、研究方法和研究结果。

Materials and methods 分成了 Sample preparation(样本制备)，Crack density and crack length measurements(裂纹密度和裂纹长度测量)，Physical properties (porosity and P-wave velocity)[物理特性(孔隙率和P波速度)]，Stiffness measurements(刚度测量)，Uniaxial compressive strength (UCS) measurements(单轴压缩强度测量)五个部分进行说明，结构清晰。

Micromechanical modelling(Result) 从 strength(强度)和 stiffness(刚度)两个方面分别进行叙述，并分成两个小节，与该文章题目的内容相对应。

Discussion 部分首先提出了一种新的自动化程序，用于快速处理微裂纹材料的光学显微照片，以量化其微裂纹特征，并且论述了该方法的优越性。然后分析了微裂纹特征及物理性质随热应力温度的演化，并说明了这种图像分析方法确定的微裂纹特征来预测热微裂纹花岗岩单轴抗压强度的可靠性。

Conclusion 部分第一段先简述了该文章的研究方法和研究对象，后面几段总述了研究结果，言简意赅。

总的来看，该文的思路是先提出问题——光学显微镜比扫描电镜更方便和便宜，但是精度不如扫描电镜。然后再提出解决问题的方法，接着通过实验和理论证明该方法的优越性。结论部分是作者研究成果的最终体现，也是该篇论文的精华所在。

## 5.11.2 综述论文的范例

综述论文是一种对某一领域的文献综述和总结形式，它不同于原创性研究论文，而是对已有文献和研究进行分析和总结。在学术界中，综述论文是一种非常重要的学术出版物，它可以为读者提供一个全面和准确地理解某一领域的文献和研究进展。

写综述(review)时，可以按照以下结构和步骤进行。

(1)确定综述的范围和目的：明确要综述的主题、领域、研究问题或目标。

(2)收集文献：通过学术数据库、期刊、书籍等渠道，收集与主题相关的高质量文献。确保文献的时效性和权威性。

(3)筛选文献：根据预设的标准和准则，筛选出符合综述目的和范围的文献。可以根据重要性、相关性、研究方法或其他特定标准进行筛选。

(4)阅读和理解文献：仔细阅读选定的文献，理解其中的主要观点、方法和研究结果。可以进行笔记和摘要，以便后续整理和写作时参考。

(5)组织文献内容：根据综述的结构，将选定的文献按照主题、时间顺序或其他逻辑方式进行组织。可以使用概念图、思维导图或其他可视化工具帮助整理思路。

(6)撰写综述的各个部分：根据综述的结构，逐步撰写各个部分的内容，包括引言、背景、方法、结果和讨论等。在每个部分中，要引用和比较文献的观点和研究结果，提供相关证据和支持。

(7)确保逻辑和流畅性：在写作过程中，要确保逻辑清晰、内容有条理，避免重复和冗余。段落和句子之间的过渡要流畅自然。

(8)结论和展望：在综述的结尾部分，总结主要观点和研究结果，并提出未来研究的方向和建议。

(9)编辑和校对：完成初稿后，进行编辑和校对，确保语法、拼写和格式的准确性。可以请同行或他人进行审阅和反馈。

(10)最终稿提交：根据期刊或出版社的要求，准备综述的最终稿，并按照要求进行投稿或出版。

需要注意以下几点。

(1)清晰明确的目标和范围：在开始写作之前，明确综述的目标和范围。确定你想要涵盖的主题领域和研究问题，以便有一个明确的方向和框架。

(2)综合广泛的文献：收集和阅读与你的主题相关的高质量文献。确保涵盖不同的观点、理论和方法，以便提供一个全面的综述。

(3)组织良好的结构：在写作综述时，使用合适的结构来组织内容。可以根据主题、时间顺序、理论框架等来组织段落和章节。

(4)引用和比较文献：在写作综述时，要引用和比较不同文献的观点和研究结果。这样可以提供更全面和客观的综述，并帮助读者理解不同观点之间的差异和共同点。

(5)编写清晰的句子和段落：在写作过程中，要使用清晰、简洁和连贯的句子和段落。避免使用过于复杂或含糊不清的语言，使读者能够轻松理解你的观点和论据。

(6)逻辑和连贯性：确保综述在逻辑上连贯一致。使用过渡句和段落来引导读者从一个观点到另一个观点。确保每个段落的内容与整体主题和目标保持一致。

(7)批判性思考和评估：在综述中，要展示你的批判性思维能力。不仅仅汇总文献观点，还要对它们进行评估和解释。提供自己的分析和评判，并讨论文献的局限性和未来研究的方向。

(8)准确和完整的引用：在综述中，确保准确引用所有使用的文献。遵循适当的引用格式和风格，以便读者可以查找和验证你提供的信息。

(9)语法和拼写的准确性：在完成综述后，进行仔细的校对和编辑，确保语法、拼写和标点符号的准确性。可以请同行或其他人进行审阅，以获取反馈和改进建议。

(10)保持客观和中立：综述应该保持客观和中立的态度，尽量避免个人偏见和情感色彩，以确保综述具有学术可信度。

综述的写作需要时间和耐心。在写作过程中，可以多次进行修改和润色，以确保在逻辑和内容上都是高质量的。记住，一个好的综述应该是有价值、准确、全面和透彻的。

**范例分析：**

下面以 Hasan Gercek 发表在 *International Journal of Rock Mechanics & Mining Sciences* 上的一篇文章 Poisson's ratio values for rocks[18]为例，介绍综述论文的撰写特点。全文行文结构主要包括摘要、目录、引言、研究内容和结论五部分。其中，研究内容又包括背景、方法和结果三部分，是本文的核心内容。具体分析如下。

## 1) 摘要

这篇文献综述的摘要属于报道性摘要，主要从研究目的、方法、结果三方面进行叙述。具体如下。

> 目的：Compared to other basic mechanical properties of rocks, Poisson's ratio is an elastic constant of which the significance is generally underrated. Yet, in rock mechanics, there is a considerable number of diverse areas which require a prior knowledge or estimation of the value of Poisson's ratio.This paper examines the values and applications of Poisson's ratio in rock mechanics.
>
> 方法：Following an historical account of the initial controversy, whether it was a material constant or not, the effects of Poisson's ratio in the elastic deformation of materials, intact rocks, and rock masses are briefly reviewed. The reported values of Poisson's ratio for some elements, materials, and minerals are compiled while typical ranges of values are presented for some rocks and granular soils.
>
> 结果：Poisson's ratio classifications are recommended for isotropic intact rocks.

## 2) 目录

文献在关键词后面插入了整个论文的目录，这种结构主要用在内容较多、篇幅较长的论文中，方便读者快速了解论文结构和提取有效信息。一般地，在科技论文撰写中比较少见。

## 3) 引言

文献引言采用了三段式结构，第一段介绍了 Poisson's ratio 最初的定义及不合理的地方，如 Poisson's ratio 应考虑应变而不是尺寸变化，未同时考虑正负符号，没有考虑压缩荷载。第二段进一步突出 Poisson's ratio 的重要性，涉及范围有岩体动静力学性能、室内和现场测试、工程应用等。综上两段，给出了论文研究的理由、目的和意义。第三段再次重申了文章的研究目的、方法、结果和应用。

## 4) 研究内容

**背景**

采用文献调研的形式分析了 Poisson's ratio 的发展历史，介绍各个阶段对 Poisson's ratio 的定义、预测和测试方法，并逐一对这些研究成果进行评述。这部分内容体现了文献综述的收集文献、筛选文献、阅读和理解文献。

**方法**

利用 "Poisson's ratio in mechanics" 介绍了 Poisson's ratio 的准确定义、影响因素和表示形式，如横向各向同性和正交各向同性材料中 Poisson's ratio 表达式；总结了一些元素和材料的 Poisson's ratio 取值范围。采用 "Poisson's ratio in rock mechanics"介绍了矿物 Poisson's ratio 的计算方式及需要考虑的影响因素，总结了一些矿物、完整岩石、岩体、岩体工程中的 Poisson's ratio 取值范围。

**结果**

提出根据各向同性岩石的 Poisson's ratio 对岩石进行分类，包括三分类和五分类两种，是本论文的主要研究结果。

5)结论

总结论文研究主题 Poisson's ratio 的重要性，强调文中提出的岩石 Poisson's ratio 分类的意义。

### 5.11.3 技术报告的范例

技术报告是一种技术性的文件，通常用于描述某种技术或方法的细节，以及它们的实际应用和效果。技术报告通常由专业人士或研究人员撰写，以传达他们的经验和知识，帮助他人理解和应用这些技术或方法。技术报告可以涉及各种领域，如工程、科学、医学、计算机科学、环境保护等。因此，技术报告的形式和内容可能会根据不同领域和目的而有所不同。一般来说，技术报告应该是清晰、简明和易于理解的，以便读者能够准确地理解和应用所描述的技术或方法。

技术报告通常包含以下几个部分。

(1)引言：引言部分介绍研究的背景和目的，解释为什么这个技术报告是必要的。这部分通常包括对当前问题或挑战的概述，以及对技术笔记的组织结构和内容的简要描述。

(2)方法和材料：这部分详细描述所使用的方法和材料。例如，如果是一个实验研究，就会介绍实验的设计、样本的选择和准备，以及数据采集和分析的方法。如果是一个文献综述，就会介绍所选的文献来源和筛选标准。

(3)结果和讨论：这部分呈现和解释所获得的结果。结构化和清晰地呈现结果，可能包括图、表或其他可视化方式来展示数据。然后对结果进行讨论，与现有的研究进行对比，解释结果的意义和可能的影响，并提出进一步研究的建议。

(4)结论：在这一部分，作者总结研究的主要发现，强调对实际应用的意义，并讨论可能的局限性和未来的研究方向。

(5)参考文献：列出在技术报告中引用的所有文献。参考文献的格式应符合所使用的学术或行业规范。

除了这些主要部分，技术报告还可以根据具体需求和领域的不同包含其他附加部分，如补充材料、附录或致谢。这些部分的目的是进一步支持和补充技术报告的内容，提供更详细的信息或感谢与研究相关的个人或机构。

在撰写技术报告时，有以下注意事项需要考虑。

(1)目标读者：确定你的目标读者是谁，他们的背景知识和专业水平是什么。

根据读者的需求和理解能力，选择合适的术语和语言风格，确保信息能够清晰传达。

(2)结构和组织：使用清晰的结构和逻辑来组织技术报告。引言部分应该概述研究的背景和目的，方法和材料部分应该详细描述所使用的方法和材料，结果和讨论部分应该呈现和解释所获得的结果，并对其进行讨论。结论部分应该总结主要发现并提供进一步的建议。确保每个部分都有明确的标题和适当的段落。

(3)语言和术语：使用准确、简明和清晰的语言表达技术细节。避免使用长句和复杂的句法结构，以免让读者困惑。如果必须使用专业术语，确保在适当的地方提供简明的解释或定义。

(4)数据和图表：如果有数据或实验结果需要呈现，使用清晰的图、表或图像来展示。确保图和表的标题和标签清晰可读，并提供必要的单位和比例。对数据和结果进行适当的解释和分析。

(5)参考文献：提供准确和完整的参考文献列表，引用所有相关的文献。确保参考文献的格式符合所使用的学术或行业规范，如 APA、MLA 或 IEEE 等。

(6)校对和编辑：在完成技术报告后，仔细校对和编辑以确保文档的准确性和流畅性。检查拼写、语法和标点符号，并确保文档的一致性和连贯性。

下面介绍了一篇技术报告的典范性论文，该论文是 Ivan Gratchev 等人发表在 *Engineering Geology* 上的一篇文章 On the reliability of the strength retention ratio for estimating the strength of weathered rocks[19]。

这篇技术报告的结构非常典型，由 Introduction, Materials and method, Results and discussion, Conclusions 四个部分组成。可以发现技术报告比研究论文的内容更加简短，技术报告提供关于特定技术主题或问题的简明扼要的信息。

摘要第一句话"This technical note examines the validity of the strength retention ratio ($R_s$) as a criterion for estimating the strength of weathered rocks."直接点明了该文章的研究主题。第二句话"**Although** $R_s$ has been widely used for classification purposes, it seems to significantly **underestimate** the strength of slightly weathered (SW) rocks."直接"Although"开头，说明了当前研究的不足。后面的几句话则描述了研究目的、方法和结果。

Introduction 的第一段首先说明研究背景——Weathering of rock materials has a strong effect on the stability of rock masses. 第二段和第三段介绍了研究现状，在第三段的末尾用"However"强调了当前研究的缺陷，最后一段说明了该文章的研究目的、研究内容、研究方法和研究结果。

Materials and method 的第一段首先介绍了选用的岩石材料的类型以及数量、拟进行的实验。然后分为两小节分别详细地描述了 point load test 和 slake-durability test。

Results and discussion 被拆成 Test results 和 Analysis of published data using $R_s$

两个小节，层次清晰。在 Test results 部分，通过将实验结果绘制成图表进行描述，并将结果与其他研究者的结果进行比较，这些方法在描述结果时经常被使用到。最后 Conclusions 部分对全文得到的结论进行了一个总结。

# 第 6 章　论文投稿与同行评议回复

*"In science, there are no shortcuts to truth. Peer review and replication are there for a reason."*

*Carl Sagan*

向期刊投稿犹如参加一场竞赛，裁判手中握有一套选拔标准决定你的输赢。为了提高获胜概率，你应该理解并尽量去满足期刊的选拔标准。准备稿件时，相关的标准（期刊的宗旨和范围、投稿说明等）可以在期刊的纸质版或网站上找到。还有一些标准关系到文章是否达到出版要求这需要你熟悉期刊的编辑和审稿流程。本章从编辑和审稿人的角度介绍这些标准，帮助读者更好地了解发表流程。

## 6.1　期 刊 选 择

### 6.1.1　期刊选择考虑因素

稿件写好了，该往哪里投呢？选择一本合适的期刊往往会大大提升接受概率，提高投稿效率。选择合适的期刊是科技论文发表过程中的关键步骤，以下是在期刊选择过程中需要考虑的一些因素。

1. 研究方向和学科

确定研究方向和学科，并找到与之相关的期刊。

研究方向是指研究人员在科学研究中所专注的领域或主题。研究方向可以广泛涵盖各个学科和领域，包括但不限于自然科学、工程技术、社会科学、医学和人文学科等。研究方向通常基于个人的兴趣、专业背景、学术需求和社会需求。研究方向可以在学术界和科研机构中进行个人研究或者合作研究，也可以为实践和应用问题提供解决方案。一些常见的研究方向包括但不限于以下几个领域。

自然科学：物理学、化学、生物学、地球科学、天文学等。

工程技术：计算机科学、电气工程、机械工程、土木工程、化学工程等。

社会科学：心理学、经济学、政治学、社会学、教育学等。

医学：临床医学、生物医学、流行病学、药学、生物技术等。

人文学科：语言学、文学研究、历史学、哲学、传媒与传播等。

根据个人的兴趣和目标，研究方向可以更具体和专业化，如深度学习在计算机视觉中的应用、可持续发展的社会科学研究、癌症治疗的医学研究等。

2. 影响因子和引用指标

查阅学术数据库或期刊评价指标网站，获取关于期刊的影响因子、引用频次和排名等信息。这些指标可以反映期刊的质量和影响力程度。

影响因子(impact factor，IF)是在引用数的基础上建立起来的。影响因子一般指的是一本学术期刊的综合影响力。以最为熟知的科睿唯安公司(原汤森路透)的《期刊引证报告》(Journal Citation Reports，JCR)为例，某期刊两年发表的所有论文的总引用数($A$)除以论文数量之和($B$)就是该期刊的影响因子($IF=A/B$)。例如2022～2023年 Nature 的影响因子为64.8，Science 的影响因子为56.9。影响因子表现的是期刊的引用平均状态，有很大的参考价值，但不能迷信。很多研究人员写简历介绍自己时喜欢用累计发表论文分数几十这样的表达，其实就是说自己发表过的所有论文的影响因子之和。不过这样直接粗暴地加和有一个问题：不同学科学术期刊的影响因子高低不同。意味着发表同样影响因子论文的难易程度并不相同，比如地学类的顶级期刊影响因子只有10左右，而生物类顶级期刊影响因子有40～50。因此就诞生了期刊分区。

每年科睿唯安会发表 JCR 分区(基于 Web of Science 数据库)，把入选 SCI 数据库的所有期刊分成不同学科，按照影响因子高低分成 Q1～Q4 区。但是，这个好像不是很符合我国国情和学科划分习惯。中国科学院文献情报中心在 JCR 的基础上，根据中国各个研究单位和大学学科划分情况分为13个学科领域，将 SCI 期刊分为1～4区。影响因子基数的使用略微区别于科睿唯安，中国科学院文献情报中心的 JCR 分区使用3年平均 IF，大体将每个学科前5%的期刊划分为1区。计算剩下95%的期刊的 IF 总和，平均分为3份，2～4区各占剩下的累计 IF 的1/3。这样基本保证了2～4区期刊的数量逐级减少，而1区期刊数量极少。中国科学院文献情报中心的 JCR 分区又划分了大类分区和小类学科分区，还遴选了 TOP 期刊。其中大类1区默认为 TOP 期刊，而大类2区中两年应用总频次位于前10%的划分为 TOP 期刊[20]。

3. 定位和范围

仔细阅读期刊的官方网站，了解其定位、范围和发表要求。确保研究主题和内容符合期刊的范围，以提高接受稿件的概率。

每个 SCI 期刊都有其办刊宗旨和范围(Aim and Scope)，一般出现在期刊官方网页。此外，在期刊的 Guide for Authors 中，一般都会详细介绍期刊的侧重点和兴趣所在。作者需要仔细阅读相关说明，评估论文主题是否符合该期刊的征稿范围或论文内容是否符合期刊要求。

### 4. 论文目标和质量

根据研究目标和质量，选择目标期刊。有些研究可能更适合发表在高影响因子期刊中，而有些研究可能更适合发表在专门领域的期刊或新兴领域的期刊中。

### 5. 期刊的编辑团队和审稿流程

了解期刊的编辑团队和审稿流程，知道期刊是否有资深的编辑和审稿人员，并确保期刊的学术评审程序是公正、严谨的。

学术期刊的审稿流程一般是：初审、专家审稿、最终定稿、下录用通知。其中初审是期刊出版社内部编辑进行的，期刊出版社初审是基本过滤，一般无大问题的论文都能通过。要求是通读原稿，提出几点评价和处理意见，通过之后才能进入专家审稿，专家审稿主要看手稿的学术含量，但他们也会考虑到该刊物的接受水平，审稿意见会返回编辑。然后再由主编进行审核，最终才能发布，确定通过了就由编辑向作者发出通知，所以审稿的严谨非同一般期刊。

### 6. 开放获取和版权政策

如果倾向于开放获取，可以选择接受开放获取政策的期刊。开放获取期刊可以提高研究成果的可见性和可访问性。开放获取期刊可以让更多的读者免费阅读和引用手稿。

开放获取的特点为：①论文可以被任何人在任何地方在线免费使用；②论文的内容可以很少，或者没有限制地被第三方重复使用。

而开放获取的分类，也有很多种。按开放时间，开放获取分为两类，金色开放获取(Gold OA)和绿色开放获取(Green OA)，即即时完全免费开放和作者自存档两种形式，作者自存档通常有 6~12 个月或更长的延后公开期。绿色开放获取的手稿有时会被称为延迟开放获取(Delayed OA)，其版权通常保留在出版社或社会组织中，并且有特定的条款和条件决定如何以及何时可以在存储库中允许公开访问该手稿[称为"embargo period"（禁运期），通常在手稿发表后 6~24 个月]。

同时，还有青铜色开放获取(Bronze OA)：作者不为开放获取支付费用，而是出版社主动选择向公众免费开放资源。（有争议说这个根本不是开放获取，因为版权仍然在出版社手上，出版社可以随时选择不免费开放资源。）

白金/钻石开放获取(Platinum/Diamond OA)：作者或其所属机构不为开放获取支付费用，而是由出版社支付。这种出版社通常隶属于大学机构或基金，将"科研成果的自由传播"作为其使命。

黑色开放获取(Black OA)："非法"站点开放获取的手稿，比如 Sci-Hub 和 LibGen。

如按期刊类型，开放获取期刊又分为完全开放获取期刊（Full OA Journal）和混合开放获取期刊（Hybrid OA Journal），还有商业期刊向完全开放获取期刊过渡时期的形态——翻转期刊（Transformative Journal）。

完全开放获取模式下，期刊出版内容全部为开放获取模式，开放获取费用来自版税、赞助或者机构经费。而混合开放获取，则是传统的订阅式期刊（Closed Access Journal）允许作者、研究机构或基金提供者支付一定的费用（通常以手稿处理费或 APC 的形式），以便立即开放手稿全文的浏览和下载。很多主流期刊其实都是混合开放获取期刊。翻转期刊是指做出了承诺，要在一定时间内从订阅式期刊转为开放获取期刊的过渡期期刊。

7. 历史声誉

了解期刊的历史声誉和发表手稿的质量，可通过检查其网站、社交媒体等途径获得相关信息。应避免选择那些学术声誉不佳的期刊，以免给自己带来负面影响。

### 6.1.2 期刊选择方式

期刊选择可以通过以下途径进行。

学术数据库：使用学术数据库，如 Web of Science（www.webofscience.com）、Scopus（https://www.scopus.com）、PubMed（https://pubmed.ncbi.nlm.nih.gov）等，通过关键词搜索来寻找与研究内容相关的期刊。这些数据库还可以提供关于期刊的信息，如影响因子、引用频次等。

学术搜索引擎：使用学术搜索引擎，如 Google Scholar，可以根据关键词搜索相关的论文和学术期刊。通过检查引用和相关性，可以了解哪些期刊在研究领域中具有重要性。

期刊推荐工具：一些在线工具提供期刊推荐服务，如 JournalGuide、Elsevier Journal Finder 和 Edanz Journal Selector 等。可以输入研究主题和摘要，系统将推荐与之相关的期刊。

期刊目录和排名：参考各种期刊目录和排名，如 Scimago Journal & Country Rank、CiteScore、Journal Citation Reports 等，了解期刊的影响因子、引用频次、排名和领域内的重要性。

这里列举一些常用的期刊选择网站。

1. Journal Author Name Estimator（JANE）

JANE 是最早的选刊网站之一，限定条件丰富，命中精准。

JANE 包括了 Medline 中列出的所有期刊，因此更适合生物学和医学专业领域。作者可利用关键字、手稿标题和摘要等因素搜索，并允许在搜索时选择几个选项包括开放获取政策(Open Access Policies)、稿件类型(Article Types)、出版语言(Publication Language)。JANE 用起来也很简单,把题目和摘要复制进去,单击 Find journals 就会给出推荐的期刊。JANE 可以通过全文进行选刊,也可以通过 Find article 搜索已发表论文的相关性程度,帮助用户选择引用,通过 Find authors 还能发现潜在的审稿人。

### 2. Cofactor Journal Selector

Cofactor Journal Selector 直接根据一系列限制条件检索合适的期刊,如学科分类、同行评审或发布的速度、使用的同行评审类型、开放获取及手稿出版费等。

限定条件有 5 类:Subject、Peer review、Open access、Speed 及 Other。

最大不同之处就是不需要稿件信息,而是根据用户的目标条件推荐期刊。

### 3. Springer Journal Suggester

Springer Journal Suggester 是由 SCI 出版界的巨头之一 Springer 出版社开发,可以搜索所有 Springer 和 BioMed Central 的刊物。

同样,输入稿件题目、摘要,选择研究领域,就会推荐多个相关期刊供用户选择。会显示期刊的各种计量指标,如录用率、一审周期、是不是 OA 期刊等。

进入 Springer Journal Suggester 主界面,然后输入标题、摘要等内容,即可进行搜索。

Springer Journal Suggester 可以根据输入的摘要和标题,搜索到一系列的期刊,同时也显示各个期刊的影响因子、投稿周期及投稿中稿率,极大方便了用户进行查找。

### 4. Scimago Journal & Country Rank(SJR)

SJR 最大优势是完全免费公开取用,且操作简单。包含 A&HCI(艺术与人文)领域,对于艺术和人文领域有期刊排名需求者很友好。SJR 与 JCR 交互补充参考,有些期刊若在 JCR 无法查到评比资讯,可以通过 SJR 进行查看是否有收录,并提供相关资讯。

当进入 Journal Rankings 时,上方可作主题领域、国别及年度的筛选。

输入稿件摘要或文本,Journal Selector 提供相关领域的期刊列表,可以根据期刊发布频率、影响因子或发布模式(包括开放式访问)来优化结果。

### 5. GeenMedical

GeenMedical 是一款整合了 Pubmed、SCI-HUB、百度学术以及 ResearchGate 等资源的本地化平台,它不仅可以检索文献,还可以直接打开大部分文献。

GeenMedical 主要包括医学、生物科学和少量的综合学科的研究领域，尤其是对于生物医学研究者来说，这是一个十分有帮助的科研网站。该网站可以根据研究的领域、中国科学院文献情报中心 JCR 分区、影响因子以及国人发稿情况等多个方面进行筛选搜索，这样让用户的选择更加具有针对性。

#### 6. JournalGuide

JournalGuide 是一款覆盖了超过 4.6 万种 SCI 期刊的目标期刊选择常用工具，它能针对手稿迅速筛选出内容最匹配的期刊，准确做出最优的投稿选择。

其检索结果，包括期刊的名称、影响因子、出版社，以及期刊与本论文内容的相关程度。相关程度越高，期刊得分越高，排序越靠前。同时，针对每个匹配期刊，JournalGuide 都会给出该期刊上与之相似度高的文献，方便在投稿该期刊的时候引用。对于 JournalGuide，只需要输入论文的标题和摘要，单击 SEARCH，即可检索出与论文内容相匹配的 SCI 期刊。

## 6.2 投　　稿

### 6.2.1 投稿前准备

仔细检查语法和拼写，确保使用了正确的语法、标点符号和拼写。检查论文结构和段落的连贯性，确保论文的结构清晰，各段落之间有逻辑连接。验证数据和结果的准确性，仔细检查提供的数据和结果是否正确，是否与之前的实验或研究一致。检查参考文献的格式和完整性，确保稿件的引文遵循正确的引文格式，并且列出了所有引用的文献。重新阅读摘要和关键词，确保摘要准确地概括了论文研究内容，并且关键词准确地描述了研究主题。

在对稿件检查完毕后进入期刊投稿网站，仔细阅读期刊 Guide for Authors，并按照 Guide for Authors 准备投稿文档。

1. 投稿中常见附件材料

1）论文初稿

论文初稿一般有两种，一种是全文论文（manuscript，完整的论文稿件），一种是便于同行评审的盲审论文（blind manuscript，除去作者姓名、单位、邮箱、基金、致谢含个人信息的部分）。标题页（title page）一般和盲审论文一起上传。

2）介绍信

①介绍信的定义及作用

介绍信的格式类似于寄给主编的一封标准商业信函。因此它应该简洁明了，突出重点，一般不超过一页，包含能够使编辑做出"拒绝"或"发送给同行评审"决定所需要的全部内容。介绍信需要包括以下三点内容，但是如果有些期刊的介绍信有特殊要求，比如要求表明是否已经有审稿人审阅过、要求表明伦理规范等，那就需要适时在第二部分进行添加和描述。

表明以什么为题的文章拟投贵期刊，简要介绍文章的主要发现和重要意义；

表明所有作者均已经知晓拟投本期刊，且没有一稿多投；

最后附上通信作者的电话、邮箱、地址等信息。

②介绍信范例

介绍信的书写从标准的问候开始。然后在正文中提供以下结构内容，每个主题包含一个或两个句子。

(1)稿件信息：提交稿件的标题和文章类型(letter, regular paper, review, tutorial, communication, special section paper, etc.)。如果要提交特殊类型，请写明特殊类型的名称。

(2)解决的问题：哪些问题促成了这项工作？这项工作旨在填补什么空白？这项工作的大背景是什么？

(3)研究的创新点：本文的什么新内容是以前没有研究探讨过的？例句："To our knowledge, this is the first report showing …"

(4)研究意义：上述提及的创新点重要在哪里？对该领域的潜在影响是什么？

(5)表达本文章适合该期刊：为什么这项工作适合发表于该期刊并能够吸引读者？该手稿的出版是否/如何使期刊受益？（请熟悉该期刊的范围。）请说明这篇论文是建立在之前发表的论文的基础上，还是与之前发表的论文直接相关。

(6)责任声明：

"This manuscript has not been previously published and is not currently in press, under review, or being considered for publication by another journal."（此手稿未曾出版过并且未在进行出版、审稿和考虑其他出版期刊。）

"All authors have read and approved the manuscript being submitted, and agree to its submittal to this journal."（所有作者均已阅读并同意了被提交的手稿，并同意将其提交至本期刊。）

最后，以标准的信件书写格式结尾，注明相应作者的姓名和联系信息。

介绍信中应避免夸大研究结果的陈述、不被手稿中数据支持的结论、手稿中逐字逐句重复的句子，以及过多的技术细节。记住，介绍信应尽可能简明扼要——只说最重要的。有些期刊会要求在介绍信中提出对选择稿件审稿人的建议，尽量推荐一些同学科专家，避免文稿被误解带来的麻烦。不过大多数期刊是要求在在线提交过程中推荐审稿人。简言之，就是需要将自己的论文介绍给期刊编辑。下面是一篇论文的介绍信示例。

March. 2023（投稿时间）

Dear Editor,

We would like to submit the enclosed manuscript entitled "论文题目" by: XX, XX, XX,（作者）to be considered for publication in your esteemed journal: XXX（期刊名）.

Rock breakage is always a hot topic in the field of rock engineering. Microwave-assisted hard rock breaking is currently a very hot topic. However, single microwave-assisted rock breakage is not suitable for all excavation projects. For hard rocks with poor microwave absorption, the effect of microwave-assisted mechanical rock breakage is not particularly good. Therefore, this study will introduce a method of microwave-water cooling-assisted mechanical rock breakage. A sandstone with weak microwave absorption and high hardness is studied to target the issues raised above. The sandstone samples were heated by microwave and then subjected to water cooling or natural cooling to explore the specific effect of water cooling on microwave heating through controlled experiments. During the fracturing process of the rock by the TBM hob, various types of failures, such as tension, compression, and fracture occur. Therefore, compressive, tensile, and fracture failure tests were performed on the treated sandstone samples, respectively. The damage evolution of the specimens was obtained using the active detection method（wave velocity measurement）and passive detection method（acoustic emission test）. The roughness of the fracture surface of the specimens was quantified according to the box-counting dimension method. Meanwhile, the relationship between P-wave velocity and mechanical properties of sandstone after microwave treatment was discussed. Furthermore, the damage mechanism of microwave heating and water cooling on sandstone is discussed and analyzed in terms of macroscopy and microscopy. Finally, a new microwave-water cooling-assisted mechanical rock breakage method is proposed and suggestions for future work are given. Hence, they will be of great interest to the readership of Rock Mechanics and Rock Engineering.

Thank you very much for considering our manuscript for potential publication. I'm looking forward to hearing from you soon.

Kind regards,
XXXX,（通信作者）
Ph.D., Professor,
School of Resources and Safety Engineering, Central South University, Changsha,

410083, China
E-mail: xxxxxx@csu.edu.cn

3) 亮点

①亮点的定义及作用

亮点(highlights)是作者提炼出来的论文的精髓，主要是表述论文的主要成果或结论，方便读者/审稿专家快速了解论文的内容。亮点是来源于整个文章，尤其是结论和讨论部分，需要高度概括，突出亮点和重点，对于提高论文的引用也有重要的意义。

②亮点的要求

(1) 通常包括 3~5 点内容；

(2) 每点的字符数(包括空格、单词和标点符号)不超过 85 字符；

(3) 只介绍文中最重要的结果。

以下是一些论文的亮点范例。

> The elastic-plastic problem of doubly periodic cracks is solved.(研究内容)
> The influence of plasticity around the crack tip is addressed.(具体作者考虑的那个因素的影响)
> A highly accurate approach is put forward by avoiding double infinite summation.(模型的特点、优势，以及实现的方式)
> A new identity suitable for periodic cracks research is put forward first and proved.(工作的可推广性，应用)
> An analytical formula is obtained for calculating SIF with a reliable precision.(最想让别人记住或者使用的东西)

用最少的语句表达清楚论文的创新点和特色。下面的例子是按模型、求解方法、验证、主要结果的模式写的。

> The doubly periodic interfacial crack in a layered periodic composite is studied.
> The skills for periodic collinear and periodic parallel cracks are used together.
> A comparison with known solutions verifies the validity of our solutions.
> There exists a coupled effect of geometrical and physical factors on crack

> behavior.
> ➤ The shielding effect and amplifying effect of multiple cracks exist simultaneously.

下面是按问题、模型、成果、验证、结论的模式写的。

> ➤ The fibrous nano-composites with imperfect interface are investigated.
> ➤ The imperfect interface, nano interface stress, and fibersection shape are considered.
> ➤ The closed from solution of the effective antiplaneshear modulus is obtained.
> ➤ Five previoussolutions can be regarded as the limit cases form the present expression.
> ➤ The interfacial imperfection causes a reduction in the effective shear modulus.

4) 图文摘要

①图文摘要的定义及作用

graphical abstract 一般翻译为图文摘要，是指将论文内容可视化，更直观地展示文章内容，让读者更高效地了解文章内容。顾名思义，它包括两方面的内容：一是文字，二是图片。CellPress 出版社对图文摘要官方定义为："The graphical abstract is one single-panel, square image that is designed to give readers an immediate understanding of the take-home message of the paper. Its intent is to encourage browsing, promote interdisciplinary scholarship, and help readers quickly identify which papers are most relevant to their research interests."

②图文摘要的要求及优秀范例

图文摘要一定是研究论文提炼出的最重要、最精华的部分。文本摘要和图文摘要之间的区别是，图文摘要应该只着重强调论文的某一个方面，而不是对整体研究的概括总结。研究论文可能有一个独特的创新点和主题，或者包含一些漂亮的研究结果（数据）和实验方法等。这时，你应该只关注其中一个着重点来构思图文摘要，忽略其他次要的内容。所以在开始制作图片之前，重新审视你的论文，确定什么是最值得展示给读者的信息，是最重要的一步。图 6-1 是图文摘要示例。

5) 核对清单

核对清单（checklist）就是为了核对所投稿件是否符合 Guide for Authors 的基本要求。为了完成核对清单，一般需要在 Guide for Authors 中下载核对清单的原件，

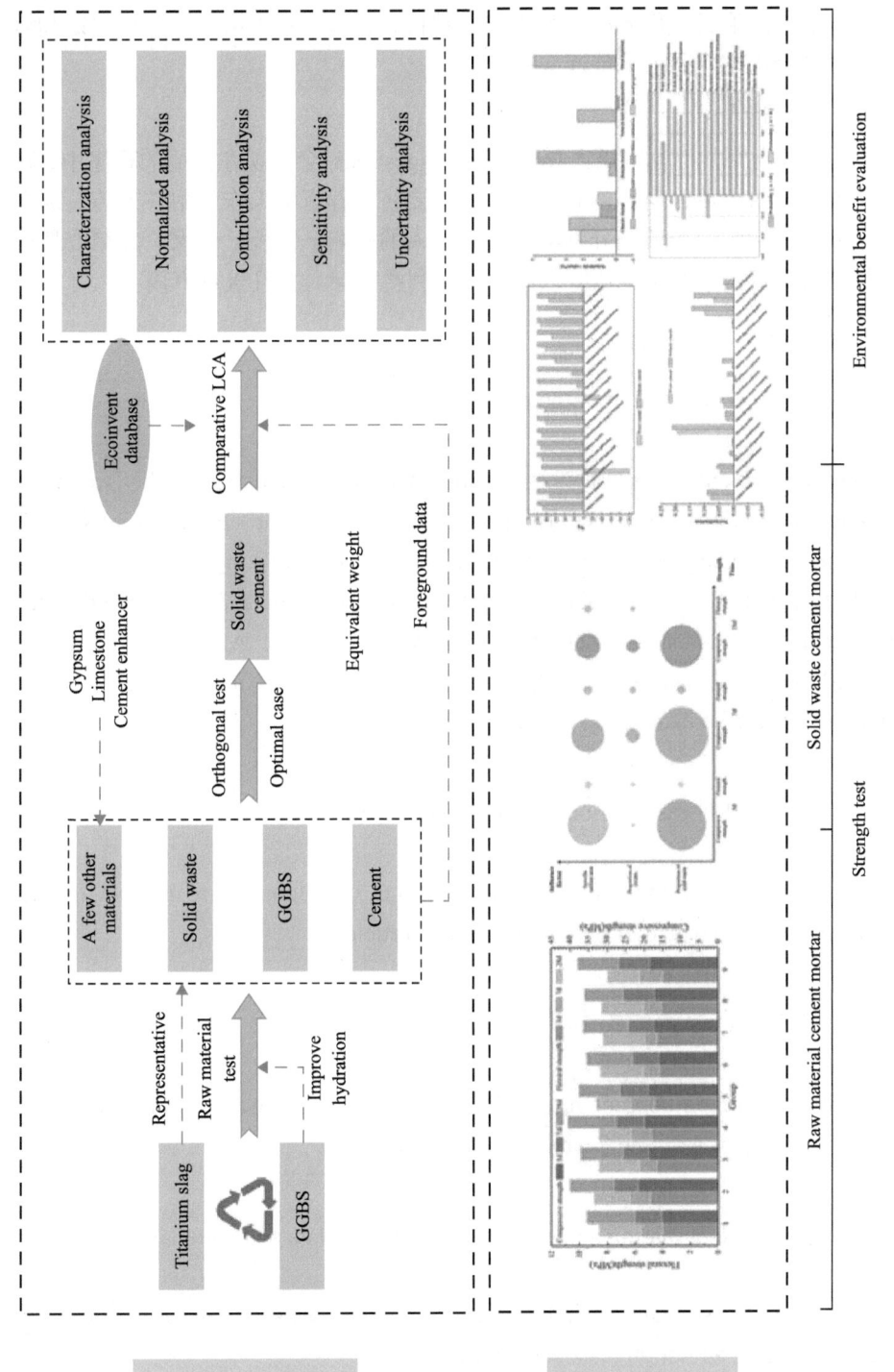

图6-1 图文摘要示例[21]

根据自身稿件的形式、作者的姓名单位、题目和整体字数来填空，并根据期刊需要的附件是否均按照要求上传逐一打钩。

6) 推荐审稿人

大多数情况下，推荐审稿人(reviewer suggestions)会出现在投稿的程序中，直接按照要求输入即可，但是也有个别情况需要将推荐审稿人作为附件上传。那么推荐审稿人包括的内容便是分别罗列出审稿人的姓名、单位、国家、邮箱，最后简单描述这些审稿人对该领域有权威，没有利益冲突，并且乐意审稿。

2. 投稿中常见声明条款

1) 作者贡献(contribution of the paper)

> AB carried out the molecular genetic studies, participated in the sequence alignment and drafted the manuscript. JY carried out the immunoassays. MT participated in the sequence alignment. ES participated in the design of the study and performed the statistical analysis. FG conceived of the study, and participated in its design and coordination and helped to draft the manuscript. All authors read and approved the final manuscript. All contributors who do not meet the criteria for authorship should be listed in an acknowledgements section.

2) 利益冲突声明(declaration of interest statement)

> The author(s) declared no potential conflicts of interest with respect to the research, author-ship, and/or publication of this article.

3) 伦理审查(ethical approval)

> Written informed consent for publication of this paper was obtained from the Hubei University of Arts and Science and all authors

4) 数据分享(data sharing agreement/availability of data and materials)

> The datasets used and/or analyzed during the current study are available from the corresponding author on reasonable request.

或：

Data sharing not applicable to this article as no datasets were generated or analysed during the current study.

5) 出版协议(consent for publication)

Written informed consent was obtained from the patient for publication of this case report and any accompanying images. A copy of the written consent is available for review by the Editor-in-Chief of this journal.

6) 基金

基金(funding)包含基金项目名称、基金号及基金资助者姓名;若无则写上 Not applicable.

7) 致谢(acknowledgement)

对在研究工作中对作者提供帮助的人或机构等进行感谢,包括资金支持,如国家自然科学基金、地方基金、企业项目等;方法及技术指导,如未署名的导师、同事或其他人员。

### 6.2.2 稿件处理流程

图 6-2 简要展示了投稿之后论文的处理流程。

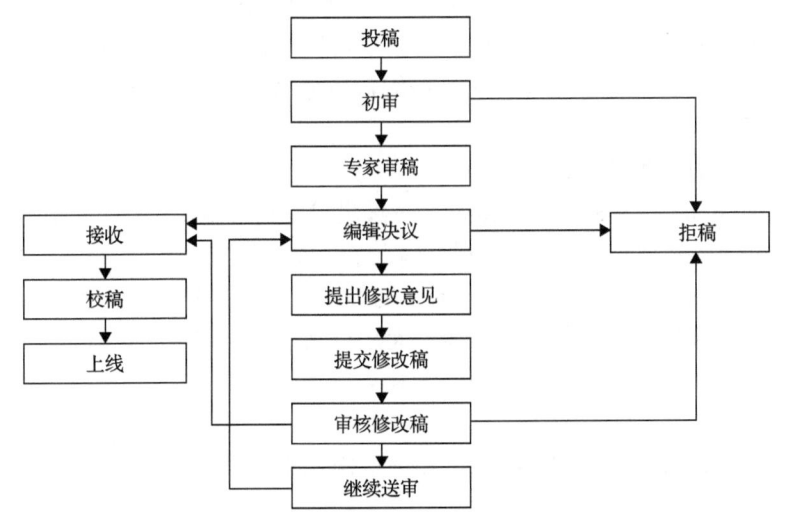

图 6-2 科技论文 SCI 审稿流程图

投稿以后,登录期刊的投稿系统,就会显示稿件的处理状态。稿件状态一般有这些：

  Submit New Manuscript（提交新稿件）

  Submissions Sent Back to Author（将提交的稿件退还作者）

  Incomplete Submissions（提交材料不完整）

  Submissions Waiting for Author's Approval（等待作者核准的稿件）

  Submissions Being Processed（正在处理稿件）

  Submissions Needing Revision（稿件需要修订）

  Revisions Sent Back to Author（退还给作者的修订稿）

  Incomplete Submissions Being Revised（修订稿提交未完成）

  Revisions Waiting for Author's Approval（等待作者核准的修订稿）

  Revisions Being Processed、Declined Revisions（正在处理的修订稿、驳回的修订稿）

  具体状态一般有如下。

  Submitted to journal——刚提交的状态。

  Manuscript received by Editorial Office——就是你的手稿到了编辑手里，证明投稿成功。

  With editor——如果在投稿的时候没有要求选择编辑，就先到主编那，主编会分派给别的编辑。

  这当中就会有另外几个状态：

  （1）Awaiting Editor Assignment——指派责任编辑。

  （2）Editor assignment——手稿分给另一个编辑处理。

  （3）Technical check in progress——检查你的手稿是否符合期刊的投稿要求。

  （4）Editor Declined Invitation——该编辑拒绝邀请，此时编辑会重新分派给其他编辑处理。

  随后也会有两种状态：

  （1）Decision Letter Being Prepared——编辑没找到审稿人就自己决定是否接收。

  （2）Reviewer(s) invited——找到审稿人了，就开始审稿。

  Under review——这应该是一个漫长的等待。当然前面各步骤也可能很慢，要看编辑的处理情况。如果被邀请审稿人无法审阅手稿，编辑会重新邀请审稿人。

  Required Reviews Completed——审稿人的意见已经上传，审稿结束，等待编辑决定。

  Evaluating Recommendation——评估审稿人的意见，随后将收到编辑给你的决定。

  Minor revision/ Major revision——编辑根据审稿人意见给出修改决定。

  Revision submitted to journal——修改稿送回审稿人处审阅。

Accepted——恭喜，论文被接收了。

期刊处理稿件都是有一定的周期和时限的，这个时限期刊一般都有所说明。如果你的稿件确实超过了正常的处理期限，这个时候确实可以发一封邮件催稿或者询问。下面为一篇催稿信范例。

---

Dear Editor:

I'm not sure if it is the right time to contact you to inquire about the status of my submitted manuscript "**title of Manuscript**(论文题目)" [Manuscript Number: **XXXX**(稿件编号)], which has been submitted on XX XX. 20XX(发邮件时间). The status of "XXX(论文状态)" for my manuscript has been lasting for about XX months(投稿) as of XX 20XX, and I had contacted the editorial office before, but the status of the manuscript remained "XX(论文状态)". I am just wondering if my manuscript has been sent to reviewers or not. I would greatly appreciate it if you could spend some of your time checking the status for us. I am very pleased to hear from you on the reviewer's comments.

With best regards!

Yours sincerely

XX(通信作者)

---

## 6.3 稿件评审过程

### 6.3.1 编辑和审稿人的职责

1. 编辑的职责

论文文稿提交到期刊首先由投稿系统分配到编辑部，投稿是否被录用是由编辑来决定的，所以科学期刊的编辑本身就是科学家，而且通常是很有名望的科学家。编辑不仅要做出最终的"录用"或"拒绝"的决定，还要指定合适的审稿人以听取他们对投稿的评审意见。如果不同意论文的评审意见或录用决定可以直接向编辑投诉，提出自己的不满和意见。

用出版顾问及科学传播专家 Phil Davis 的话来说：如果学术期刊的作用是为了在其特定市场收集、评审和发表高质量的数据和信息，那么编辑则承担着实现这个过程的责任。事实上，这个过程并不"简单"，以下三大任务（相互之间有交叉）可以帮助我们理解主编的角色。

期刊领导力和负责人：编辑要掌控大局，不仅要专注于期刊的管理，还要掌握专业学术知识和相关行业信息。

主编负责挑选并组建期刊的评审小组和编委会，挑选完成后，需要评估所选人员的表现。如有必要，主编会取消不合格审稿人和编委会成员的资格。主编是期刊的首席客户服务官，负责处理投诉，解决出现的差错。如果问题严重，主编将承担责任。通常来说，主编负责执行各种政策，使期刊紧跟社会趋势和学术动态（比如最新出现的增加包容性和多元化的呼吁）。在同行评审流程中，主编对所有内容拥有最终决定权。决定哪些投稿该录用，哪些该拒稿。许多优秀的投稿往往通过了同行评审最终仍被拒。为什么？因为这是主编决定的（通常拒稿理由充分又复杂）。

把握期刊和专业领域的方向：主编既要为自己的期刊，又要为更广泛的专业领域指明发展方向。编辑的决策可能会引起政治方面的争论，可能改变别人的职业生涯，也可能建立或打破联盟。编辑选择发表的内容将直接影响一个领域的文献和实践。

主编经常埋头工作于评审过程的每个细节。即便是每年会收到数千份投稿的大型期刊，许多主编也会亲自将每份投稿分配给审稿人，每一期每篇文章都由主编亲手挑选和排版。

我们来区分一下编辑和管理编辑。投稿是否被录用是由编辑来决定的，所以科学期刊的编辑本身就是科学家，而且通常是很有名望的科学家。编辑不仅要做出最终的"录用"或"拒绝"的决定，还要指定合适的审稿人以听取他们对投稿的评审意见。如果不同意论文的评审意见或录用决定可以直接向编辑投诉，提出自己的不满和意见。

管理编辑一般是有酬的全职人员，而编辑通常是无酬的、自愿提供帮助的科学家（少数大型科学与医学期刊雇用有酬的全职编辑。很多期刊，特别是医学期刊和那些商业发行的期刊将付酬给兼职编辑）。通常，管理编辑与是否录用稿件的决定无直接关系，他们的任务是帮助编辑处理审稿过程中的文书或行政事务，并且负责论文录用后到发表前的各项事宜。所以，如果在论文的校样阶段和发表阶段有问题，应该同管理编辑联系。

简单来说，投稿被录用前出现的问题通常由编辑负责处理，而投稿被录用后出现的问题则由管理编辑负责处理。

2. 审稿人的职责

如果说主编需要把握宏观视角，则同行评审审稿人必须着眼于微观视角。对投稿逐篇进行缜密审核，仔细判断投稿的价值，从而推进科学发展，这是作为审稿人的荣耀和乐趣。简而言之，审稿人有以下两方面的职责。

对作者的责任：审稿人将就投稿的价值及时提供书面、公正、证据充分的建设性反馈，给予作者支持，尽力帮助作者在具体方面提升投稿质量，并在总体上提高作者的整体科学或学术能力。

审稿人对每篇投稿在条理是否清晰和论证是否有效进行评论，并提供改进意见。如果审稿人发现了论文的价值和前景，他或她将极力促成该篇论文的发表，因为他们深知多样化能促进高质量的研究。审稿人会避免发表个人评论和批评。最重要的是，他们在整个审稿过程中始终确保投稿的保密性。

对编辑的责任：如果与分配给他们的论文存在任何利益冲突，审稿人应告知编辑。审稿人应该根据主编提供的指南及时审稿，这些指南通常较为严格。

对于自己专业领域以外的论文，审稿人应予以回避。在这种情况下，审稿人可以推荐其他评审人选。

### 6.3.2 审稿意见回复

#### 1. 审稿意见解读

乌什马·尼尔(Ushma S. Neill)指出，成功处理一份稿件取决于三个因素：收到的是一份写得好、有创新的稿件，遇到的是一位知情、公正的编辑，找到的同行审稿人会写出建设性意见。

期刊可能会对如何写审稿意见给出指南性要求，如设定一些指标档次，要求审稿人勾选，并要求审稿人在给定的空白栏书写一份评价。大多数情况下，由审稿人自己发挥，书写一份审稿意见。以下只考虑自由发挥的情形。

艾伦·迈尔(Alan Meier)建议的标准化审稿意见包含 6 个部分的内容。

(1) 稿件信息(title and author of paper)。稿件信息包括作者、标题、期刊和稿件编号。有的审稿人会在稿件信息前加上"Comments on"或者"Referee's comments on"或者"Review's comments on"之类的短语。

(2) 简介(summary of paper)。在简介中指出作者考虑了什么问题，做了哪些工作，报道了什么内容。在简介中，对论文的优缺点不做评价。简介为进行具体评论提供对象或进行铺垫。

(3) 给出论文的优点(good things about the paper)，从论文涉及的问题的重要性、论文的观点、采用的方法、得到的结果、对结果的解释、给出的结论、成果的价值和论文的写作等几个方面，遴选出值得称赞的地方，借此说明论文有什么值得肯定的优点。如果认为优点不突出，这一条也可以不写。指出论文有优点会让作者感觉愉快，即使最后的意见以负面为主，也有利于缓和作者与审稿人的关系。

(4) 重点问题(major comments，main remarks，major points)。在重点问题中，一般先用几句话概述论文有什么重要不足，用明确的语言告诉作者需要如何面对这些问题。接下来按条目给出具体意见。条目顺序一般遵循所指出的问题在论文中出现的前后顺序。如果一些问题与论文前后几个部分有相关性，则在最后一个相关部分对应的位置进行评论。以下是写具体意见时可以参考的几个方面。

①指出稿件中存在的主要不足并给出修改建议。从整体思路、分析深度、写作、假设、方法、结果、结论、图表、数据、数学符号与公式、文献引用和逻辑推理等找出可能的不足。

②指出一些不太清晰从而无法判断其价值或对错的描述，以便对一些要点的重要性或正确性进行进一步判断。

③对作者本人没有意识到稿件中的重要贡献进行赞扬性评价，以便作者在修改稿中用适当语言突出。

④必要时，要求作者补充一些研究，以便提高论文的价值，弥补一个空缺或回答一些值得关注的问题。

⑤指出稿件中可能存在的错误及其影响。

⑥指出作者没有意识到的与现有文献或常识有冲突的结论或观点，要求作者补充文献，并提供解释。

(5)次要问题(minor comments, minor points)。次要问题涉及写作风格、拼写、语法、图表质量、术语的解释、失误、交叉引用错误、漏引文献和表述方式等。当次要问题对论文影响较大时，也可以放到主要问题中。审稿人认为语言存在较多问题时，会建议在修稿时寻求语言专家帮助。

(6)推荐意见(recommendations)。最后一段给出推荐意见。

以下是一些审稿意见的推荐意见。

【1】
In my view, if the authors can address the aforementioned issues, I believe the paper would be suitable for publication. However, implementing these modifications may pose significant challenges. Nonetheless, given the research foundation demonstrated by the authors in the discussion section, I have confidence in their ability to overcome these obstacles. As a result, my recommendation is to either reject the manuscript or request a resubmission.

【2】
The manuscript presents an original study on excavation-induced stress redistribution around a tunnel. Scientific quality of the study is sufficient for justifying publication. The main issue is lack of tangible reference to practical applications. This seems as highly theoretical study of low practical value. Other than that, the manuscript already is quite mature for publication and it is well prepared.

重点问题：

I suggest revising the introduction section of the paper. The authors' **logic is unclear**. While the first paragraph adequately describes the importance of investigating dynamic excavation under different stress conditions, the second and third paragraphs lack coherence. The relevance of **the summary of EdZ and EDZ to the theme is unclear,** and Figure 1 seems to have little relation to the article's topic, as it is only briefly mentioned in the text. In the fourth paragraph, the authors attempt to explore the relationship between unloading rates and stability, but the concluding sentence, "numerous tunnel excavations have been carried out worldwide, and a large number of EDZ have been observed," lacks clarity. The fifth and sixth paragraphs are also excessively lengthy and lack evaluative content. In essence, the authors fail to explain the significance of their research, why they developed a new method to study the mechanism of EDZ formation and stress redistribution during excavation, and what specific problem their proposed method is intended to solve. As a result, it is difficult to ascertain the innovation of the method. I believe that presenting a general overview of the progress of tunnel excavation research is irrelevant and adds little value to the article.

次要问题：

There are several minor issues in this manuscript that need attention:

Line 1: The title of this article is evidently inadequate. It is unclear whether it **pertains to a method, a mechanism, or engineering insights**. Consequently, it requires revision.

Line 41: **Fig. 1 is unrelated** to the topic and should be removed.

Line 71: The abbreviation for EDZ was already defined earlier. It can be **directly referred to as EDZ here**.

一般期刊的审稿意见大致有以下几类：Rejection（拒稿）、Major revision（大修）、Minor revision（小修），直接 Accept（接受）的少之又少。

直接拒稿通常有以下几类原因。

(1) Due to data insufficiency——recommend to other journal (usually lower IF)。数据不够充分，通常建议转投其他期刊。

(2) No direct relationship to journal scope——recommend to other journal

(usually similar IF)。文章主题内容不在期刊收录范围内。

(3) English is too bad to be understood——Must be corrected before resubmission。语言太差。

Major revision——Must be done。

通常建议"大修",必须要重视 must be done,要根据审稿意见进行修改。

Minor revision——could argue on some points。

通常建议"小修",在修改后即可接收录用。

2. 审稿意见回复

一个好的回复对于你的论文是否被接受是至关重要的,审稿意见的回复应当有一个清晰的结构,如下所示:

> Dear Editor and Reviewers:
> Thank you to the editor and reviewers for their patience in reviewing the manuscript. Our manuscript was revised (highlighted in the text) according to the reviewers' comments. We appreciate their constructive criticisms. This answer sheet lists the major changes and our reply to your comments and recommendations. The manuscript was professionally linguistically embellished by XX Language Editing to improve the readability of the manuscript.
> **Responses to Reviewer #1**
> **Major problems**
> (1) I suggest revising …
> **Response:**
>
> **Minor problems**
> (1) Line 1: The title of..
> **Response: We revised**…
>
> **Responses to Reviewer #2**
> (1) The main problem is…
> **Response:** Thank you for your comments…

意见回复一般以一段友好的介绍开始,感谢编辑和审稿人,例如:

> We wish to thank you all for your constructive comments in this second round of

review. Your comments provided valuable insights to refine its contents and analysis. In this document, we try to address the issues raised as best as possible.

有时编辑可能会给出他自己的修改建议，这时你要突出审稿人建议后的文章主要变化。然后你还可以在引言中对你所做的主要修订做一个简短的陈述。

例如：

The revised version is significantly shorter. We addressed the concern of reviewer 1 and removed the section on political ecology, and provided additional empirical material as reviewer #2 requested. We also now have an expanded discussion section where we engage in more detail with the work of Feng et al, as you advised us to.

回复过程中一定要准确地回应每一条评论，这是十分重要的，不要忽视审稿人的评论。不要在没有真正说明的情况下说"这在论文中已经说明了"，如果你不能百分之百确定你已经说明了，那就说明你没有。

不要回避审稿人的评论。不要只是说"这个问题在修订版的论文中已经解决了"，而没有真正解释你是如何准确地解决它的。在答复中给出一个简短的摘要，说明你是如何处理所提出的问题的，如果必要的话，在修订文本中指出有相关修订的位置，或者在回复中复制粘贴修订文本的相关部分。同样，仅仅说"这个问题已经解决了，请参见 XXX 行"是不够的。你需要和审稿人有实质性的讨论，用实质性的、理性的分析来为自己的修订以及为什么修订（或者为什么不）辩护。

审稿意见回答得越好，你就越能说服编辑和审稿人，让他们相信你理解了他们告诉你的内容，你对你的文章很有把握（把它想象成一场博士答辩，或者课后问答）。你越是想要避免批评，或者对你做了什么、在哪里做了什么含糊其词，他们就越会怀疑你，怀疑你并没有真正修订论文。如果他们重新读你的论文，而你的论文与第一版非常相似，你就有被拒绝的风险。

如有必要，向审稿人提出质疑，如果你不理解某项评论，就说出来。审稿人和你一样都是研究人员。也许他们没有很好地表达自己的想法，也许他们误解了你，因为他们不太了解你的文章。礼貌地告诉他们，例如："We are afraid that we are not sure whether we fully understand this comment."

接下来解释你为什么不理解它。如果要点很清楚而你却不理解，那么审稿人或编辑可能会认为你还没有准备好发表一篇论文。给审稿人写信，把编辑放在你的脑后，因为有时候他可能会评判你和审稿人之间的差异。确保编辑会同意你的观点，因为有时审稿人的观点可能不准确。他可能会告诉你这个部分不清楚或语言不完美，但没有提供细节。你可以要求他们把工作做好，让他们讲明模糊不清的地方，或者给你举例说明你的语言有哪些问题。

如果你不同意他们的某个建议，而且你不想做出修改，那就说出来，要好好捍卫你的立场。表达出你理解审稿人的建议，然后对为什么不修改进行辩护。如果审稿人继续说服你那样做会更好，你就再进行修改。有时审稿人可能会要求增加更多的单词，同样你可以拒绝，然后写一些类似"Thank you for this comment. Unfortunately, we do not have enough space to deal with this issue in depth(our manuscript contains as it is more than 10,000 words) and, thus, this particular topic will be discussed in detail in future work(already some of the authors have been working on the topic). However, we have tried to...."的话。

如果主编要求修改后再审，那么需要按审稿意见修改论文，并书写回应审稿人的答复函(reply/response letter to reviewer's comments)。这需要非常严肃地对待，否则可能导致不必要的拒稿。

不少作者认为只需要聚焦于修改论文，而会忽视答复函的质量及其对审稿人给最终推荐意见的可能影响。为了提高审稿人接受修改稿的概率，诺布尔(Noble W.S.)提出了修改稿件和书写答复函的十条法则。

(1)回复意见应包括两大部分，第一部分是概述(overview, or general reply)，说明你整体上是如何修改的，第二部分是逐条回复。第一部分有助于综合所有审稿人的意见，让每位审稿人了解到还有哪些自己没有要求的修改。

(2)礼貌并尊重所有审稿人，不要用不礼貌的言辞回应审稿人的负面意见。

(3)接纳审稿人对论文工作的指责，哪怕是审稿人没有搞清楚，也要反过来为自己没说清楚而道歉。

(4)让回应自成一体，便于审稿人节省再审时间。对于每一条修改意见，指明你在修改稿中什么位置进行了修改，如何进行了修改，避免审稿人在修改稿中找来找去才能搞清楚你是如何修改的。指明位置时，可以精确到第几页、第几段和第几行。

(5)回答审稿人提出的每一条意见或评论，避免审稿人觉得你没有搭理他/她的某些意见。因此不能将几条意见合在一起回应，一石多鸟肯定会留下不好的印象。

(6)在回复函中，使用不同排版方式来区分审稿人的意见、你的回应和你所做的修改。就是说，你可以逐条拷入审稿人意见(用一种字体)，紧接着用另外的字体写下你的回应，以及你如何做的修改。

(7)对于每条评论，在可能的情况下直接先回应"是"与"否"，再说明你是如何修改的或不修改的原因。

(8) 尽可能按照审稿人要求去做，除非你能指出足够的理由。

(9) 指明修改稿相比于前一版本有什么变化，可以在上传的修改稿中，用标亮的方式标注被修改或添加的内容，并在回复函中说明有哪些重要变化。

(10) 最好两次书写答复意见。第一次是在修改论文前书写，用于指导自己修改论文。第二次是正式的，在准备上传修改稿时书写，在上传修改稿时提供。

当审稿人要求你补充一些研究，而你认为没有必要，那么需要从科学层面解释为何没有必要。不能把经费不足、时间不够、学生赶毕业、自己要升职称和给基金等任务交差等当作你无法完成这些工作的理由。校对服务机构(proof reading service)建议，将每条答复分成三段，分别标记为"意见"、"回复"和"修改"。

回应每条评论的三段结构：

意见(comment $n$)：将第 $n$ 条审稿意见拷在这里。字体可以使用正体。回复(response)：对意见进行致谢，指出自己的问题，说明你如何做。字体可以用黑体。修改(change)：指出你在论文中如何进行了修改，包括指出修改内容出现的位置，以及是否有其他相应的调整。如果添加、更正的内容较短，可以放在这里，字体可以使用斜体。

即使按上面介绍的方式正确回应，还是有可能被拒稿。为此，我们有必要了解可能拒稿的原因以及掌握应对方式。论文审稿的最终结果由主编决定。主编一般会邀请多名审稿人审阅论文，综合几位审稿人的意见和自己的判断来做出录用、修改或拒稿的决定。可能有两位审稿人建议录用或修改，一位建议拒稿，此时，如果主编认为拒稿建议有道理，那么就会采纳拒稿建议。以下 10 种情况可能会成为拒稿的理由。

(1) 论文的主题没有意义。

(2) 结果和结论没有价值。

(3) 论文逻辑或写作不严谨。

(4) 存在重大原则性错误。

(5) 低水平工作。

(6) 基于陈旧方法的工作。

(7) 结果和结论不可靠。

(8) 论文内容与目标期刊不符。

(9) 论文工作质量与目标期刊的要求相距甚远。

(10) 疑似有学术不端。

比较让作者难以接受的是，审稿人明显是出于认识不足或者有误解而做出拒稿建议。如果主编依据审稿人的建议做出了拒稿决定，那么首先还是应该写一封感谢信。这对未来投稿还是有积极作用的。如果个人认为拒稿不公正，那么一种方式是给主编写申诉信，另一种方式是按审稿意见改进稿件后再次投稿。

3. 审稿决定

Reject：最常见的状态，著名期刊拒稿率可达 90%。Immediate reject 指立即拒稿，即编辑迅速审阅后即拒稿。

Accept：接受，皆大欢喜的结局。难度较低的期刊接受的比例可达 30%，但不常见。在大型综合性医学期刊或上 10 分的期刊发表的概率不大于 8%。

Major revision：大修改，不一定意味着接受。提示审稿人评价较好，有机会被接受。一定要认真、严格按照意见修改，审稿人稍不满意稿件也会被拒绝。现在退稿比例越来越高。

Minor revision：小修改，原则上确立接受稿件，仍需虚心接受审稿人的意见，进行一对一的修改。

Accept with minor revision：基本同上，只是接受的事实已经确立。

Reject and resubmit：审稿人对修改不满意，但欢迎作者重投本期刊。Reject 则不允许重投同一个期刊。

# 第7章 科技论文发表与版权许可

*"Publication is the lasting legacy of a scientist's work. It's how you share your discoveries with the world and contribute to the advancement of knowledge."*

*Donna J. Nelson*

许多刊物，尤其是学术性刊物，其编辑部门为了保证出版质量，往往要请论文作者看校样，即请作者参加校对；因此，论文作者很有必要了解校对知识，掌握校对技巧。同时，论文的出版信息是论文的重要组成部分，这些内容虽然不用作者提供或撰写，但作者也应该有所了解。

本章旨在帮助书刊编辑人员了解如何做好校对工作，并向读者介绍论文发表及出版的有关信息。这类信息的类别和具体文本内容，对多数期刊来说是共性多于个性，但对一些期刊来说其间差异还是较大的，可作为读者平时撰写论文的参考。

## 7.1 科技论文校对工作

### 7.1.1 校对工作的重要性及其任务

校对是科技书刊出版生产过程中的一道重要工序，是构成书刊质量的重要因素。任何一种书刊的质量，固然主要是指它的内容质量，但同时也包括它的出版质量。内容是通过形式来体现的。编排格式、版式、印刷装帧属于表达形式。无论是内容质量还是表达或编辑质量，最终都体现在书刊(出版物)这一信息的印刷载体或网络载体的总体质量上。

在科技书刊出版的整个过程中，从选题、组稿、撰稿、评审、作者修改、编辑加工、发排稿标注，到录入、排版、印刷、装订，每一个环节，每一道工序，作者，编辑，审稿人，录入、排版和印刷工人都做了大量的认真细致的工作，付出了艰苦的劳动。他们精心劳作的目的就是使出版物比较完美，以此奉献给读者，奉献给社会；而最终展现在读者面前的一种书刊，其内容表达如何，面目怎样，与校对工作质量的关系极其密切。道理非常简单，一种书刊，无论前面的工作(组稿、撰稿、评审、编辑加工、发排稿标注等)做得多么细、多么好，也无论后续工作(印刷、装订)做得多么出色，只要校对工作没有做好，"粗制滥造"的结果显而易见；因为最后同读者见面的不是作者的原稿，也不是经编辑精心修改、加工过的发排稿，而是根据发排稿排出、经过多次校对后最终定案的付印清样的翻版。换句话说，读者能见到的相当于只是出自校对人员之手的最后一次校样即付印样，因此从一定意义上可以说，校对工作是保证书刊最终质量的关键。

我们应当看到，在撰稿、编辑加工、录入、排版、改版过程中，由于主观和客观方面的原因，总难免有疏漏，校对时若不加以校正，就会铸成白纸黑字的事实。而这种白纸黑字的错误往往是不可掩饰和磨灭的，又是长期存在的，即使是一般性错误，也会给读者阅读带来很大的困难和麻烦，严重的，尽管是一字之差，还可能造成重大的政治性错误或技术事故；因此，校对工作的重要性不容忽视。

校对工作的根本任务是，依据原稿逐一核对校样，消除录入、排版上的错误和不妥之处，按照出版的规格和要求，校正编排技术和版式施工上的错误，这是主要的。其次，还要注意发现问题。由于种种原因，原稿在撰写或编辑加工过程中难免有疏漏，有时可能还有某些遗留问题，校对时要能敏感地发现它们，特别要注意发现政治上、技术上和文字上的问题，一旦发现，应及时提交编辑人员研究处理。原稿上的问题校对人员不要直接修改，即使是做校对工作的编辑人员，如果该稿件不是自己经手的也不宜直接修改，因为修改原稿属于作者、编辑或该篇文稿责任编辑的职责。

### 7.1.2 校对程序和方法

校对是一项专业性、技术性很强的工作，由于长期的积累，已经形成了一整套工作程序和方法。了解校对程序和方法，在实践中正确、灵活地运用，并不断总结经验，对于保证校对质量、提高工作效率、缩短出版周期都有直接作用。

1. 校对工作中的常用术语

与书刊校对有关的术语很多，确切了解其含义并正确地使用它们，使有关人员有共同语言，对于保证校对工作的顺利进行很有必要。这里只对科技期刊校对工作中比较常用的术语做介绍。

（1）校样：由排版微型计算机输出的激光打印样，它是专供校对用的，故称校样。

（2）红样和清样：经过校对人员用校对符号指示出录入、排版错误的校样，因一般都用红笔勾画说明，故称红样。按红样改版后重新打印出而尚未再次校对的校样，叫作清样；有时也把已经全部消除了排版、改版过程中产生的错误后最后打印出的校样称为清样。

（3）校次：指校对的次序和遍数。一般可有初校（头校、一校）、二校、三校和校红 4 个校次。必要时可以增加校次。

(4) 毛校：指排版单位的校对人员对毛校样(排版后打印出的未经任何校对的校样)进行的校对。

(5) 初校、二校、三校等：指编辑出版单位的校对人员分别对初校样(对毛校样进行校对后经改版再打印出的校样)、二校样(初校后经改版再打印出的校样)、三校样(二校后经改版再打印出的校样)等进行的校对。

(6) 连校：为了减少改版次数，缩短出版周期，可以采用同时对某一校样进行多次校对、一次改版的方法，这种方法叫作连校。连校分初二连校、二三连校、初二三连校和初二连校加三四连校等多种。连校不宜同时由某一位校对人员来做，经验证明 1 人校 2 次不如 2 人各校 1 次效果好；连校时也不宜用同一种色笔，每次用不同颜色的笔，既可示出区别，又便于明确责任。

(7) 点校：也叫校红、核对或核红。清样与红样核对，只检查需要改动处是否已经全部改正，这样的一种校对叫作点校。点校是校对的最后一道工序，起着把关的作用。

(8) 整理：在经过初、二、三校后的清样上，由责任校对对全刊的版面格式，下转上接，标题层次，图表、公式序号，外文符号，以及页码等做全面检查和统一，这项工作即为整理。一般，整理在先，点校在后。

(9) 通读：对校样进行逐字逐句的阅读，称为通读。通读时不必核对原稿，只是在发现疑点时才去查阅原稿。一般与三校或四校同时进行。

(10) 付印样：校对工序全部完成后，责任编辑在校红样(三校或通读后经改版打印出的清样)上签署"付印"或"改后付印"字样的校样，称为付印样。

2. 校对程序

科技期刊的校对工作一般有以下两种程序。

(1) 排版单位(毛校之后)打初校样→编辑出版单位初校→排版单位改版、打二校样→二校→改版、打三校样→三校(整理)，或点校、签字付印→改版、打点校样，或改版付印→点校、签字付印。

(2) 排版单位(毛校之后)打初校样→编辑出版单位初二连校→改版、打三校样→三校或三四连校、整理，或点校、签字付印→改版、打点校样，或改版付印→点校、签字付印→改版付印。

一部稿件排版后需要校对几次才付印，要看编辑出版单位自己的要求和规定。影响和决定校次的因素大体有以下三个方面：①排版质量和改版质量；②校对质量；③编辑和作者是否在校样上进行再加工，即是否修改原稿，以及修改原稿的程度。

### 3. 校对的基本方法

校对的基本方法有 3 种,即折校、对校和读校。

(1)折校:校对人员将校样放在工作案子上两手把原稿夹在拇指与食指和中指之间,将原稿折痕压靠在校样上,两手随着视线由左向右挪动,逐一比较原稿与校样上相应的文字符号是否一致。校完一行时,用手指推动原稿向上转过一行,重新开始下一行的校对。折校法不仅省眼力,效率高,而且校对质量较好;但一般只能机械地做校对,不易发现原稿本身的问题,故一般编辑人员做校对工作时不大采用这种方法。

(2)对校:校对人员一手指原稿,一手执笔指点校样,先看原稿,后看校样,逐字逐句对原稿与校样进行比较。为了减少头部左右转动的幅度和减轻眼睛疲劳,原稿与校样应靠近一些。默读时,一般以读七八个字或三五个词为宜,遇有较长的句子,可以分次读完后再将整个句子复读一遍。一般来说,对校法速度较慢,但校对质量较好。这种方法可使校对人员能够在校对的同时还有意无意地对原稿进行复审,故多为编辑人员或作者做校对时所采用。

(3)读校:2 人合作校对——一人朗读原稿,一人看、改校样。读稿人需把每个字、每个标点符号、每个外文字母等都朗读清楚,同音异义字、罕见的字,以及字体、字号、正斜体、黑白体,还有另页、另面、另行、居中、接排、空行、空格、顶格、缩格等版式上的要求都要准确读出;看校样的要聚精会神地听,认真地改。这种方法不但速度慢,而且容易出错,一般情况下已不使用。

以上 3 种方法中,使用较普遍的是对校和折校。把这两种方法结合起来,即折原稿(一行一行地折)做对校,效果甚好。校对表格中的系列数字,尤其是数字行或列较多时,读校法倒是很适用的。

### 7.1.3 校对工作的内容

对于科技期刊,需要校对的内容大致有如下 10 项。

(1)检查封面、版权标志块、目次页上所著录的项目是否齐全、正确和规范。这一项特别重要,决不允许有任何错误存在。

(2)消除校样上的不规范汉字、别字、缺字、多余的字,以及字体、字号错误。

(3)消除标点符号位置上的错误,尤其要注意改正行首、行末排了某些标点符号这类错误。①点号(顿号、逗号、分号、冒号、句号、问号、叹号)以及间隔号(·)、分隔号(/)和连接号(—、-、~)不能出现在行首;②引号、括号、书名号的前一半不能出现在行末,后一半不能出现在行首;③破折号和省略号不能从中间断开,分处在上行末和下行首。

(4) 检查量和单位符号和外文字母的字体(黑体、白体、正体、斜体等)、字号、文种(英、俄、希等)、大小写、上下角标是否正确。

(5) 检查外文单词拆字转行是否符合规定，数字及数字与符号的组合(如2013年、9625、30%等)不能拆开转行的是否拆开转行。

(6) 检查图表、数学式、化学式是否有文字上或符号上的错误，它们内容上与行文中提及的是否吻合，版式上是否符合要求。

(7) 检查注释和参考文献序号是否与正文所标注的编号相吻合，参考文献序号是上角标还是作为语句的组成部分，是否排得妥当，参考文献表中的项目、著录标志符号是否齐全、正确和规范。

(8) 检查全刊的页码是否连续，是否有缺页、缺段、缺图、缺表，以及转接不上或逆转，甚至面与面间内容衔接不上的问题，数学式、插图、表格的序号是否连续，是否与行文中提及的相符。

(9) 检查全文的标题层次是否合理，标号是否连续，题名、篇首页页码和作者姓名及其次序是否与目次页上的一致，以及页眉有无错误。

(10) 检查居中、接排、空行、顶格、缩格、正线、反线、双线等版式上的问题，使之符合要求。

以上这10项内容都是要在校对过程中进行检查、纠正、调整和解决的，以使整本刊物从内容到形式都不存在错误或不妥之处。实际校对时，有些内容是同时完成的，有些则要分项专门进行。

### 7.1.4 校对符号及其用法

供校对和改版用的，为作者、编辑、校对人员和录入、排版、改版人员所接受的一套共用符号语言，叫作校对符号。校对符号的统一和正确使用，对于提高工作效率和保证书刊出版质量具有重要的作用。如果没有校对符号，或者不能正确使用校对符号，即编辑、出版、印刷诸方面的有关人员之间缺乏共同语言，往往造成人力、物力和时间的浪费，引起各种差错，达不到校对工作的目的与要求。

书刊校对应采用《校对符号及其用法》(GB/T 14706—1993)规定的校对符号，并遵循其使用规定。

### 7.1.5 校对工作的要领

校对工作的实践性、技术性很强，要注意总结经验。下面根据一些基本原则和积累的经验，归纳出做好校对工作的"8条要领"，供读者参考。

第1条 校对的"根据"是原稿。

校对工作的任务是消除校样中反映出来的在录入、排版、改版时造成的错误或不妥之处，以及因撰稿和编辑加工的疏漏造成的某些错误。消除错误的"根据"是原稿（发排稿）及其标注；因此，校对时决不能撇开原稿只通读校样，同时，切忌用编辑加工来代替校对。

编辑人员和作者做校对工作，更要注意这一点。这就要求校对时一方面要忠实于原稿，检查并纠正与原稿不符的文字、符号及版式、格式、字体字号等方面的各种问题和错误，另一方面也要检查原稿及其批注是否有疏漏之处，发现问题后应通过责任编辑及时予以解决。同时应使发排稿达到"齐、清、定"的要求，特别是数学式、化学式和表格等，发排时必须定稿，因为哪怕是只做稍许变动也会给改版工作带来很大麻烦。

第2条 校对前先查点原件。

拿到校样时要检查校样和原稿是否完整。发现有不清楚的校样应及时提请排版单位重新打制。校对前，要先看清原稿首页或附条上所写的排版要求和说明。

第3条 选用合适的色笔。

校对不能用铅笔（笔迹不醒目，容易抹掉，改版人员也不予承认），也不能用黑笔（笔迹不醒目，而且易与校样上的字迹混淆），要用醒目的红、蓝、绿色笔。不同人员做同一校次的校对时，最好用不同的色笔，以便分清责任，并可为做后续工作的人员要找人询问提供方便。

有的编辑部门请作者校对时提出"请用铅笔校对"的要求，是考虑到有些作者不熟悉校对符号或做随便修改而可能给改版工作造成麻烦，作者应予理解。作者校对后，编辑人员还要把铅笔字样整理成正规的校对符号。

第4条 切忌主观臆断。

在校对业务、编辑业务或专业知识方面遇到疑难问题时要谨慎处理，除了确有把握的可以自行解决外，一般应当提出问题，或请教他人，或查阅有关资料或工具书，以求正确解决，切忌主观，凭想当然行事。

第5条 瞻前顾后，面面俱到。

校对时对同时进行校对的项目应瞻前顾后，面面俱到。如在校对文字、标点符号时，要想到字体字号、正斜体、大小写、空格、居中、转行规则，以及格式安排，等等。当然，考虑的项目多了，可能会顾此失彼，丢三落四。这就要求精力集中，头脑清醒。有些项目如数学式、图表和参考文献的序号，层次标题的序号，以及页眉等的统一检查，可以专项集中进行。

第6条 正确使用校对符号。

校对符号要使用规定的，不能自行制造。

第 7 条 字符书写勿潦草，说明语义要明白。

校对符号、文字和符号要书写清楚，切勿潦草；说明语要准确、简明，让人一看就懂，不产生歧义和费解。因此，要注意以下几点。

(1) 需改正、删除、增补、调换的字符要用引线引出，置于版面左右空白处，一般不要写在版心里，更不要写在字行间。

(2) 引线要画平直(出版心后可以向上，为给后边画线留有余地)，不要沾及上下行及无须改动的字符，引线与引线也不要重叠或交叉。

(3) 要把错排的字符圈起来，圈线不要沾及上下左右的字符。

(4) 需改正、增补的字、词语或符号，应置于引线末端，并圈起来；但说明语不要圈，而应在下面画小圆圈，以示区别，否则容易产生误会，如把"改 5 黑"(说明语)加排到了文中。

(5) 字迹要清楚，不能潦草，也不能写非规范汉字，否则会把问题留给下一校次。

(6) 对于易混淆的字符，除应书写工整外，最好还予以注明。例如：汉字与阿拉伯数字易混淆(如"了"与"3")，要注明"汉字"或"阿数"；英文字母与阿拉伯数字易混淆(如"O"与"0")，要注明"英"或"阿数"(或"零")；数学符号与英文字母易混淆(如"∪"与"U")，要注明"数学符号"或"英"；希文字母与英文字母易混淆(如"α"与"a")，要注明"希"或"英"；数学符号与标号易混淆(如"≪"与"《")，要注明"数学符号"或"书名号"；等等。

(7) 需改正或增补的字母不但应书写工整，而且对于大小写形似的字母(如 P 与 p、S 与 s、O 与 o、C 与 c、X 与 x 等)，必要时还需注明大小写，如"英大"或"英小"等。

(8) 需改正或增补的画线不只应画准确，还要注明长短，如"全身"("一字线")、"对开"、"双连"等。

(9) 说明语既要简练，又要清楚，使人一看就明白。如要指出把"10 字线"排短了的错误，"请加长一些"这样的说明语既啰嗦又不明确，应写成"改 10 字线"；又如要求把排成上角标的参考文献序号"[ 2 ]"改成行文中的序号"[ 2 ]"时，说明语为"改 5 号"(正文为 5 号字时)即可，若为"改大"则不明确。

(10) 有时靠标注很麻烦，说明又费笔墨，而同一版面中又有排对了的式样，则可用虚线指示说明"同×"。

第 8 条 设法提高校对质量并减少校次。

为提高校对质量，减少校次，可以采取以下一些措施。

(1) 为了减少后续校对工作的麻烦，初校或二校完成时就应调整好版式，处理完涨版或缩版的问题，统编页码，并将篇首页的页码填入目次页中。

(2) 如插图或表格未排在要求的位置,或所留图空大小不合要求,要及时处理。

(3) 要检查、核对地脚注的编号和条数与本页行文中的是否一致,不一致时应尽早改动与调整。

(4) 关键性的地方,如各级标题、作者姓名及其工作单位、收稿日期、参考文献表及致谢中的人名,以及目次页等应作为重点,反复校核,并且不要把问题留给下一校次。

(5) 改正过两个或连续几个同样的错误,要再行检查,查找面要扩大,以免漏改。如将"工业"排成"工厂"或相反,或者把"树木"排成"树林"或相反,或者把"φ"排成"ψ"或相反,看是否还有同样的错误。这种错误往往是由录入人员误读了原稿或对外文字母不熟悉引起的,只要有错,一般不止错一两处。

(6) 使用"对调""排阶梯形""加大(或减小)空距""空×字距""分开"这几种符号时,除了在字里行间标示外,还应在该行的一端空白处重复标示相应的符号(尤其在核红样上)。

(7) 核红时若发现上一校次已指出需要修改或增删的字符而改版后仍未改动(维持原样),要检查附近是否做了不应做的改动,因改版时可能改错了位置。

(8) 校对时要特别注意辨别同形或近形但不同意义的字符。例如,"一"(汉字)与"—"(一字线),"a"与"α","<"与">","≤"与"≥","< >"(小于、大于号)与"〈 〉"(三角括号),"《 》"(书名号)与"≪ ≫"(远小于、远大于号),"△"(三角形)与"Δ"(希文),"干"与"千","未"与"末","戊"、"戌"与"戍","已"、"己"与"巳","仑"与"仓","模"与"横","辩"与"辨","杆"与"秆",等等。

(9) 要事先想出办法防止因本次校改而可能产生新的错误或问题。例如:①某一行增删字符后,可能出现本行末或下行首的某些不能拆开的字段而被拆开分排在两行的错误。如"2013 年"被拆为"20""13 年","55%"被拆为"55""%","7250"被拆为"72""50",等等。对于这些问题,应事先考虑到。②对于数学式(尤其是矩阵或行列式)、化学方程式或结构式,以及上下左右相对位置要求严格的系列数字或文字等,若校样上的错误较多,又很难标注清楚时,可在空白处(或另附纸条)重新写出正确的式样,使改版人员一看即明白,以免错改。③因增删较多的字符,所以要增加或减少行数,有时可能引出新的问题,如层次标题出现在版面末行等。若遇这种情况,应在本校次内找出解决问题的办法。

### 7.1.6 对校对人员的基本要求

认为校对只是简单、机械地对对字、改改错的一般性事务工作,谁都可以做好、怎么做都能做好，这是不符合实际的。事实上，校对是一种复杂、细致的专业性很强的技术工作；要做好校对工作，业务水平低了不行，责任心不强不行，不注意积累经验也不行。因此，应根据承担校对工作的人员的不同情况，对他们提出不同的要求。

专职校对人员应达到如下要求。

(1)校对工作涉及面广，既与稿件内容有关，又与编辑、出版工作有关；因此，专职校对人员应具有比较广博的知识——要涉猎与本刊有关的专业知识，至少应熟悉基本的名词术语和常用语；要了解编辑知识，并具有较高的语言文字水平。

(2)校对工作本身要求高，专业性强，一个高级校对员，其水平和待遇与副编审相当；因此，专职校对人员在校对业务知识和技能方面要有深厚的功底，要逐步做到精通校对业务。为此，专职校对人员应能正确使用校对符号和出版印刷术语，熟悉计算机排版的生产工艺过程，能识别字体字号；要熟悉有关的国家标准和规定，熟悉科技书刊的编排规则；要熟悉标点符号，数学符号，化学符号，量、单位及其符号以及数字用法，熟悉各种外文字母，熟悉插图和表格的编排要求，懂得版式设计知识；等等。

(3)校对也是一种十分细致、艰苦的工作，要使每次校样上的每句话、每个字、每个标点、每个符号以及格式要求都与原稿相符、准确无误，专职校对人员应有高度的责任心，不辞辛苦的奉献精神和认真细致、一丝不苟的工作作风。这样，加上精通业务，校对人员就不仅能高质量地完成本身的校对工作任务，而且有助于自己敏感地、准确地发现编辑工作的疏漏，使最终同读者见面的书刊比较完美。

(4)校对还是一种实践性很强的工作，因此，专职校对人员应注重知识的积累，注重经验的总结。要勤于思考，深入研究问题，寻求内在规律，记录好点滴体会，并系统起来，加以总结、提高，使成为典型经验，予以推广。

编辑人员做校对工作，有有利的一面，也有不利的一面。编辑人员对编辑出版业务比较熟悉，尤其是对原稿比较熟悉，熟悉原稿的内容，熟悉版式和格式上的各种要求，这对做好校对工作很有好处；但也因此容易"先入为主"，即容易把排错的东西误认为是正确的。比如，"$\alpha$ 与 $\beta$ 呈线性关系"这句话，编辑人员在审读、加工稿件的过程中已经建立起概念，脑海中已经存在这一完整的信息，当看到校样上出现"$\alpha$ 与 $\beta$ 呈线线关系"或"$\alpha$ 与 $\beta$ 呈线关系"等字样时，极容易把它们判定为"正确的"（即与原稿相符），从而产生漏校；因此，编辑人员做校对工作时应着重注意以下几点。

(1)应把自己摆在校对员的位置上，按照校对工作的程序、方法和要求，以原稿为依据，认认真真、踏踏实实地进行校对，不要以为自己是编辑，熟悉稿件内容，就掉以轻心，草率从事。

(2) 应建立并执行校对制度。由于主客观方面的各种原因，对于个人来说，每一校次中漏校、错校常常是难免的，这就要求有严密的校对责任制，从组织上（以集体的智慧和力量）、程序上、措施上来保证校对质量，降低校对差错率。

(3) 编辑人员虽有修改原稿的权利（不包括内容的修改），但为了不耽误出版时间、不增加排版费用，要以校对为校对，而不能以校对代替编辑加工；因此，一方面要使发排稿达到"齐、清、定"的要求，另一方面不要随便改动校样，以免增大改版的工作量和出现新的差错。

(4) 建议实行校对登记制度，详细记录校对中的各种问题和各校次的差错率，以便分析问题，总结经验。这不仅有助于提高校对质量，而且通过把录入、排版和改版中做得好的地方和不足之处反馈给排版单位，以促使他们改进工作，同时能为改进编辑工作提供帮助。

请作者参加校对很有必要。一是表示编辑出版部门对作者创作劳动的尊重；二是给作者一次核对原稿和必要增删的机会，以提高书刊的质量。一般以请作者看二校样为宜，因为初校样往往错误较多，有时还要统行或统版，这会给作者带来麻烦；三校样离付印时间短，而且版面不宜做过大的改动，若让作者看三校样，有时会使编辑出版部门感到被动。

### 7.1.7 作者做校对工作的注意事项

作者参加校对时应注意以下几点。

(1) 应把参加校对工作作为消除原稿错误的最后一次机会，要认真对待，谨慎从事；但不能把校样当作创作的初稿而做任意改动，确实需要时，只能在校样上做个别的不影响整个版面的修改。

(2) 要消除侥幸心理和依赖思想，不能认为前面编辑已经校对过了，后面编辑还要校对就不会有什么错误，而应按照校对工作的程序、方法和要求，认真仔细、逐字逐句地核对原稿，并进行通读，还要查看并解决编辑提请作者解决的遗留问题。

(3) 要正确使用校对符号。如果不熟悉校对符号，或者编辑部门有"请用铅笔校对"的要求，则用铅笔进行改错和批注。

(4) 要按约定日期签字后把校样连同原稿返还编辑部门，若有有待商量决定的问题，则应与责任编辑及时联系。

### 7.1.8 校对实例

以下是两个校对实例（图 7-1、图 7-2）。

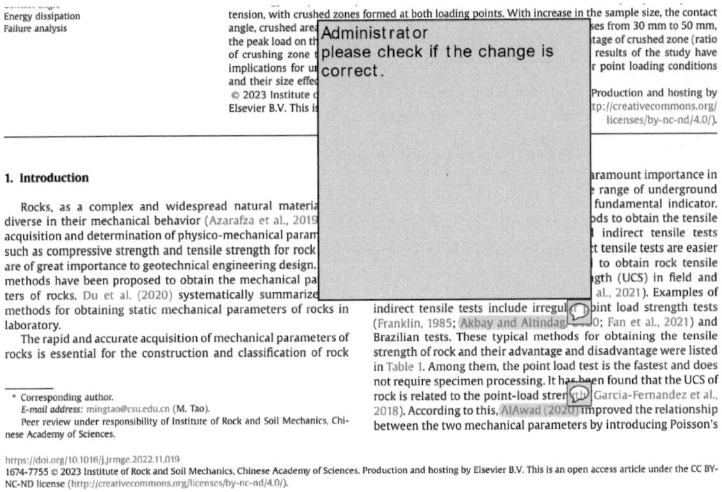

第 7 章　科技论文发表与版权许可　　　　　　　　　　　　　　　　　　　　　　　·249·

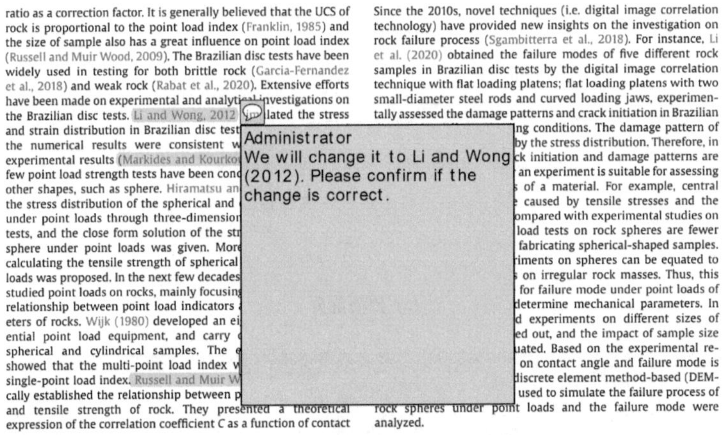

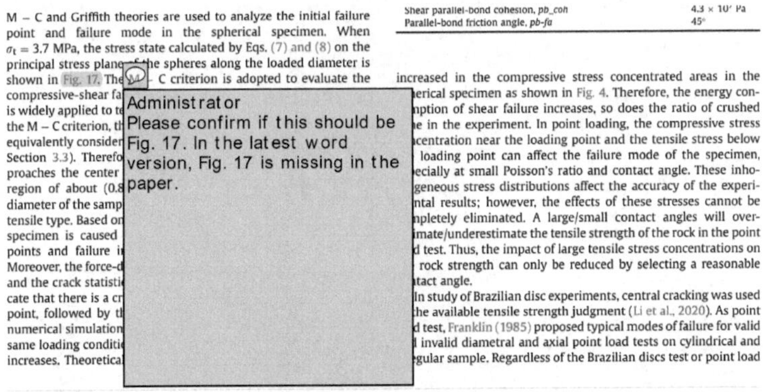

图 7-1　校对示例一

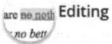

(a) 校稿首页

(b) 流程指引

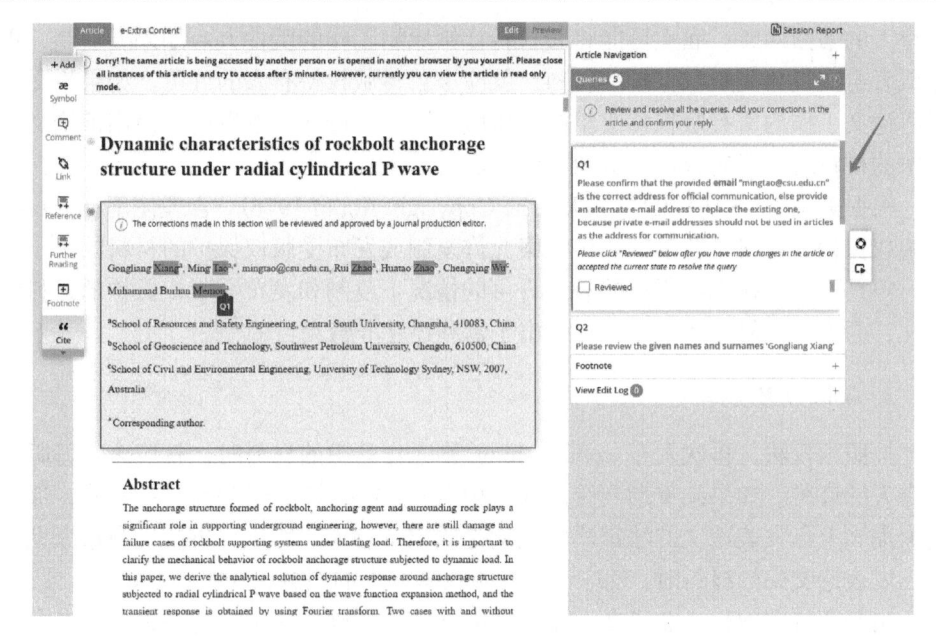

(c) 问题描述

图 7-2　校对示例二

## 7.2　科技论文的版权与出版

### 7.2.1　科技论文的版权与许可

1. 版权的基本定义

在向期刊投稿前，要注意到有关版权的两个事项。第一，当论文中用到已发表的插图或其他已发表的材料时，除非本人刚好持有这些材料的版权，否则应该获得重印这些材料的许可。第二，通常要将论文的版权转给欲投稿的期刊(对某些期刊而言，作者保留版权，但赋予期刊一定权利)。

版权是对文学或艺术作品复制、出版、销售的专有法定权利(在这里，"文学和艺术"是泛指，包括科技论文)。版权保护的是作品的原始表达形式，而不是作品蕴含的概念。科技论文中的数据并不受版权保护；但是，科技工作中采用的搜集数据和展示数据的方法可以受到版权保护。只要论文内容不是作者被雇佣期间工作的一部分，作者生前以及逝后 50 年里可持有该论文的版权。如果有多名作者参与论文工作，所有作者共同拥有论文版权，并且每名作者拥有平等的权利。

版权是可拆分的。论文版权持有人可授予某人复制论文的非专有权，同时可授权他人基于版权论文从事衍生工作。版权也可以转让。转让版权时需要有版权持有人的书面同意。雇主可能将版权转让给原始工作的负责人。如果要复制、重印或者再次发布受版权保护的材料，就应该获得版权持有人的许可。如果论文作者将论文工作的所有版权移交给某一出版商，那么论文作者以后要使用该论文工作中的材料时，还应获得出版商的许可。

根据美国1976年的版权法案(The Copyright Act of 1976)，合理使用(fair use)受版权保护的材料是合法的。该法案允许复制或发布受版权保护的材料的一小部分，但是不允许在未经版权持有人许可的情况下复制和发布受版权保护的材料的全文，而不论该复制或发布行为是出于营利还是非营利目的[21]。

2. 版权的重要性

按照版权法，再次发布(republishing)别人作品中的材料时，就应该获得版权持有人的许可。如果某家期刊受版权保护(当今大多数期刊都受版权保护)，那么这家期刊上已发表论文的法定所有人就是版权持有人。所以，再次发布这家期刊上已发表论文中的材料时，就应该征得版权持有人的同意，否则就可能被告侵权。

出版商持有版权，意义在于出版商能在法律基础上保护自身和论文作者的权利，以免他人未经许可就使用期刊上已发表论文的内容。因此出版商及期刊论文的作者能得到法律保护，以防止他人剽窃或盗用论文中的材料，或是未经授权就出于广告等目的使用论文中的材料，或是以其他任何形式误用论文中的材料。

在美国，根据1909年的版权转让法案(1909 Assignment of Copyright Act)，作者向期刊投稿的同时也将作者对论文的所有权转让给该期刊。论文被期刊录用和发行的过程中，该论文的版权签署和版权注册等事宜也都一并得到处理。最后，论文的版权就自动从论文作者转让到了期刊出版商。

美国1976年的版权法案则规定版权并不是自动从作者转让到出版商的，版权转让须以书面形式明示出来，如果没有作者签署的版权转让文件，出版商只有在期刊上发表论文的权利，而没有再版、复印或发行该论文电子文档的权利，也没有授权他人或者阻止他人再版、复印或发行该论文电子文档的权利。此外，版权法案声明对作品的版权保护从笔离开纸的那一刻(When the pen leaves the paper)开始；在如今的电子时代，说版权保护从手指离开键盘的那一刻(When the fingers leave the keyboard)开始更准确。显然版权法案将作者的知识产权同出版过程区分开来。

因此，大多数出版商都要求作者在投稿的时候或在投稿被录用的时候签署版权转让声明。出版商通常会在其网站上为投稿的作者提供"Copyright Transfer Form"（版权转让表格），以方便作者使用。

1976年的版权法案还提到了复印(photocopying)作品的问题。一方面，论文作者希望自己的论文能广泛发行；另一方面，出版商又不希望花费过多的费用。

因此，为了解决这些相互冲突的问题1976年的版权法案指出，出于图书馆藏书和教育目的，可以合理使用受版权保护的期刊，也就是说可以在未征得允许或未支付版税的情况下复印期刊上的论文，但同时禁止不经出版商授权而大规模复印期刊论文。

为方便出版商授权大规模复印期刊论文和向被授权人收缴版税，成立了版权清算中心(Copyright Clearance Center，www.copyright.com)。大多数具备相当规模的出版商都是该中心的成员。出版商在该中心的网站公布自己的版税收费；任何人只要向该中心支付相应的论文版税费用，就可以按需获取论文的复本。因此有需要的个人或团体只要跟一个机构（即版权清算中心）打交道而不用跟成百上千家的出版商联系以获得许可和支付版税。

由于科学道德和版权问题非常重要，每位科研人员都应对这两方面问题有清楚的认识。要记住，只有在得到版权持有人的许可后才能使用已发表的表格、图片或大段文字。而且，在获得许可使用这些材料时要在旁边注明："Reprinted with permission from(journal or book reference); copyright(year) by (owner of copyright)."通常，已发表的论文所在的期刊或其他出版物的网站会声明如何获得使用许可。如果网站没有声明，应该直接联系该期刊或出版物的编辑办公室。

3. 版权与电子出版

过去，法定意义上的作品载体是期刊和书籍。在电子时代，作品则以一种更复杂的形式存在。现在的论文不仅包括文字，还包括程序以及数据库访问信息等；而且程序和数据库通常是由论文作者以外的人员开发的。所有与版权相关的法律、规定和制度都适用于在Internet上发布的电子文档。发表在Internet上的电子文档，除非其版权持有人特别注明该文档可以任由公众获取，一般都受版权保护，任何人不能在未获许可的情况下就复制或发行该电子文档。即使作者未对在Internet上发布的材料发表版权声明，这些材料仍受版权保护；但如果发表了版权声明，就可以起到警告作用，以免他人未经许可擅自使用这些受版权保护的材料。要发表版权声明，只要在作品题名旁边注明"Copyright"发行日期及作者姓名或版权持有人的姓名，例如"Copyright 2005 by Magon Thompson"或者"Copyright 2005 by Sundown Press"。

电子时代为版权转让提供了一些替代方式，最常用的就是"特许"(license)方式，即由版权持有人授予他人有限的权利以使用受版权保护的作品。Creative Commons组织采用的就是这种特许方式；一些免费公开发行的期刊也采用这种特许方式，这样作者仍然持有论文的版权，同时也允许他人复制论文内容，但前提是他人复制时必须注明复制部分的原作者是谁。如果在采用这种特许方式的期刊上发表论文，作者会被告知签署同意授予这种特许的协议书，而无须签署版权转让文件。随着电子出版日益盛行,论文的版权和许可事宜也在不断发展。不管是要用到已发表的论文还是要发表自己的论文,都要记得查阅出版商的最新条文和政策。

### 7.2.2 科技论文的出版信息

论文中有些内容无须作者来撰写(投稿时不写),而是由出版部门在后期生产环节中来补上(编排时补充),成为发表后的论文的重要组成部分。这些内容虽然不用作者提供或撰写,但作者也应该有所了解,为论文传播或以后撰写论文积淀见识、增长知识。笔者将这部分内容统称为论文的出版信息。这类信息的类别和具体文本内容,对多数期刊来说是共性多于个性,但对一些期刊来说其间差异还是较大的。以下介绍几类常见的出版信息。

1. 论文 DOI

论文 DOI(digital object identifier,数字对象标识符)是论文信息(About Jour-nal)的一种。它是为便于论文的检索、全文索取、远程传送、参考文献互联及著作权保护、管理等而为论文设置的一种全球唯一的标识符。它由字母和数字组合而成,相当于论文的身份证明,其突出作用是实现全球引文互联。引文互联就是通过 DOI 技术实现所引文献与被引文献在互联网上互相链接,即一篇文章所引用的文献与这些文献的原文链接,以及与引用了此篇文章的别的文献的原文链接。

目前美国 CrossRef 公司是国际 DOI 基金会指定的唯一官方 DOI 注册机构。在 DOI 中心目录中,DOI 与对象(内容)的解析地址(OpenURL)关联。DOI 发表在 OpenURL 的位置上,避免了因对象移动而导致链接失败,这就意味着对象的存储地点虽可能发生变化,但 DOI 始终不变,对象照常能够被链接上。使用 DOI 的最大优势是,在互联网的任何一个节点,只要用鼠标单击某 DOI 号就可以到达用户所需对象的地址并与其全文链接上,使传统模式下的大量对象不再成为"信息孤岛"。

DOI 由前缀和后缀两部分构成,前缀与后缀间以斜线分隔。前缀由识别码管理机构指定(CrossRef 注册中心分配的 DOI 前缀通常从 10 开始);后缀由出版机构或版权所有者等自行命名或分配。图 7-3~图 7-6 为期刊的 DOI 形式(位置)。

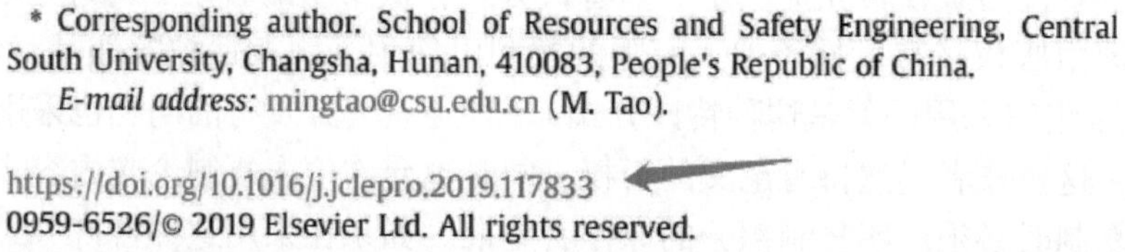

\* Corresponding author. School of Resources and Safety Engineering, Central South University, Changsha, Hunan, 410083, People's Republic of China.
E-mail address: mingtao@csu.edu.cn (M. Tao).

https://doi.org/10.1016/j.jclepro.2019.117833
0959-6526/© 2019 Elsevier Ltd. All rights reserved.

图 7-3 DOI 示例—[22]

第 7 章　科技论文发表与版权许可

\* Corresponding author at: School of Resources and Safety Engineering, Central South University, Changsha, Hunan 410083, China.
E-mail address: shiyingfriend@csu.edu.cn (Y. Shi).

http://dx.doi.org/10.1016/j.scitotenv.2022.157797
Received 6 June 2022; Received in revised form 24 July 2022; Accepted 30 July 2022
Available online 4 August 2022
0048-9697/© 2022 Published by Elsevier B.V.

图 7-4　DOI 示例二[23]

\* Corresponding authors.
E-mail addresses: aoma1945@seu.edu.cn (A. Ma), shashemi@stanford.edu (S.S. Hashemi).

https://doi.org/10.1016/j.ijimpeng.2020.103716
Received 23 July 2019; Received in revised form 13 August 2020; Accepted 2 September 2020
Available online 08 September 2020
0734-743X/© 2020 Elsevier Ltd. All rights reserved.

图 7-5　DOI 示例三[24]

Rock Mechanics and Rock Engineering (2018) 51:2015–2031
https://doi.org/10.1007/s00603-018-1452-y

ORIGINAL PAPER

CrossMark

**Experimental Study of the Triaxial Strength Properties of Hollow Cylindrical Granite Specimens Under Coupled External and Internal Confining Stresses**

图 7-6　DOI 示例四[25]

### 2. 日期信息

日期信息是论文信息的另外一种，它是有关论文提交（投稿）、修改、接收（录用）、上线发布等的时间信息。此信息属论文题名的一种注释，位于论文首页脚注处或其他位置，一般以"received…""revised""accepted…""published online…"作为标识。不同期刊对日期信息的具体标识项目与格式可能有所不同，图 7-7～图 7-9 为期刊的日期信息。

Received: 16 August 2022 ｜ Revised: 8 October 2022 ｜ Accepted: 4 November 2022
DOI: 10.1111/ffe.13897

ORIGINAL ARTICLE

FFEMS  Fatigue & Fracture of Engineering Materials & Structures  WILEY

**Mixed-mode I/II fracture properties and failure characteristics of microwave-irradiated basalt: An experimental study**

图 7-7　日期信息示例一

\* Corresponding authors.
　　E-mail addresses: aoma1945@seu.edu.cn (A. Ma), shashemi@stanford.edu (S.S. Hashemi).

https://doi.org/10.1016/j.ijimpeng.2020.103716
Received 23 July 2019; Received in revised form 13 August 2020; Accepted 2 September 2020
Available online 08 September 2020
0734-743X/ © 2020 Elsevier Ltd. All rights reserved.

图 7-8　日期信息示例二

### Life cycle assessment on lead−zinc ore mining and beneficiation in China

Ming Tao [a,\*], Xu Zhang [a], Shaofeng Wang [a], Wenzhuo Cao [b], Yi Jiang [c]

[a] School of Resources and Safety Engineering, Central South University, Changsha, Hunan, China
[b] Department of Earth Science and Engineering, Royal School of Mines, Imperial College, United Kingdom
[c] Law School, Hunan Normal University, Changsha, Hunan, China

**ARTICLE INFO**

Article history:
Received 29 April 2019
Received in revised form
11 July 2019
Accepted 29 July 2019
Available online 29 July 2019

Handling Editor: Panos Seferlis

Keywords:
Life cycle assessment
Lead-zinc mine
Environmental impact
Tailings pollution
Technical measures

**ABSTRACT**

China is the largest producer of lead and zinc concentrate in the world. The lead-zinc mines of China are used to produce multiple products simultaneously. To evaluate the specific environmental impact of the lead-zinc ore mining and beneficiation, life cycle assessment (LCA) was performed by SimaPro 8.5.2 software in this paper. A typical lead-zinc mine was taken as the on-site data source, midpoint results with uncertainty information were calculated by ReCiPe H method. After the normalization of midpoint results, marine ecotoxicity was identified as the most predominant environmental impact category, followed by freshwater ecotoxicity, metal depletion, human toxicity and freshwater eutrophication. Contribution analysis indicated that the processing plant can bring the more serious environmental pollution than underground mine and support systems. Tailings dam and chemicals production should be closely watched, owing to the largest pollution contribution. Besides, key processes/substances which can seriously pollute the environment, were classified in this study. Specifically, tailings pollution, copper sulfate production and electricity generation were classified as key processes; metal ions and phosphate discharged into water as key substances. According to sensitivity analysis, reducing tailings pollution should be prioritized for addressing environmental issues. Finally, technical and management measures were proposed to progress the metal industry.

© 2019 Elsevier Ltd. All rights reserved.

图 7-9　日期信息示例三

日期信息是体现研究成果时效（新旧）、统计有关期刊指标（如出版周期）以及反映编辑出版工作效率的重要依据，因此做到日期信息的完整、准确非常重要。

### 3. 附加信息

附加信息（supplementary information 或 supplemental information）有时也称附件材料、附加材料（supplementary materials 或 supplemental materials），是指引读者去单击相关网址查看有关论文支撑材料的包含或指明网址的引导类信息，是支持论文内容而又不便或不能写入正文、随论文在线发表后与正文一起放在网上供单击查看的材料或数据，如插图和表格、程序和算法、实验流程和文档材料、加工过程和模拟（仿真）结果视频等。正文引用附加信息的常见格式是在引用序号中加字母 S，如 Supplementary Figure S1、Figs.S5c 和 S5d、Table S1 等，阅读或观看附件信息有助于加深理解论文内容，特别对于视频类附件信息，观看它能取得静态的语言文字永远无法产生的动态、真实甚至如临其境的效果。以下是附加信息示例。

- **Supplementary Information** is available in the online version of the paper.

(*Nature*，附加信息位于参考文献表后面，致谢前面。)

- **SUPPLEMENTARY MATERIALS**

www.sciencemag.org/content/351/6269/151/suppl/DC1

Materials and Methods Supplementary Text

Figs.S1 to S15

References(38-42)

(*Science*，附加信息位于致谢后面全文最后的日期信息的前面。)

- **SUPPLEMENTAL INFORMATION**

Supplemental Information includes Supplemental Experimental Procedures. four figures and eight tables and can be found with this arti-cle online at http: //dx.doi.org/10.1016/j.cell.2016.01.024.

(*Cell*，附加信息位于致谢前面，致谢位于参考文献表前面。)

- Supplementary Information for this article can be found on the Light: Science & Applications website (http: //www.nature.com/lsa)

(*Light: S&A*，附加信息位于全文最后。)

- (Supplementary Information is linked to the online version of the paper on the Cell Research website.)

(*Cell Research*，附加信息位于参考文献表后面，版权许可前面。)

注意附加信息与附录的异同。相同之处：二者均是论文正文的附件，都能节省正文篇幅，补充正文功能。不同之处：附录是随同论文一起存在的，犹如论文的一个组成部分，是印刷在纸质期刊论文中的；而附加信息是论文以外的另一个事物，严格意义上说不是论文的组成部分，只能看作是论文的一个补充材料，是不会被印刷在纸质期刊论文中的，只能以数字的形式在网上被查看。另外，附录作为论文的一个组成部分，是随论文一起由作者投稿的；而附加信息是在稿件被录用后，由作者撰写、设计、录制、拍摄好提交，再经出版部门审核、修改、加工而放到网上的，这部分内容主要是由作者提供，后经出版部门加工制作。可见，数字时代的论文写作内涵已发生了显著变化，不仅仅是传统意义上的"纯写"，还有现代先进技术意义上的"制作"。

4. 利益声明

利益声明即利益冲突声明(conflict of interest)，是作者发表论文对不存在金融利益问题所做出的一种公开承诺或保证，相当于论文的作者与期刊出版机构之间默签的一份出版协议。这种声明在 SCI 期刊中较为多见，多位于正文后面、作者贡献前面或后面。它的常见格式和文本通常有以下几种(图 7-10、图 7-11)。

- **Conflict of Interest**

The authors declare no conflict of interest.

- **Conflict of Interest**

The authors declare that they have no conflict of interest.

- **Competing Financial Interests**

The authors declare that they have no conflict of interest.

- **Conflict of Interest statement**

No potential conflicts of interest are disclosed

**Declaration of conflicting interests**
The author(s) declared no potential conflicts of interest with respect to the research, authorship, and/or publication of this article.

图 7-10 利益声明示例一

**Declaration of Competing Interest**

The authors wish to confirm that there are no known conflicts of interest associated with this publication and there has been no significant financial support for this work that could have influenced its outcome.

图 7-11 利益声明示例二

这类声明可以不是以上单列标题的形式，还可放在某类出版信息中加以表述。例如：

Author Information Reprints and permissions information is available at www. nature. com/reprints. The authors declare no competing financial interests. Readers are welcome to comment on the online version of the pa-per. Correspondence and requests for materials should be addressed to S. A. M.(mccarroll@ genetics. med.harvard.edu).

这是 *Nature* 论文的作者信息：再版和许可信息可从网站 www.nature.com/reprints 获得；作者声明无竞争性金融利益；欢迎读者对在线论文发表评论；通信和材料获取应联系 S.A.M（mecarroll@ genetics.medharvard.edu）。利益声明是其中的一项内容。

5. 作者信息

这里的作者信息主要是作者发表论文后对有关论文资源和信息获得方式、对在线论文发表评论等的提示，有时还包括通信作者、利益声明等信息，例如 *Nature*

论文的作者信息。这里的作者信息不同于 3.5 节中的作者介绍，英文叫法一样（author information），但内容完全不同，请注意这一点。

6. 重印版

通常，作者在收到论文校样的时候，也会收到征订论文重印本的表格。年长的科学家会记得很难复印期刊论文或很难获取期刊论文电子版本的年代。在那个年代，向论文作者索取论文的重印本是科技人员了解同行科研工作的一个重要手段。如今，重印本还是颇有作用。比如，如果同行身处的国家很难获取到科技论文，作者就可以为这些同行征订论文的重印本，但总体来说，重印本已不像以往那么重要了。各科研领域重印本的征订要求不尽相同。如果对自己所处领域的征订要求不清楚，那么就应该听取同事的意见，再决定是否要征订重印本和如何征订重印本。

有些期刊开放"电子重印本"（electronic reprints）以便作者在网上向读者公开论文。或许有一天，所有论文都可以在网上公开获取；到那时，新一代的科技人员或许会问，为什么论文作者公开出来的论文称为重印本。

# 第 8 章　其他科技写作

*"The only true wisdom is in knowing you know nothing."*

**Socrates**

前几章主要讲述了论文的写作以及如何投稿、与编辑部联系等。本章主要介绍其他类型的科技写作，包括学术会议写作、个人简历、求职信、推荐信及科技短评。这些写作或许不常见，但是在有些场合或许能让你大放异彩。

## 8.1 学术会议

成功召开学术会议绝非易事。有些活动是需要提前数年排定的，并由赞助商和组织者提供专业支持和特定的格式要求。这需要组织委员会所有成员的共同努力，该委员会通常由会议召集人、总主席或共同主席、秘书处和所有小组委员会主席组成。

### 8.1.1 会议流程

会议通常从开幕式开始，其中一些会议非常正式，而另一些则不是。在典礼上，主持人或主席将简要介绍大会主席、特邀嘉宾和听众，介绍会议概况，并邀请大会主席和其他人发表开幕词。每次主题演讲结束后，主席将向演讲者致谢，并在邀请下一位发言者之前对演讲内容表示赞扬。会议停歇或会议结束也由主席决定。随后还会举行平行会议，可能会持续几天。有些会议可能有一个正式的闭幕式，在闭幕式上发表闭幕词，而另一些会议则可能没有，还有一些会议可能会以致谢晚宴演讲作为结尾。

会议通常以主席的简短发言开始。但是，实际委员们在会议开始之前很久就开始工作了，他们需要非常熟悉会议的总体程序，并在会议之前做出一切必要的安排。

开幕词通常由会议组委会的主席作，他通常是研究领域的知名专家。对于许多在国外举行的国际会议来说，没有正式的闭幕式，所以闭幕词很简单，有些甚至没有闭幕词。在会议结束时，可能会有一个晚宴或类似的活动。在晚会上，大会主席或其他知名专家可能会发表非常简短的讲话，向所有与会者表示感谢，但在中国举行的大多数会议上，都会举行开幕式和闭幕式。

## 8.1.2 开幕词撰写

撰写开幕词也有一些可遵循的格式。开幕词一般包括以下六点。
(1) 自我介绍。
(2) 欢迎与会者参加会议。
(3) 介绍会议的特点或独特性。
(4) 提供与会议主题有关的背景资料。
(5) 说明会议的目的。
(6) 向会议和与会者表示良好的祝愿。

示例：

Distinguished Guests, Ladies and Gentlemen:

The 23rd International Congress of Theoretical and Applied Mechanics opens today in Beijing, China. It is a great meeting in the global field of mechanics as well as a joyous event for China's mechanics. On behalf of China Association for Science and Technology (CAST), I'd like to extend my warm congratulations upon this congress and my most sincere welcome to the guests and delegates from all over the world.

The effect of forces and the motion of objects are the most basic and common phenomena in nature and human activities, which determine the fact that mechanics plays a fundamental and leading role in the knowledge system of science and technology. Many subdisciplines of mathematics and astronomy have developed to explain mechanical behaviors more accurately, and physics can be said to originate from mechanics. Mechanics is also a very practical discipline, which is most widely applied. Newton's theory of classical mechanics is the lever of the industrial evolution, leading us into a breathtaking era. Modern mechanics not only is the guide in aerospace engineering, but also promotes the further development of energy and environmental engineering, marine and offshore technology, petrochemistry, materials, information, biomedicine, etc, changing our life in an unprecedented way.

Nowadays, when technological revolution is deeply integrated with industrial transformation, many developed countries choose to achieve re-industrialization through advanced science and technology. Today in China, with the development of industrialization, informatization, urbanization, marketization and globalization, to upgrade our capability of independent innovation and to build an innovative country have become the key to our country's development strategy, and the key to improve our comprehensive national strength. Our current situation offers strong and actual demand for the innovative development of modern mechanics. ICTAM 2012, held in Beijing, provides a platform for the scientists and engineers in mechanics from China and abroad to show their up-to-date achievements and to learn from each other. It certainly will play a positive role promoting the rapid development of mechanics in China.

China Association for Science and Technology is an association for scientific and technical personnel. The Chinese Society of Theoretical and Applied Mechanics (CSTAM) is an important member of CAST. CSTAM is a major force to promote the development, popularization and application of mechanics in China and to promote the taining and development of mechanics talents. CAST will, as we always do, support lines of tehnlogca asoclatins including CSTAM, join international academic organizations and play an active role in them. CAST will continue to support the exchange and discussion between scientists from China and abroad and cooperate closely with other countries to contribute to the enrichment of human knowledge and the welfare of the world.

Finally, I wish the 23rd International Congress of Theoretical and Applied Mechanics a great success.

May all of you enjoy your stay in Beijing!

Thanks.

### 8.1.3 闭幕词撰写

闭幕词是在会议可活动的闭幕式上使用的文种，要对会议内容、会议精神和进程进行简要的总结，并作出恰当评价，肯定会议的重要成果，强调会议的主要意义和深远影响。

闭幕词的撰写一般包括以下几点。

(1) 感谢与会者、组织者、发起人、主持人(共同主席)等。

(2) 总结会议内容和成果。

(3) 祝贺会议的成功。

(4) 邀请与会者参加下一次会议。

示例：

We enjoyed this splendid symposium very much and learned a lot from it in

Halong, one of the most beautiful places in the world. I would like to congratulate the organisers, especially Dr. Dao Tien Khoa, on having succeeded in convening this symposium.

Nuclear physics is important as basic science, as has been confirmed by many interesting talks presented in the Symposlp We still have many fundamental problems to solve in order t under t many-body systems. Many interesting discoveries have been made by new methods, especially the use of radio-active beams. At the same time, we confirmed that nuclear physics plays an important role in applications.

There are two kinds of application. The first is to use nuclear physics to understand other important fundamental subjects such as astronomy, astrophysics, geophysics and bioscience. In order to understand nuclear syntheses, for example, reactions among unstable light nuclei must be studied. This is now possible because radio-active beams can be extensively used.

The second kind of application is to use nuclear physics as a tool, for example, in medical science, such as cancer therapy using proton- and heavy-ion beams, where the development of reactors is appreciated. Other examples are NMR and PET, which have been invented and developed by nuclear physicists and are indispensable in diagnoses and research on brains and other organs.

Nuclear power generation, which is the most important application of nuclear physics, however, unfortunately has been less popular, because of safety problems and nuclear waste. At the same time, we human beings are encountering serious difficulties such as shortage of natural resources, air pollution and particularly the greenhouse effect caused by $CO_2$. New energies, for example, photovoltaic power generation, wind power generation, and fuel cells, have been developed very much. I have tried to promote these new energies in Japan. I am, however, afraid of being too optimistic about the future of the new energies, because the total amount of electricity produced by them can not be enough to replace atomic power generation in the next two or three decades. We must be more realistic.

I met the Minister of Science and Technology of Vietnam, Dr. Hoang Van Phong. He expressed his interest in nuclear technology and wanted to develop it in Vietnam. In order to develop nuclear technology, he emphasized the necessity of nuclear physics and its education. I would like to point out that nuclear physicists must invent more efficient and economical ways to treat nuclear wastes and safer nuclear reactors.

In the recent years, I am worrying that applied science and technology has been emphasized and basic science has been less respected. This attitude has been traditional in Japan, or more generally in Asian countries, and has been adopted even in Europe. We, nuclear physicists, must tell people how important and interesting basic science is. Without fruits produced by basic science, no new technology is born.

Among the participants of this symposium, there are many active and excellent young nuclear physicists. Many of them are Asians: Vietnamese, Chinese, Japanese and other. This indicates that the future of nuclear physics and basic science is bright and promising.

Finally, I would like to thank again the organizers for their devotion to this symposium and the future of nuclear physics in Vietnam and the world.

Let us meet each other again soon somewhere and discuss further our understanding of nuclear physics.

Thank you very much for your attention.

### 8.1.4 主持词撰写

一般地，在学术报告会议上，会有主持人在不同报告之间发言以保障会议的流畅。如果有提问环节，主持人还会在这个环节控制场面。主持人的串词一般需要对上一位报告人的论文做出评价，同时引出下一位报告人的内容。

示例：

Let's use warm applause to thank Professor Li again for introducing the development and application of life cycle assessment for us and understanding the theory of it. What are the applications of life cycle assessment in engineering? What kind of problems should be paid attention to in the application, let's invite Professor Wang to bring us "application example of life cycle assessment in environment", Professor Li is a winner of National Natural Science Foundation Program, completed two monographs. Welcome Professor Li!

## 8.2 简历与履历

当你申请一个职位或留学经历时，你需要一份材料展示你的基本信息，如教育、经历、成绩，来证明你是合格的候选人。

### 8.2.1 简历包括的内容

简历是一组系统的以列表或表格形式排列在一页或两页上的个人信息集合，通常包括姓名、联系方式、教育背景、工作经历、学习成绩、技能和相关爱好。简历为职位或进修申请提供了必要的个人资料，其目的是向招生委员会表明你符合申请条件，而且你是被选中的合适人选。

虽然简历和履历都是个人信息的记录，但履历是一个人的经历和成就更详细的列表，可能是句子，可能会覆盖几页，而简历则要简单得多，通常是要点，会压缩到一两页。简历中的所有必要信息都应该是精确和简洁的，这样你的目标读者就可以一目了然地了解你最好的信息。例如，在你的简历中，你可能只有一个名词短语，比如：

> In 2018, he became the chief flute player of the Chinese Traditional Musical Instrument Orchestra of XXX University.

但是在履历上包含了更详细的信息：

> 1. Participate in the celebration of the 110th anniversary of the university.
> 2. The second special performance concert of the orchestra was held.
> 3. Be a teacher in music class and teach students how to play the flute.

网上有各种各样的简历供你选择，有时会幸运地在你所申请的大学或研究所的相关网站上找到简历写作的要求和样本。也有可能你被要求在网上填写一个给定的表格，这样你就不会有格式选择的问题。

(1) 满足给定的要求。阅读目标大学或研究所的说明或样本，然后制定相应的简历格式和内容计划。

(2) 从网上选择一种格式。如果没有特殊要求，您可以从互联网上选择一种格式，以有效的方式说明您的信息。

(3) 设计你自己的格式。如无特殊要求，可自行设计版式。需要注意的是，一些个人信息，如出生时间和地点、婚姻状况、性别、照片等，在中文简历中是必要的，而在英文简历中则不是必需的。更重要的是，必要的联系方式应该包括在英文简历的标题。

(4) 英文简历中使用动作动词。为了简洁明了地描述你的经历和成就，通常使用动作动词的要点来描述，而不是使用完整的主谓句或复合句。

(5)重视事实。列出你的相关经历、活动、成就、技能和相关爱好,以表明你能满足目标大学或研究所的要求,你是合适的人选。

总的来说,无论你的简历采用什么格式,都要尽量简洁明了。

### 8.2.2 简历撰写

作为一个学生,你的日常生活可能是非常重要的,可以显示你的能力和进一步发展的潜力。它们可能是:

(1)你在课堂或会议上的演讲;

(2)你所做的实验;

(3)曾参与的项目或计划;

(4)作为课程作业完成的报告或论文。

记住,诚信是最好的策略。永远对你的信息诚实。简历的撰写应该把握以下原则。

(1)简历的标题要清晰,注明联系方式,如电话号码和电子邮件地址,并确保你的电话和电子邮件是可访问的,以免错过任何来自招生委员会的电话或电子邮件。

(2)将自己的姓名、关键词"简历"和页码作为每页页眉或页脚的运行标题,以防你的两页简历在无意中相互分离。

(3)在颜色、字体和大小、粗体、大写、斜体等方面保持一致。避免华丽的颜色、缩写和所有的大写字体。英文最好使用 Times New Roman 和 Arial 字体,并且字迹清晰。

(4)使用正式的电子邮件地址,写上你的名字,可能还有你的身份或国籍。尽可能使用专业的工作学习邮箱而不是生活邮箱。

(5)校对你的简历,确保没有拼写错误和语法错误。

### 8.2.3 履历包括的内容

履历用于展示某人的所有与职业相关的信息。履历各部分信息都很常见:地址和其他联系方式、教育经历、荣誉、研究经历、教学经历、出版物、其他职业相关的经历。

履历有很多用途:在提交毕业论文的时候都要提交履历,求职时更是普遍要求履历,申请基金时通常也要附上履历,申请终身职位时要提供履历,年度考核时也要履历;如果得到某个奖项的提名,被提名人有时也要向评委提交履历。对刚刚开始职业生涯者而言,简历和履历几乎相同。不过,简历通常要在一开始就注明求职目标,并且要详细注明求职者曾经担任的各个职位的工作职责。履历可长达好几页,简历一般不超过两页,所以简历中的信息通常要高度浓缩。

### 8.2.4 履历撰写

在准备履历时，人们会被清楚告知应该在履历里包括哪些方面的内容和使用哪种格式。比如，有些大学对所有教师的履历有统一要求；同样，一些基金组织也会明确要求基金申请人的履历中应包含哪些信息。各学科和各机构要求的履历结构和内容不尽相同，所以在着手撰写自己的履历前，最好参考同一学科或同一机构中他人的履历，即使在写好履历后也最好请他人过目并提出意见。在履历中的出版物部分要列出已发表的文章，也要列出在重要会议上所做的推介。在列出已发表的文章时，采用标准的参考文献格式，就像所属研究领域中的知名期刊所采用的参考文献格式一样。如果某篇论文已被录用但尚未发表出来，就对该论文注明"in press"（出版中）。如果某篇论文已投稿，但尚未被录用，或者如果某篇论文尚在筹备中，就不要把这篇论文列在出版物部分，但是可以在履历的研究经历部分提及该论文所做的研究工作。履历要紧紧围绕个人的职业经历。一般在履历中不要提及私人信息，如生日、婚姻状况、健康状况、爱好等，也不要在履历中提及任何其他的私密信息，以防止被他人误用或盗用。如果觉得在履历的某个部分没什么好提及的，就删除那个部分。

示例：

**Academic Curriculum Vitae (CV)**
**Personal Information:**
- Name: [Your Full Name]
- Contact Information: [Phone Number] | [Email Address]
- Address: [Your Address]

**Education:**
- Ph.D. in [Your Field of Study], [University Name], [City], [Country], [Year of Graduation]
- Master of Science (M.Sc.) in [Your Field of Study], [University Name], [City], [Country], [Year of Graduation]
- Bachelor of Science (B.Sc.) in [Your Field of Study], [University Name], [City], [Country], [Year of Graduation]

**Research Experience:**
- [Research Position], [Research Group/Institution], [City], [Country], [Start Date] - [End Date]
- Briefly describe your research focus, methodologies, and key findings.

**Teaching Experience:**

- [Teaching Position], [University/Institution], [City], [Country], [Start Date] - [End Date]
- List the courses you taught, any teaching responsibilities, and any awards or recognition received for teaching.

**Publications:**
- List your academic publications in a consistent citation style (e.g., APA, MLA).
- Include journal articles, conference papers, book chapters, and any other scholarly publications.

**Conference Presentations:**
- List the conferences where you presented your research findings.
- Include the title of the presentation, conference name, location, and date.

**Grants and Awards:**
- List any research grants, scholarships, fellowships, or academic awards you have received.

**Professional Memberships:**
- Mention any professional associations or societies you are a member of.

**Skills:**
- Mention relevant technical skills, laboratory techniques, programming languages, or any other skills related to your field of study.

**Languages:**
- Indicate your proficiency in languages other than your native language.

**References:**
- Provide the names and contact information of academic or professional references upon request.

## 8.3 求 职 信

### 8.3.1 求职信撰写注意要点

撰写求职信是向雇主展示自己的兴趣和能力，争取得到面试机会的重要步骤。以下是撰写求职信时需要注意的要点。

(1) 个性化：尽量找到收信人的姓名，避免使用通用的称谓。个性化的称呼可以显示你的关注和专注。

(2) 引人入胜的开头：开头要引起读者的兴趣，可以简要介绍自己，并表达对该公司或职位的兴趣。

(3)自我介绍：简单描述自己的教育背景、工作经历和技能，突出与职位要求相关的优势。

(4)突出亮点：强调过去取得的成就和成功经历，展示你的能力和价值。

(5)与公司契合：说明你对该公司的研究和了解，以及为什么认为自己适合该公司的文化和价值观。

(6)表达动机：清晰表达你为什么想要加入该公司，并概述你对职位的热情和动力。

(7)突出解决问题的能力：说明你在以往工作中如何解决问题和应对挑战，以显示你的适应能力和自信心。

(8)显露热情：用积极、自信的语气表达你对工作的热情和期待，让人感受到你的积极态度。

(9)简洁明了：控制求职信的篇幅，避免过多冗长的内容，保持简洁明了，突出重点。

(10)结尾亮点：感谢对方阅读求职信，强调期待面试机会，并表达期待进一步的交流。

(11)格式规范：注意使用专业的格式，包括日期、称呼、段落分隔等，确保信件整体看起来专业和有条理。

(12)校对和拼写检查：仔细检查拼写和语法，确保信件没有任何错误，给雇主留下专业的印象。

求职的时候不光要准备履历，还要准备求职信。在求职信里，求职者可以进一步介绍自己，也可以展示自己的沟通技巧。通常求职信的长度为一页，绝对不要超过两页。总之，一封出色的求职信应该是专业、吸引人、突出亮点，充分表达你对职位的热情和适应能力。通过精心准备和表达，增加成功获得面试机会的可能性。

## 8.3.2 求职信撰写

尽量在求职信里称呼收信人的姓名。收信人的姓名拼写一定要正确。如果不确定收信人性别，或者如果不确定收信人是否有博士头衔，就应该用全名来称呼收信人（比如"Dear Leslie Jones"），而不要用类似"Dear Mr. Jones"这样的敬称。如果无法得知收信人的姓名，就可以使用"To Whom It May Concern"或者更有针对性的"Dear Selection Committee"。在没有确信收信人是男士前，不要贸然使用"Dear Sir"，正式信件中在称呼之后一般都是用冒号而不是逗号。

求职信开头要明确指出申请的职位。不要使用类似"the opening in your department"这样的模糊字眼，以免求职者误投了不合适的职位。还要在求职信开头注明求职者的资历。比如，"As a recent recipient of a Ph. D. in molecular

ABCology from XYZ University, I wish to apply for the postdoctoral position in DEF research that was announced in Science last week."

求职信的中间段落要详细给出求职者应聘该职位所具备的能力。可以使用让收信人参见履历的方式来介绍求职者的各项能力"As noted in the accompanying curriculum vitae…",要指出这些能力如何达到该职位的招聘要求。这样,求职者可以在求职信中对履历中的要点进行详细说明,也可以总结履历中列举的研究工作,还可以总结自己已掌握的专业技能,或是详述自己作为教学助理期间的工作内容。

在求职信中不要提及薪酬。一旦雇主表示雇佣意向,求职者才把薪酬问题提出来与雇主讨论。求职信的结尾要充满自信,但不能显得自负。不要使用论断性的字句,如"Thus, I am the ideal candidate for the assistant professorship in molecular ABCology. I look forward to receiving an interview."合适的说法是:"Thus, I believe that my background qualifies me well for the assistant professorship in ABCology. I hope to hear from you soon about the possibility of an interview."

## 8.4 推 荐 信

研究生、博士后和其他科学家经常要求其他科学家写推荐信。写推荐信通常需要花费很多时间,如果掌握正确的方法,你可以用更少的时间写出一封优秀的推荐信。

### 8.4.1 决定是否写推荐信

面对写推荐信的要求,应该明确知道这是别人的要求,并可以完全拒绝这样的请求。如果无法对他人做出客观有利的评价,或者无法在截止日期前提供推荐信,那么应该直接拒绝对方的要求,以便对方能够向其他人寻求帮助。如果你对被推荐人的印象不好,你可以委婉地告诉对方:"我认为更了解你的人可能会写出更有说服力的推荐信。"如果要求提供推荐信的人连续几次都提出请求,你可以用更直接的语言拒绝。

如果你很了解要求你写推荐信的人,并认为他不适合申请的职位,你可以与他沟通,决定是否帮助他写推荐信。在会议期间,要求你写推荐信的人可能会提供有助于你写出更有说服力的推荐信的信息。同样,要求提供推荐信的人也可以在会议中同意推荐人的意见,也就是说,他申请的职位可能不太适合他,但是他必须申请这个职位。在你的支持下,索要推荐信的人可能会更好地追求他们的目标。

要求写推荐信的人不要以为推荐人马上就能写推荐信。特别是在很多人同时找到同一推荐人写推荐信时,应该给推荐人充足的时间来准备和写推荐信。如果你对被推荐人的评价很高,你必须尽快通知被推荐人,让他知道你对他的推荐将是积极的。

### 8.4.2 收集信息

写推荐信和写科技论文一样，需要进行大量的前期工作。这包括熟悉写作要求、收集相关材料、整理数据，以及熟悉相关事例。除了要了解推荐信的截止日期和递交方式，还需要收集有用的信息，如推荐表、被推荐人曾获得的荣誉或奖章、履历和工作成果等。如果被推荐人曾听过你讲授的某门课程，可以查询他在该门课程中的成绩排名；如果之前曾给被推荐人写过推荐信，也可以查阅以前的推荐信作为参考；此外，还要确认被推荐人是否提前填写好推荐表的相关内容。

推荐信的长度和内容因不同领域或文化背景而异。因此，如果对某种类型的推荐信没有经验，最好获取一些类似的范例。有经验的资深同事可能会提供他们之前写过的推荐信作为参考，或者为同事撰写推荐信的草稿提供意见。如果之前担任过聘任委员会成员，接触过各种推荐信，也许会对撰写推荐信有所启发。

总的来说，写推荐信需要充分的准备工作。通过熟悉要求、收集信息和参考范例，能够确保推荐信的质量和内容与领域要求相符。

### 8.4.3 推荐信撰写

就像使用常用格式 IMRAD 为科技论文写作带来极大方便一样，使用常用的推荐信格式可以为写推荐信节省不少工夫。以下就是一种常用的推荐信格式。

在推荐信的第一段，指出因为什么事推荐什么人。第一段可以只有一句话，就像这个例子，"I am very pleased to recommend[name of candidate], a senior at [name of university], for administration to the graduate program in [name of field] at [name of university]."将被推荐人的姓名用黑体加粗，能使收信人一下就知道是给谁的推荐信，从而能对这封信合理地归档。

在第二段讲一下如何认识被推荐人的，比如，"I have known Ms. for more than a year. As a junior, she took my course[title of course]. She also has worked in my laboratory since June through our university's undergraduate research program."

然后在下面一段或两段对被推荐人做出评价。评价时要具体，比如，不要只是说被推荐人是个优秀的学生，还要具体给出被推荐人取得过的成绩，还可以给出被推荐人的排名，最好是指出被推荐人的学术或专业特长，以及相关的性格特点。当然，要根据被推荐人申请的事项来调整推荐信的内容。

推荐信的最后一段做总结。可以这样写，"In sum, I consider Mr. [surname of applicant]an outstanding candidate for[name of opportunity]. 1 recommend him with enthusiasm."在标准的信件结束语 "Sincerely," 或 "Sincerely yours," 或 "Yours truly" 后附上推荐人的签名。

签名下面应提供推荐人的姓名和头衔，如"Assistant Professor of"。通常，推荐信需要用正式的纸张打印，上面包含学校或单位的名称和联系地址。

有时，因为不同的用途（如申请研究生院或工作），有人可能向同一位推荐人请求多封推荐信。为了节省时间，最好一次性把这些推荐信都写好。虽然不同研究生院的推荐表可能有所不同，但将所有推荐材料一次性准备好仍然是最省时的方法。如果研究生院要求使用推荐表，可以将对被推荐人的评语写在推荐表上，也可以附上推荐信。如果之前已经为该被推荐人写好了推荐信，或者如果被推荐人要求为申请多所研究生院写推荐信，可以考虑采用附上推荐信的方式，这样能节省不少时间。

如果你认为被推荐人将来可能会再次请求你提供推荐信，最好将被推荐人的推荐表和推荐信保存备份，或者至少保留推荐信的电子版本。这样，将来再为该被推荐人写推荐信时就会更加简单方便。

示例：

> To whomsoever it may concern:
>
> I had the pleasant opportunity to work closely with Mr. John Wu for one year during his two year employment National Sports. John occupied the desk next to my cabin, and we collaborated on several projects together. I am pleased to say that John is an excellent team player, a sincere and hardworking individual, and an ideal coworker.
>
> John always did more than his share of the work on the projects he was assigned. He often took the initiative to get things started and picked up new tasks efficiently. I was glad to work with him, since the management always praised the assignments we worked together. John was nice to everybody at the office, and just about everyone seemed to like him.
>
> I highly recommend John for whatever position he may decide to take up next. He is the type of employee that anyone would be happy to work with. I wish him all the best in his future endeavors.
>
> Regards,
> Susan Brown,
> Technical Head,
> National Sports.

### 8.4.4 请人写推荐信

如果需要找人为自己写推荐信，大部分建议与前面部分的建议相似，这些建议能够帮助你快速获得满意的推荐信。值得注意的是，为你写推荐信的人通常都非常忙碌，因此，要尽量提前与推荐人沟通，给推荐人足够的时间来完成推荐信。如果你需要同一位推荐人为你写多封推荐信，那么务必给予充足的时间来完成这些推荐信。

如果推荐人暂时记不起你，最好找到方式提醒他们。如果通过电子邮件联系推荐人，最好附上你的照片或在邮件中提及一些让推荐人回忆起你的信息。根据推荐人的反应来采取下一步行动。如果推荐人看起来愿意写推荐信，立刻为他们提供所需的写信材料和信息。如果推荐人不愿意写推荐信或迟迟不回复，可以直接询问是否建议找其他推荐人。

准备好推荐人写推荐信所需的材料，除了推荐表，还要附上你的履历或简历、所申请专业的描述和你的工作样例等。这些材料可以以电子版形式提供给推荐人。推荐信写好后，可以由推荐人通过电子邮件寄给相关学校，或者放在封口并签字的信封内交给你，你可以将其连同其他申请材料一并寄到相关学校。但是，如果所申请的学校要求推荐信由推荐人直接寄给学校，你需要提供已填写好收信人地址和邮资已付的信封给推荐人。

推荐人寄出推荐信后，通常会通过电子邮件或其他方式通知被推荐人。如果没有收到推荐人的通知，在推荐信截止日期前几天应礼貌地向推荐人询问。在请别人帮你撰写推荐信后，一定要做后续工作。至少要发一封电子邮件感谢推荐人；特别是如果推荐人为你撰写了多封推荐信，最好送上一张感谢卡。如果申请成功，那么应该告知推荐人（例如，告诉推荐人你将入读哪所研究生院或开始哪份工作），并再次表示感谢。总的来说，要设身处地为推荐人着想，尊重他们。你尊重了推荐人，他们也会自然地尊重你。

## 8.5 学术短评

学术短评是"给编辑的信"。它们是对与研究有关的公众和政治兴趣的热门话题的简短评论，或对发表在相应期刊上的期刊材料（如社论、世界观、新闻、新闻特写、书籍和艺术评论、评论文章或通信）的简短评论。

### 8.5.1 学术短评的要求

学术短评是不发表同行评审研究论文的技术评论。学术短评很少经过同行评审。因此，提供主要研究数据的贡献被排除在外。学术短评长度一般在 250 个词以下，一般最多有 3 个参考文献（并带有指向这些引文的链接）。出于事实核查目的，可以包括进一步的引用，不允许使用补充材料。一封学术短评最多可以有三位作者。在特殊情况下，依据期刊的 Guide for Authors，最多可以在线列出更多作者。不允许将集体作者指定为联盟、研究计划、学会、讲习班或团体倡议。

### 8.5.2 学术短评撰写

学术短评一般是对近期（一般在线或纸质版发表后一个月内）已发表论文进行点评，多数期刊会邀请被点评期刊的通信作者和第一作者撰写回复。在撰写学术短评中要注意以下内容是不能发表的：

(1)对同行评审的研究论文进行技术评论；
(2)发表在期刊以外的文章回复；
(3)提供原始研究数据的文章；
(4)提交不符合要求长度和风格要求的内容。

示例：

---

**ChatGPT: tackle the growing carbon footprint of generative AI**

Microsoft, Google and Meta are investing billions of dollars in generative artificial intelligence (AI) such as the large language model ChatGPT, released by OpenAI in San Francisco, California. But the features that make these models so much more powerful than their predecessors also impose a much heavier toll on the environment. We propose a framework for more sustainable development of generative AI.

A surge in complexity allows large language models to produce intelligent text, but consumes substantially more electricity than did previous versions. Based on the number of specialized GPUs (graphics processing units) shipped in 2022, this could amount to about 9,500 gigawatt-hours of electricity — comparable to Google's energy consumption in 2018. Ever-more-sophisticated hardware will increase the speed and capacity for training huge data sets, spurring growth of generative AI models that consume yet more energy.

When developing generative AI, carbon emissions can be cut by tailoring the structure of the model and by promoting energy-efficient hardware and the use of clean energy sources. And optimizing the operation of AI models will reduce the number of inefficient steps (see, for example, go.nature.com/3jh3nzy and go.nature.com/3jbtfga).

---

可以看出，学术短评一般只包括题目、内容和作者。题目相比研究论文更加简短，并且直接指出观点、建议与问题。而研究论文一般给出研究的主体与方法。

撰写学术短评时，第一句应该指出研究的背景，接着引出需要说明的问题，说明这一问题的严重性。随后表明观点，如果有研究结果则说明研究的成果、使用的技术、相比原技术的优势，以数据化的形式展示研究成果。最后给出总结，表明研究具有前瞻性与未来性，并链接相关内容以验证自己的观点。

## 8.6 个人陈述

除了简历，个人陈述也是申请职位或出国深造必需的文件。"你是谁，你看重什么，你作为一个人是如何成长的"是招生委员会想知道的，因为个性、沟通能力和对他人的关心比其他技能更重要。

### 8.6.1 什么是个人陈述

个人陈述是申请论文写作中的文件之一，它是向一所大学或学院介绍自己，通过讲好一个故事来赢得某个学位或职位的录取。一般的主题包括相关的个人背景、学术经历和职业目标。

个人陈述和简历都是关于个人信息，是申请出国深造的重要文件。简历是一份客观的事实罗列报告，而个人陈述则是一份个人的、情绪化的叙述，通常描述你具体的生活经历。而推荐信是由你的导师或你研究或学习领域的专家写的，介绍你的性格和能力。推荐信补充你的个人陈述，从专家的角度对你的描述、评论或意见，让招生委员会了解你是谁，你作什么。一封有利的推荐信通常会很有帮助，甚至会有力地激励招生委员会做出决策。

### 8.6.2 个人陈述包含的内容

埃默里大学是这样描述申请过程的："我们看重你真实的声音！""我们希望你的论文能让我们对真实的你有一个令人信服的了解。""我们寻找正直、成熟、关心他人、有领导潜力和与人合作的能力的证据。"哈佛医学院回答了这个问题："我怎么做才能让自己成为一个更有吸引力的入学候选人？"

根据上面提到的两个例子，与你的早年甚至童年密切相关的故事，表现出你对你申请的职位或项目的相关兴趣，你与他人的关系，你在爱和关怀中成长的经历，或者你在成长过程中克服障碍、发挥你对生活的热情、涉及痛苦和收获的经历，都可能是不错的选择，因为它们可以告诉目标读者你是如何成长的。你如何培养你的决心和毅力等品质，你如何面对和解决困难，以及你如何理解生活的意义。

### 8.6.3 个人陈述撰写

详细展示你的职业目标。招生委员会可能不仅想知道目标学位或职位的条件，还想知道动机。以下是目标描述的两个例子。

(1)我想回到我的祖国成为一名历史学家，为我们的社会做贡献。

(2)我打算从事这样一种职业：即使大人和孩子们对历史没有热情，我也要给他们一个欣赏历史和了解历史的理由。历史保护让我有机会在课堂之外教书，这扩宽了教师和学生的视野。我的长期目标包括参与博物馆管理、保护规划或修复工作。

第一个例子中使用的"历史学家"和"贡献"这两个词过于笼统，没有任何意义，而第二个例子提供了更具体的信息和理由，从而使目标更有说服力。

个人陈述的长度根据不同的项目要求而有所不同。一般来说，2页或1000字的文件是一个经验法则。以下是哈佛大学卫生政策博士项目个人陈述说明的一个例子：

> Describe your reasons and motivations for choosing a program of study to pursue a graduate degree at Harvard University. What experiences gave rise to your research ambitions? Briefly describe your past work in your intended field of study and related fields. Briefly state your career goals. Your statement should not exceed 1000 words.

你应该仔细阅读相关说明，并遵循内容和篇幅的要求。阅读个人陈述样本以了解可能的格式和内容也很有帮助。此外，一旦你能得到联系方式，我们鼓励你直接联系目标教授或招生委员会，以获得建议或样本。

在写个人陈述时应该特别注意以下几点。

(1)不要含蓄。容易犯的一个常见错误是先做一些陈述，然后假设读者能够自己得出结论。相反，你必须明确地解释原因或清楚地陈述自己的结论。例如，如果你说你希望在印度之行结束后能成为一名工程师，你需要说明为什么会这样。记住，你是在给一个对你知之甚少的人写信。你应该做的是通过你自己的描述来明确你的生活经历、你的性格或你的个性。在写个人陈述时应避免使用模糊或笼统的表达。

(2)了解你自己。仔细和批判性的自我反思，然后你就会知道如何在材料选择上做出明智的决定，从而创造出一份真实的、有吸引力的、有见地的个人陈述。用自信和热情的积极语气来呈现你的经历。你不需要把你的描述局限在道德上，也就是说，你所叙述的并不一定都与道德故事有关。你不需要把自己描述成一个完美的人。

(3)校对。在你完成草稿并检查几次后，可以让你的朋友或同事帮你检查拼写和语法。如果你有一个以英语为母语的朋友，向他/她寻求建议是个好主意。

(4)不要谈论宗教和政治问题。

(5)在两到三页的个人陈述页眉或页脚标记上你的名字、主题(即个人陈述)

和页码，以防无意中把文件分开。

示例：

Quite luckily I was born into a family of teachers. Both my parents are professors of XX University. Thanks to my well-educated parents, I spent my childhood in a very harmonious atmosphere. I went out playing, driving bicycle and catching crabs in small streams. Like many children, I dreamed flying in a fantastic spacecraft in the sky. However, what was particular about me was that I had been devoting myself to realizing this challenging dream.

Before I entered university, 1 was an enthusiastic radio controlled model plane player in a local aviation club. There are still some model planes on display in my room. From books, magazines and people in that club, I had more access to knowledge about space exploration and aviation.

In 2003, I chose XXX University for my undergraduate study without hesitation because XX University represents China's top level in aerospace research. Driven by my interests, I studied hard and did quite well in my study. In 2005, when some astronauts and heads of the Boeing Company visited our university, I was selected as an interpreter in this activity. At a meeting with students of my university, XXX, an astronaut explained the automatic control of Space Shuttle. I was fascinated by the complex and intriguing mechanism that makes Space Shuttle maintain its altitude precisely when the position of its center of gravity is changing and the technology the Space Shuttle applied to realize smooth docking with Space Station. All these topics obsessed me and they inspired my curiosity. Therefore, in my third year, I chose "Dynamics and Control" as my research direction. I realized it is the technology of space science that directs the scientific study of the problems of modern flight.

Later, I learned more about the vital role "Automatic Control" plays in Aerospace Industry: Airplane Stability Augmentation, Sensor Data Fusion, Direct Force Control, etc. As a research assistant in the National Flight Control Lab, I furthered my understanding towards dynamical characteristics of aerial vehicles. After auditing some graduate courses, I began to pay attention to more theoretical research. The topics of "Control" like multi-robot coordination, autonomous flight of UAV, etc. can often be generalized by dynamical models and solved by mathematical tools. I am most interested in Nonlinear Dynamical Problems because most of which still remain unknown. I hope my future research can make significant contribution to this special topic.

> Now, I am seeking for my graduate study in the XX University, because its Department of Aerospace Engineering enjoys a prestigious reputation in research and education in this academic field. As my alumnus, Dr. xxx did a good job in the Stellite Attitude Dynamics and Control Laboratory, I have the confidence I can also be an outstanding researcher here. I will prove my value in my future research career.

这篇个人陈述着重于申请人如何发展他对航空航天工程的兴趣，以及如何将其转化为决心和奉献。举例和事实证明了他长期以来的梦想，以及他实现梦想的能力和信心。更重要的是，申请人指出了他的目标，即"对这一特殊课题做出重大贡献"。申请人提到的和谐的家庭背景和幸福的童年，表明了申请人的生活环境，这对个人的个性形成很重要。

## 8.7 书　评

### 8.7.1 书评的要求

书评是对一本书或其他文学作品进行评论、分析和评价的文章或文字。它是读者对作品的观点和看法的表达，旨在向其他人传达对该作品的理解、感受以及评判。它通常包括对书籍内容、写作风格、情节发展、人物塑造等方面的分析和评价。书评可以帮助读者了解一本书的优点和缺点，从而决定是否值得阅读。同时，书评也可以为作者提供反馈和指导，帮助他们改进写作技巧和创作水平。

书籍评论作为一种分享知识和体验的方式，要尽可能真实、有益和富有启发性。无论你对一本书的评价是正面的还是负面的，都应该尊重自己的观点，坦诚表达，并且给出有理有据的理由，这样才能为其他读者提供有价值的参考和帮助。书评的内容通常包括以下方面。

(1) 作品简介：书评一般会以简短的方式介绍作品的背景、内容梗概和主要情节。

(2) 评论和分析：书评家会对作品的文学价值、情节结构、人物塑造、语言表达等方面进行评析和分析。

(3) 主观评价：书评是一种主观性很强的文体，书评家会根据自己的观点和审美标准，表达对作品的喜爱或批评。

(4) 受众建议：书评通常会向潜在读者提供是否值得阅读该作品的建议，以帮助他们做出决定。

(5) 文学评价：书评也可能从文学批评的角度来对作品进行评价，将其与其他类似作品进行比较或置于文学历史和社会背景中讨论。

书评可以在报纸、期刊、网站、博客等媒体上发表，也可以是读者在社交媒体上分享的个人观点。不同的书评家可能会对同一本书有不同的看法，因此，书评是多样性和讨论性很强的文学形式。

### 8.7.2 书评撰写

书籍的评论是向其他读者传达你对一本书的评价和观点，它能帮助其他人了解书籍的内容、价值和作者的表达能力。在撰写书籍评论时，有几点是需要特别注意的。

(1) 客观和主观结合：评论既需要客观地介绍书籍的内容、主题和结构，也需要展现你个人的主观感受和观点。保持客观的同时，用具体的例子来支持你的看法，让读者了解你评价的依据。

(2) 避免剧透：尽量避免透露太多书籍的剧情细节，尤其是重要的情节转折和结局，以免影响其他读者的阅读体验。

(3) 明确评价的标准：如果可能，指明你评论的标准和观点，如写作风格、故事情节、人物塑造等方面，以便读者能更好地理解你的观点。

(4) 表达清晰简洁：使用简单明了的语言，避免过多的行话和术语，让你的评论易于理解和阅读。

(5) 提供具体例子：通过引用书中的具体例子和引文，可以更好地展示书籍的特点和作者的表达方式。

(6) 言之有据：如果你对书中的某些观点持有不同意见，尽量提供相关的证据和逻辑来支持你的看法。

(7) 尊重作者和其他读者：在评论中尊重作者的努力和创作，同时尊重其他读者对书籍的不同看法。

(8) 适度抒发情感：书籍评论可以适度抒发个人的情感和感受，但要注意保持适度，避免过度夸张或消极评价。

(9) 避免误导：评论应该基于你确实读过该书，避免根据传闻或二手信息来发表评论，以免误导其他读者。

(10) 总结和建议：在评论的结尾，可以简要总结你对书籍的评价，并提供适当的阅读建议。

示例：

> Academic Book Review: Introduction to Rock Mechanics
> Introduction to Rock Mechanics is an in-depth and comprehensive scholarly work that takes great care to present the reader with the latest advances and important principles in the field of rock mechanics.

This book focuses on the physical properties and mechanical behavior of rocks, and in-depth analysis of the behavior, response, and deformation of rocks in the Earth's crust. The author systematically expounds rock mechanics from the perspectives of rock composition structure, stress and strain relationship, deformation and fracture mechanism, etc., so that readers have a comprehensive understanding of this complex subject.

One of the great strengths of scholarly work is its depth and rigor. The authors provide a thorough explanation of each concept and theory and provide a large number of examples and data to support their views. These cases not only demonstrate the practical application of rock mechanics theory, but also help readers better understand and grasp the mathematical and physical principles involved.

"Introduction to Rock Mechanics" also covers key experimental methods and testing techniques, introduces the principle and implementation process of rock mechanics experiments, and provides important experimental guidelines for rock researchers and geologists. These experimental methods are important for understanding the strength, deformation and fracture behavior of rocks, and are also the basis for rock engineering and resource exploration.

Introduction to Rock Mechanics is an indispensable reference book for professional petrologists and geologists. It not only provides the latest research progress in the field of rock mechanics, but also provides a wealth of literature citations for readers to further study and research. Whether in academic research or engineering practice, this book can provide readers with valuable guidance and help.

Although the content of the book is relatively professional, the author's expression and argument are clear and easy to understand. This makes Introduction to Rock Mechanics suitable not only for professional scholars, but also for students and researchers interested in geology and petrology. Whether you are a beginner or a researcher with a background in rock mechanics, you will gain a wealth of knowledge and insights.

In summary, Introduction to Rock Mechanics is an authoritative, comprehensive and in-depth academic work that provides a rare academic resource for researchers and learners in the field of rock mechanics. It not only expands our understanding of rock behavior, but also provides powerful support for solving earth science and engineering problems. This is a wonderful book that deserves frequent review and reference in both academic and practice.

# 第 9 章 学术风格与品位

*"Musicians can recognize Mozart, Beethoven, or Schubert's music after hearing a few notes. Similarly, mathematicians or physicists can recognize the work of Cauchy, Gauss, Jacobi, Helmholtz, or Kirchhoff after reading a few pages of text."*

***Ludwig Boltzmann***

学术风格和品位很难给出一个明确的鉴定，正如玻尔兹曼(Boltzmann)所说："音乐家在听到几个音节后，即能辨认出莫扎特(Mozart)、贝多芬(Beethoven)或舒伯特(Schubert)的音乐。同样，数学家或物理学家也能在读了数页文字后辨认出柯西(Cauchy)、高斯(Gauss)、雅可比(Jacobi)、亥姆霍兹(Helmholtz)或基尔霍夫(Kirchhoff)的工作"。每位科研工作者对所从事的研究会有不同的感受，会发展自己独特的研究方向和研究方法，就形成自己的风格。如能达到玻尔兹曼所说的这种境界，那无疑是非常成功的。如今，大部分期刊主要由美国和欧洲出版社发行，尤其是与科学、技术和医学相关的期刊。因此在写作风格方面，大多数科学期刊只接受两种英语风格，即美式和英式。写作风格方面有很多差异，但大多数都大同小异。例如，美国出版的期刊比较常见的标题样式是每个重要词语的第一个字母大写，另一个常见的做法是将标题后第一个段落的首行缩进。多数期刊给予作者的 Guide for Authors 大多局限于拼写方式，很少提及词汇和语法的差异。

## 9.1 学术写作风格

一般来说，学术语言是用来撰述某一专业领域内特有的知识的，要求准确、规范、严谨，在具体的写作风格和技巧上有以下几个主要特征。

1. 客观

学术语言是一种中性语言，要具备客观性，而不是带有写作者情绪和倾向的主观化语言。这一点有一些像新闻报道用语，行文里并不含有写作者的褒贬情绪。科技论文里也要采用这种风格，作者也要注意避免情绪化，要使用客观公正的语言，通过客观事实和科学推理来推进论文的进程。如 "You can demonstrate that climate change is a real phenomenon by studying alterations in Antarctic ice layers" 就带有个人观点，针对上述句子可以采用以下三种方式进行改进。

(1) 用对象做主语，Alterations in Antarctic ice layers demonstrate that climate

change is a real phenomenon。

(2) 使用被动语态，The reality of climate change can be demonstrated by studying alterations in Antarctic ice layers。

(3) 采用形式主语，It can be demonstrated that climate change is a real phenomenon by studying alterations in Antarctic ice layers。

此外，中性的学术语言要求写作者不要带有个人倾向性的判断，在行文中要避免使用第一人称诸如"I think"或者"In my opinion"这样的话语。在确定有必要表达自己的观点（比如在论文的结论或者其他要求阐述作者立场或观点的场合），可以使用中性化的"The researcher has found that …"或"It is concluded that …"这样的说法，以避免过于强烈的主观化语气。中性化的学术语言要避免使用一些具有强烈主观褒贬色彩以及过分夸张的词汇，以显示作者严谨中立的学术态度。例如，Amazing, awesome, cool, cute, excellent, extraordinary, fabulous, fantastic, marvelous 等就应当尽力避免。使用这些词汇，往往会使文字过于浮夸而不严肃庄重，有损学术论文的中立性和客观性。

2. 正式

学术论文写作非常明确，为读者提供了理解你的意思所需的所有信息。因此学术语言是冷静体，其主要特征是严肃、认真和正式。这和日常口语的随意性是截然相反的。那么这两种风格反映在词汇、句式等的选择上，就体现在口语体经常使用随意的词汇和结构，而学术语言要选择正式的词汇和句式。以下面的两个句子为例。

口语体：What can you get from the story?

学术体：What conclusion can be drawn from story?

很显然，学术体是一种书面语体，是一种文字为载体的语言，它是为了更严肃地表达作者的思想而存在的。而口语是语音为载体，是为了日常交流而存在的语言。口语体常用简单句甚至是结构不完整的碎片语言，而学术体采用严密连贯的句子结构，以使得表达更准确严谨。另外口语体采用比较随意的句式结构，显得比较松散，而学术体或书面体采用比较严密的结构，显得更正式和严谨。

此外，学术论文写作中要避免使用反问句、模棱两可的描述和单词缩写。如例句"The investigation has been going for four years. How good has it been? At this stage, researchers can't tell, because they still need to check out the data to account for differences in age, gender, socio-economic-status, etc. Once that work is done though, the information will be really first-class"中包括了非正式词汇、反问句和未指定分类，不是学术体。修改方法是替换非正式词汇、去反问句、简写和不确定的描述，修改后的句子为"The investigation has been underway for four years. Researchers cannot yet determine the effectiveness of the project because it is necessary to first analyse the data to control for age, gender, socio-economic status and other demographic variables. Despite this, the information collected is expected to be highly valuable for future studies"。

3. 准确

学术论文写作需要准确表达你的意思，在阐述过程中要尽可能多地体现细节和专业性，避免意思不准确，模棱两可。许多人对词汇的含义常有一种模糊的、普遍的感觉，这可能与它的真实含义有一两处不同，甚至与预期含义相反。例如：depreciate 与 deprecate, difference 与 discrepancy, endless 与 interminable, unusual 与 weird, 等等。

信息缺乏导致表述不准确，下面的句子是一种常见的表达：Most people didn't like changing trains on the way to work, but they still thought it was better than taking a bus。句中的大部分人是多少人？不喜欢换乘的程度有多强烈？火车比汽车好，到底好在哪？为了更准确地说，作者可以具体说明他们指的是哪一类人，调查对象还是非调查对象，他们的偏好是什么，以及偏好程度。为了使表达更准确，调整后的句子为：While the majority of the survey respondents indicated their dislike of changing trains on their commute to work, they preferred taking two trains to taking one bus, which they perceived would be slower overall and less comfortable, or both。

合理地使用动词也能增强语言表达的准确性，常见的动词 do、make、put、keep、have、get 等在不同语境中表示的意思都有差异。如 "get" 可以表示的词汇有 receive（收到一封邮件）、obtain（获得很好的视野）、bring（拿个水桶和拖把）、buy（买一件商品）、arrive（到达某个地方）。在写作中，合理利用动词表达 "get" 的意思能让表达更加准确，如："The researchers got results from a large participant group" 与 "The researchers obtained results from a large participant group" 相比，后者的意思显然更准确。

4. 简明

如果写作的第一个目的是准确地沟通，那么第二个目的就是迅速地沟通。简洁对论文写作来说非常重要，简明的论文写作必须在有效的字数内准确地表达自己的意思。每句话都要体现它的必要性，否则论文显得冗杂和容易造成歧义、错误或冲突。简明的学术论文可以从以下几点出发。

（1）删除不必要的词汇。行文简洁有力，句子中不应包含不必要的单词，段落中不应包含不必要的句子，就像绘图不应包含不必要的线条、机器不应包含不必要的零件一样。这并不要求作者把所有的句子都写得很短，或者避免所有的细节，只概述主题，而是要求每一个字都讲述。

(2) 删除冗长无用的表达。许多冗长的短语由复合介词和连词组成，这些三个或四个单词的组合可以用单个单词代替，表达的意思并无差异。如等式左边的短语可以被右边的单词所替代：adequate number of = enough, a large amount of = much, anterior to = before, as a consequence of = because, as regards = about, by means of = by, with the exception of = except 等。此外，省略介词、把子句简化为短语都可以让学术写作变得简明。如等号左边的介词短语可以被右边的动词所替代：climb up = climb, cut out = cut, rise up = rise, start off = start, win out = win 等；等号左边的句子可以替换为右边的短语：While the trial was going on = During (the) trial, The court decree which was handed down in July ordered that payments be made each month on the mortgage = The July court decree ordered monthly mortgage payments, This is an issue that needs = This issue needs 等。

(3) 删除不必要的限定词和修饰词。写作过程中通常会使用一些对句子没有任何意义的单词和表达方式，尽管它们在某些情况下可能有意义或增加平衡，但它们很容易被省略，如："The nominal elastic modulus and the failure strain of the gypsum specimens increase apparently with the strain rate"中的"apparently"是无用的修饰副词。句子中常见的无用的形容词和副词：absolute 与 absolutely, actual 与 actually, certain 与 certainly, exact 与 exactly, full 与 fully, general 与 generally, 等等。

(4) 少写句首无意义的短语或副词。大部分作者有一种语言习惯，就是在句子开头使用一些无意义的短语或副词，似乎让读者为主要信息做好准备，如："It should be noteworthy that only the macro-fractures meeting the condition of D equal to 1 are displayed"和"Interestingly, the elastic deformation region displays a larger slope for the saturated samples"中"It should be noteworthy that"与"Interestingly"都是句子开始的无意义表达。一些常见的句首无意义表达如下所示："As far as … is concerned", "The next question that must be discussed is", "Consideration should be given to the possibility of", "Another significant point that we wish to call to the court's attention is", "A key aspect of this case, which must not be overlooked, is that", "It is unnecessary to point out how important it is", "Another important issue that", 等等。

学术发展有自身的客观规律，上面阐述的 4 种学术风格是常见的学术写作风格，并非绝对的风格。随着研究技术、方法和设备的不断改善，学术成果的展示形式、撰写方法和规范也在不断进步，进而导致研究者的学术风格和品位也在不断发展和变化。此外，学术研究就是学者研究活动，它同时受社会经济、文化、时间、科学发展方向等因素的影响，因此学术研究是一个动态的发展过程，学术风格和品位也随之发生变化。

## 9.2 学术论文品位

科技论文的写作品位包含了不同方面的特点和风格,既包括作者在研究方法上的选择和深入探索,也包括对学术追求和科学价值的体现。同时需要注重解决问题的深度、研究课题的选择、学术影响力以及实验设计与数据分析的可靠性与准确性。这些因素都是构成优秀科技论文的重要组成部分。

(1)解决问题的深度:科技论文的品位可以从解决问题的深度上体现。一些优秀的论文通过深入分析问题的根本原因,提出具有重要影响的解决方案,从而在学术界产生了深远影响。

(2)研究课题的选择:优秀的科技论文通常选择具有独特性和重要性的研究课题。这些课题可以是解决重大的科学难题、填补知识空白或者打破传统观念的突破性研究。

(3)学术影响力:一篇有品位的论文往往能够在学术界产生持久的影响,如开创一个新的领域,提出创新的理论或方法,或为学术界提供重要的参考资料。

(4)实验设计与数据分析:科技论文在实验设计和数据分析方面也需要体现品位,要求严谨可靠的实验设计和准确合理的数据分析方法。

### 9.2.1 学术品位的表现

#### 1. 底层逻辑与理论推导

具有深厚的数学功底和逻辑思维能力的学者,更倾向于从底层逻辑解决问题。他们通过严密的推导和论证,致力于揭示理论的内在本质和生成机制。这种学术品位在科学研究中起到了深入探索和理论基础的作用,为学术界提供了新的洞见和理论发展的可能性。

(1)揭示问题的根本原因和内在机制:底层逻辑意味着学者在研究过程中应当致力于深入研究问题,追溯到问题的根本原因和内在机制。通过精确的数学和逻辑分析,研究者能够理解现象背后的基本规律,这对于科学研究的深入理解和问题的彻底解决至关重要。

(2)提供理论框架和模型:理论推导形成的思维框架为科研提供了坚实的理论基础。研究者通过建立数学模型和理论框架,能够更好地理解复杂的现象和系统。这些模型不仅有助于理论上的解释,还可以用于预测和实验设计。

(3)启发新的研究方向:科研过程中对底层逻辑和理论推导的熟练运用,往往能够激发学者对新的研究方向的研究热情。通过深入研究一个问题,研究者可能会发现未解之谜或潜在的关联,推动科研领域的拓展。

## 2. 实验探索和验证

有些学者倾向于实验研究和验证，通过精确的实验设计和数据分析，探索新现象、验证理论假设或解决实际问题。他们注重实验的可重复性和准确性，致力于为科学研究提供实证的证据和实际应用的价值。

(1)验证理论和提供实证证据：实验探索和验证可以有效证实理论假设。通过实验，科研者可以测试自己的理论是否与现实世界相符。这有助于建立更可靠和可证伪的理论，同时也有助于排除不正确或不合理的理论。通过实验探索为验证理论提供了实证证据，建立对事实的普遍共识，减少了科研探索过程中主观性和偏见的影响。

(2)发现新现象与新技术：实验探索有时会意外地揭示新的现象或关联，这种发现对于科学研究非常重要。同时，在研究过程中，科研人员常常需要开发新的技术和方法来解决特定问题。这些新技术和新方法可能会在其他领域产生应用，促进技术和科学的进步。

(3)增加实验的可重复性：科研中的实验应该具有可重复性，即其他研究者也应该能够重复相同的实验并获得相似的结果。这有助于验证研究的可信度和准确性，并确保科学知识的可靠性。

## 3. 解决复杂问题的能力

一些研究者希望挑战和解决复杂问题，不满足于表面现象或局部性考察。他们致力于深入研究和解决那些具有广泛影响和重大难度的问题。通过跨学科和综合思维，借鉴各领域的知识和方法，为解决复杂问题提供全面而深入的观点和解决方案。

(1)问题定义和识别：解决复杂问题的能力始于对问题的准确定义和识别。科研者需要能够理解问题的复杂性，找出问题的核心要素，并将其明确定义，这有助于确保研究方向的正确性和有效性。

(2)系统思考和分析：科研者需要具备系统思考的能力，将问题看作一个整体系统，理解各个组成部分之间的相互关系和影响。这种能力有助于分析问题的多重因素和交互作用，为制定解决方案提供基础。

(3)培养独立解决问题的能力：鼓励科研者主动寻找信息、学习新的知识和技能，以便更好地理解问题和寻找解决方案。同时，解决问题的过程可以帮助科研者学会自主思考、独立分析和提出解决方案的能力，这对于个人的科研能力培养至关重要。

## 4. 开创新领域和创新思维

杰出的科学家通过尖端的科学思维和敏锐的感知力，带领学术界进入新的领域或者提出全新的研究方向。他们在某个学科领域具有开创性的工作，推动了该领域的快速发展，并为后续研究提供了巨大的推动力和影响。

(1) 拓宽研究视野：创新思维和开创新领域有助于拓宽研究视野，促使科研者跳出传统的思维框架，避免陷入狭窄的思维习惯，同时，研究过程往往涉及多学科的知识和方法，并鼓励不同学科之间的交叉和合作，建立综合性的知识框架，从而带来新的洞见和发现。

(2) 为后续研究提供动力和方向：开创新领域和创新思维为后续研究提供了动力和方向。研究者的成果可以激发其他科研者的兴趣，引导他们深入探索相关领域，从而形成科研的持续推动效应。

(3) 促进科学领域快速发展：创新思维引领科学界进入未曾涉足的领域。科研者通过提出新的研究方向和问题，探索新的概念和理论，为科学研究注入新的生命力和创造性。这有助于科学领域的快速发展，打破学科的界限，促进知识的不断扩展。

## 9.2.2 论文写作与品位考量

(1) 写作立意的高度：在写作时可以立意较高，能够从一个小问题出发，引出或探索更广泛的宏观科学问题。将微观的问题与大的科学议题相联系，使论文具有更广阔的研究意义和启示性。这种学术品位不仅能够加深科学领域的理解，还能引领该领域的研究方向和发展趋势。

(2) 细致入微的内容说明：在写作论文时要善于将研究的内容细致入微地说明，从原理、机制或影响因素等方面进行详细解释。系统性地呈现研究细节，通过清晰的论述和合理的论证展示研究的复杂性和全面性。这种学术品位能够为读者提供更深入的科学认识和理解，为后续研究和实践提供重要参考。

(3) 微观作用机理的解释：注重从微观作用机理的角度解释研究结果。通过对分子、原子、电子等微观层面的交互作用进行深入探索，揭示研究现象的根本机制。这种学术品位可以促进对科学问题的深刻理解，推动理论的发展和实践的应用。

(4) 对跨学科领域的贡献：通过在不同学科领域之间创造联系，引入其他学科的理论、方法或工具来解决复杂问题。这种学术品位能够推动学科交叉融合，促进跨学科合作和创新。

(5) 长期坚持和持续贡献：有些学者通过多年的坚持和持续的研究，逐步积累了丰富的学术成果和经验。通过连续的研究输出对学科做出长期贡献，成为该领域的重要代表人物。

(6) 深入实践与应用：论文写作还可以将研究成果有效地应用于实践，解决实际问题或推动技术的发展和创新。这种学术品位体现在将理论与实践相结合，为社会和产业带来实际的经济和社会效益。

总之，学术论文的写作品位，展示了作者在科研工作中不同的关注点和贡献方式。这些品位的体现不仅扩展了学术界对知识的认识范围，还为学术界的创新和发展带来了新的思路和可能性。

### 9.2.3 学术品位的意义

学术品位的意义在于体现了作者对学术追求和创新的态度，以及对科学问题深入思考和解决的能力。具有较高的学术品位的论文能够为学术界带来新的见解、新的突破，推动学科的发展和进步。此外，学术品位的展示也为作者在学术界的声誉和地位带来了提升，并为获得科研经费、学术奖励和科研合作等提供了更广阔的机会。因此，培养和展示较高的学术品位对于科研人员的职业发展和学术成就具有重要意义。

# 第 10 章 学术道德与学术规范

*"In research, there are no shortcuts to truth, and no shortcuts to moral integrity and responsibility."*

***Adam Grant***

学术道德和科研伦理是科学研究的基石，是科学家必须遵守的准则。在当今社会，科学技术的发展日新月异，科学家的研究成果也越来越受到社会的关注。因此，弘扬学术道德和科研伦理显得尤为重要。科研工作者从事科研活动，应当求真务实，不断追求卓越与创新；应当诚实守信，实事求是，负责任地履行职责；应当秉承专业精神，严格执行相关规定、标准和规范；应当做到公平和对他人的尊重，承认他人的成果和贡献；应当严谨自律，对自己不熟悉的专业问题谨言慎行，并妥善处理科研活动中的利益冲突；应当恪尽职守，在科研活动中自觉承担对同行、对研究对象、对社会的责任。

本章将详细介绍科研工作者在科技工作过程中应当遵循的学术道德及规范，作为科研工作者应当如何自觉遵守学术道德，增强自律意识。

## 10.1 学术道德与伦理概述

### 10.1.1 学术道德概述

亚里士多德曾说："学问需要不断地追求，因为我们永远无法完全了解一切。"韦恩·布斯在《研究是一门艺术》一书中写道："研究是有血有肉的，是一个感情与生命投入的过程，是有灵魂的。"李连江教授在《学者的术与道》一书中写道："学者与学术成为血肉相连心心相印的统一体，学者自身成了活的学术。生命的本质是自我超越，学者生命必然发生的自我超越就是学术创造。"现代高校兼具多重功能，包括人才培养、科学研究、社会服务和文化传承创新，是人类知识传承和创新的重要场所。学术是高校的核心属性和本质特征，贯穿在人才培养、科学研究、社会服务和文化传承创新等各个领域的活动过程中。学术的价值不仅在于满足学者个人的求知欲望和好奇心，更在于提高整个人类的思辨和探索世界的能力。因此，从事学术研究应该持有非功利的态度，学术研究的过程应该是追求深刻知识、追寻真理的过程。

学术研究的根本基础是诚实守信。自科学诞生以来，人们始终将追求科学真理、揭示客观规律、改善人类福祉作为科学研究的终极目标。科学精神，以求真求实和创新为核心，一直是推动科学事业前进的不竭动力，引领着人类文明的进步。在学术探索的道路上，科研人员应当坚守学术诚信，遵守学术道德规范，将追求真理视为科学研究活动的核心价值观[26]。

学术道德是科研人员在科学研究中的具体道德表现，包括科研活动中的道德准则和科研人员应具备的道德素质。它体现为科研人员在从事科学研究活动时的价值追求和道德品格，是科研人员在处理个人关系、集体关系和社会关系方面的行为规范。学术道德是治学的最基本要求，是学者的学术操守，它的实施和维护依赖于学者的良心和学术共同体内的道德风气。学术道德具有自我约束和示范引领的特性，它的缺失会导致学术不端行为的产生和传播。

学术道德是学术界的精神支柱和行为规范，代表了学者对真理和知识的崇高追求。作为学术共同体的核心价值观，学术道德引导学者坚持诚实守信的原则，保持严谨求真的态度，勇于挑战学术高峰。在追求学术成果的过程中，学者必须用实事求是的态度对待研究对象，坚守学术诚信的底线，杜绝数据伪造和学术抄袭。通过严格的科研方法和真诚的学术表现，学者能够确保学术成果的真实性和可靠性，树立学术共同体的信任基础。

学术道德包括以下五个方面的基本内容。

1. 学术诚信

学术诚信是指科研人员在进行科研活动时，要始终保持实事求是的态度，不欺骗、不弄虚作假，恪守科学价值和科学精神的一种内在道德要求。学术诚信是研究人员最根本的职业操守，也是研究人员必须遵守的一项基本职业道德。科学工作者是人类智慧的最高代表，在探索主客观世界真相的实践中，应当始终对科学研究抱有虔诚之心，从而树立实事求是、严谨科学的作风。"学术诚信"可以体现在两个层面：一是学者在学术活动中所持的一种诚实守信、公正尊重、责任担当的心态；二是其他学科的研究者、研究界乃至整个社会对于某个学科的研究进程、某个学者所具有的学风、研究风格等方面的价值评判，即"学术诚信"的理论价值。

2. 学术规范

学术规范是指科研人员在学术活动中应该遵循的各项行为规范的总和，是学者在进行学术研究时，对怎样进行知识生产及再生产和怎样进行知识交流及传播等具体的学术活动的一致意见。根据学术准则，科研人员在写作过程中不能抄袭，不能剽窃，不能侵占他人的研究成果。在进行科研试验和经验分析过程中，不能造假或者编造科学事实。学术规范在内容上应该能够规定、约束和引导科研人员，以达到实现知识创新的目的。在此基础上，学界可以对违反该准则的人进行道义上的指责，而相关的学术组织也可以对其进行处罚。学术规范不仅规定了从事学术活动的技术性规范，而且可以建立学术秩序，明确学术道德，规范学术交流，以确保学术研究可以推动社会发展。

3. 学术伦理

学术伦理是一套规范学术行为的道德原则和价值观，旨在确保学术研究的诚实、透明和诚信。它涵盖了各个方面，包括数据处理的准则、研究合作的伦理、知识产权的尊重、同行评审的透明性以及对研究参与者权益的保护。学术伦理的重要性在于，它维护了学术社区的声誉和信任，保障了研究的质量和可靠性，促进了科学知识的传播和共享，以及国际学术合作的发展。同时，学术伦理也对研究人员的个人和职业道德产生积极影响，鼓励他们遵循高尚的行为准则，塑造了学术界的良好品德和专业素养。学术伦理的核心问题就是使科学研究不能损害自然生态环境和人类生存环境，不能故意戕害自然生命，保障人类的生命财产安全和切身利益，促进自然和人类社会的可持续发展。

4. 学术责任

学术研究的根本目的是通过科学研究帮助人类发现、掌握和运用主客观世界规律，创造和丰富人类知识文化，培养和造就社会需要的各类人才，并利用科研成果改造自然和社会服务于人类实际生活需要。学术责任主要指学术研究所承担的社会功能，即学者和研究人员在进行学术研究和知识传播过程中所承担的道德和社会责任。这包括研究高深学问的责任、培养人才的责任、引领先进文化的责任、服务社会发展的责任等。此外，学术责任还包括在知识传播中促进透明度、公平竞争和合作，以及尊重知识产权和研究参与者的权益。以服务社会为基本内涵的学术责任在大科学时代显得愈加重要。

5. 学术精神

学术精神是一种高尚的思想和行为品质，鼓励追求知识、真理和创新。它体现了对事实的客观探究，对学术自由的尊重，以及对知识传播的热情。学术精神鼓励学者坚持诚实守信、求真务实、勇攀高峰的科学精神，推动了科学和文化的进步，塑造了现代社会的价值观，同时也是社会发展和全球合作的基础，使知识能够在全球范围内自由流通。学术精神强调的是科研工作者应具备的价值观念、人文情操、意志品质、行为取向等方面的主客观表现，是对学术活动应有的道德认知，对学术事业积极、深厚的道德情感，追求真理的坚强道德意志，以及所形成的道德智慧和达到的学术境界。

同时，学术道德的重要性也体现在以下几个方面。

(1) 维护学术诚信与可信度。学术道德是学者从事科学研究的基本准则之一，其核心是学术诚信。学术诚信是学者从事科学研究时遵循的核心原则，包括实事求是、不撒谎、不剽窃和不篡改他人研究成果等。学术诚信的坚守有助于维护学术活动的真实性与可信度，确保学术成果的准确性和科学性。如果学者违反学术诚信，进行虚假研究、捏造数据或抄袭他人成果，将会严重损害学术活动的诚信性，导致学术界和社会对其产生怀疑与不信任。

(2) 推动科学事业的健康发展。学术道德的重要性还体现在推动科学事业的持续发展。学者在遵循学术道德的准则下进行科学研究和学术交流，使得学术界成为一个共享知识的社区。在这样的学术环境中，学者能充分合作和交流，共同推动科学事业向前发展。学术道德的遵守有助于形成良好的学术风气，吸引更多的人才加入科学研究的行列，推动科学事业不断壮大。学术道德是学科发展的基础，它保障了学术研究的诚信性和可信度。只有在学术道德的框架下，学科才能够建立健全的学术体系，吸引更多的学者深入研究，形成一批具有学术影响力的优秀学者。这将不断推动学科的进步与发展，为社会进步和人类文明的推进做出积极的贡献。

(3) 保障学术成果的有效传播。学术道德在学术成果的有效传播和应用中扮演着至关重要的角色。通过遵守学术道德规范，学者保障了学术成果的真实性和可信度，使其能够得到同行学者和社会的认可和信赖。这为学术成果在学术界和社会中的传播和创新创造了良好的条件，推动了科学知识的进一步传播和应用。只有学者始终恪守学术道德，坚持诚实守信的态度，学术成果才能在学术界和社会中发挥出最大的价值，为学术界的繁荣发展和社会的进步贡献力量。

(4) 确保学术交流的公正与客观。学术交流是学术活动的重要组成部分。遵循学术道德可以确保学术交流的公正与客观，避免因不端行为导致的学术交流失去公正性和客观性。学术交流的公正性与客观性是学术界学术繁荣和学科进步的保障，有助于促进学术共同体的和谐发展。

(5) 提升学者的学术声誉。学术道德的遵守对学者的学术声誉至关重要。学者遵循学术道德，坚守学术诚信和学术规范，将会赢得同行和社会的尊重与认可，树立良好的学术声誉。学术声誉的提升不仅有助于学者的个人成长和职业发展，还会为其带来更多的学术合作机会和学术成果的传播平台。

违反学术道德的行为包括学术不端、学术欺诈、学术抄袭、数据篡改等不诚信行为，这些行为严重损害学术界的信誉和学术研究的可信度。学术不端是指在学术研究过程中采取不诚实的手段，包括虚假论文发表、数据捏造、篡改实验结果等。学术欺诈是指在学术交流中故意误导他人，夸大成果，以牟取不当利益。学术抄袭是指未经充分引用和标注他人成果，将其作为自己的研究成果进行发布。

数据篡改是指对已有数据进行篡改或伪造，以使研究结果更符合个人或团队的预期。这些违反学术道德的行为对学术界和科学研究造成严重的危害。不仅破坏了学术界的信任基础，还扭曲了学术竞争的公平性，阻碍了科学研究的进步，损害了公众的利益。因此，学者应当时刻牢记学术道德的重要性，遵守学术规范，以诚信为本，推动学术事业的健康发展和社会进步。同时，学术界和社会应加强监督和引导，建立健全学术道德的评价体系和奖惩机制，共同维护学术研究的公正、透明和诚信。

总之，在学术道德的若干内涵中，学术诚信强调的是遵守科学研究的客观性和科学性；学术规范强调的是科学研究行为，特别是通过撰写学术论文等方式发表科研成果的行为要遵守学术共同体公认的学术准则和交流规范；学术伦理强调的是科研工作者要将学术研究成果引向符合人类伦理道德良知的方向，即不得将科学研究引向危害人类生活、危害公众健康和社会安全的歧途；学术责任强调的是科研工作者要有利用学术研究成果去改善人类生活，提升大众福祉的社会责任；学术精神强调的是科研工作者从事科学研究要具有艰苦朴素、坚忍不拔、刻苦钻研的毅力和品质。可以说，恪守学术诚信、遵守学术规范和坚守学术伦理是学术道德最底线的要求，担当学术责任、树立学术精神是学术道德较高层次的追求。

### 10.1.2 学术伦理概述

学术是一种富含智识性的知识探索活动，它将人类的知识历程连接成一脉相承的体系，对于深刻了解人类行为和认知过程有至关重要的作用。与此同时，伦理则扮演着处理社会关系的角色，致力于解答关于"何为善"的重要问题，并为社会建立共识的价值观和认知框架提供支持。从知识和价值规范的层面来看，学术和伦理密切相关，相互交织在一起。学术伦理是从伦理学的角度探讨学术规范的一门学科，它反映了学术活动所涵盖的伦理诉求。在学术界，人们对于学术伦理的看法各不相同，有人将其视为学术体系的稳定支柱，有人将其视为学术诚信的基础，还有人将其看作是规范学术行为的道德准则。总而言之，学术伦理是学术社群成员应当遵守的基本学术道德规范和社会责任的体现，是通过对这些规范进行理论探讨而得出的理性认知的产物。

早在 1955 年，18 位联邦德国的原子物理学家和诺贝尔奖得主合并发表了《哥廷根宣言》，同年在伦敦由罗素亲笔起草，包括爱因斯坦在内的其他 10 位杰出科学家签署了《罗素-爱因斯坦宣言》。此外，52 位诺贝尔奖得主联名在德国博登湖畔发表了《迈瑙宣言》。这三份宣言都传达了一个紧迫的信息：核战争和氢弹的使用将对人类带来可怕的破坏，敦促各国政府弃用武力来实现政治目标，同时也突显了科学家在社会中所担负的巨大责任。在《迈瑙宣言》中，科学家反思了现代科技价值观，强调了他们为科学所做的贡献，但也提醒人们，正是科学为人类提供了可怕的自我毁灭工具。这迫使科研人员在进行研究时要同时考虑科学问题和伦理问题，不可忽视后者的重要性。

我国高校为确保学术研究的诚信、可靠性和质量，制定了学术研究人员和学生必须遵守的一系列伦理准则和行为规范，基本内容如下。①诚实和诚信：学术研究人员和学生应诚实报告研究结果，不得伪造数据、篡改结果或剽窃他人的研究成果。②数据处理和记录：研究人员应当妥善处理和记录实验数据，以确保数据的准确性和可复制性。③知识产权尊重：学者和学生应正确引用他人的研究成果，遵守著作权和专利法规。④同行评审的透明性：同行评审过程应当公开、公正和透明，确保研究的质量和可靠性。⑤研究伦理的遵循：在进行人体和动物研究时，必须遵循伦理委员会的审批程序，保护研究参与者的权益。⑥学术合作和合作的诚信：学者和学生应遵守学术合作的道德准则，不得恶意竞争或侵犯合作伙伴的知识产权。⑦透明度和开放性：学术研究应当公开、透明，鼓励分享研究方法、数据和结果，以促进知识的共享和验证。⑧遵守学校规章制度：高校学者和学生应当遵守学校的内部规章制度，确保学术研究规范进行。

这些学术伦理要求有助于维护学术研究的诚信和质量，确保高等教育机构的声誉和社会信任。遵守学术伦理不仅是学术工作的基本要求，也是为了推动科学知识的传播和社会的可持续发展。

## 10.2 学术不端的界定及危害

### 10.2.1 国内关于学术不端的定义

在我国，理论界和实务部门对学术不端概念的称谓和表述并不统一。主要表现在：首先，在称谓上，除了"学术不端"外，还有"科研不端""学术腐败""科学不端"等别称；其次，在学术不端内涵和外延的界定上，也呈现一定的差异性，具体内容阐释如下。

按照《中国科学院对科研不端行为的调查处理暂行办法》的规定，学术不端被称为"科研不端"，包括：①伪造、篡改、抄袭剽窃行为，包括伪造、篡改科研数据、资料、文献、注释等，抄袭剽窃他人的学术成果和重要的学术思想、观点或研究计划，或未经授权扩散上述信息等。②在科研活动中的虚假陈述行为，包括在个人履历、资助申请、奖励申请、职位申请以及同行评审、公开声明中等提供虚假或不准确信息，或隐瞒重要信息。③不当署名的行为，包括与实际贡献不符或未经他人许可的署名，将应当署名的人或单位排除在外，或对著者或合著者排名提出无理要求。④一稿多投和重复发表的行为，包括将本质上相同的科研成果改头换面一稿多投或重复发表的行为。⑤故意干扰或妨碍他人研究活动的行为，包括故意损坏、强占或扣压他人研究活动中必需的材料、设备、文献资料、数据、软件或其他与科研有关的物品。⑥违反涉及人体、动物、植物和微生物研究以及环境保护等科研规范的行为。⑦其他严重科研不端行为。

2019年7月1日颁布实施的《学术出版规范：期刊学术不端行为界定》界定了学术期刊论文作者、审稿专家、编辑可能涉及的学术不端行为，具体包括以下几方面。

(1) 剽窃。观点剽窃，即不加引注或说明地使用他人的观点，并以自己的名义发表；数据剽窃，即不加引注或说明地使用他人已发表文献中的数据，并以自己的名义发表；图片和音视频剽窃，即不加引注或说明地使用他人已发表文献中的图片和音视频，并以自己的名义发表；研究(实验)方法剽窃，即不加引注或说明地使用他人具有独创性的研究(实验)方法，并以自己的名义发表；文字表述剽窃，即不加引注地使用他人已发表文献中具有完整语义的文字表述，并以自己的名义发表；整体剽窃，即论文的主体或论文某一部分的主体过度引用或大量引用他人已发表文献的内容；他人未发表成果剽窃，即未经许可使用他人未发表的观点，具有独创性的研究(实验)方法、数据、图片等，或获得许可但不加以说明。

(2) 伪造。伪造的表现形式包括：①编造不以实际调查或实验取得的数据、图片等；②伪造无法通过重复实验而再次取得的样品等；③编造不符合实际或无法重复验证的研究方法、结论等；④编造能为论文提供支撑的资料、注释、参考文献；⑤编造论文中相关研究的资助来源；⑥编造审稿人信息、审稿意见。

(3) 篡改。篡改的表现形式包括：①使用经过擅自修改、挑选、删减、增加的原始调查记录、实验数据等，使原始调查记录、实验数据等的本意发生改变；②拼接不同图片从而构造不真实的图片；③从图片整体中去除一部分或添加一些虚构的部分，使对图片的解释发生改变；④增强、模糊、移动图片的特定部分，使对图片的解释发生改变；⑤改变所引用文献的本意，使其对己有利。

(4) 不当署名。不当署名的表现形式包括：①将对论文所涉及的研究有实质性贡献的人排除在作者名单外；②未对论文所涉及的研究有实质性贡献的人在论文中署名；③未经他人同意擅自将其列入作者名单；④作者排序与其对论文的实际贡献不符；⑤提供虚假的作者职称、单位、学历、研究经历等信息。

(5) 一稿多投。一稿多投的表现形式包括：①将同一篇论文同时投给多个期刊；②在首次投稿的约定回复期内，将论文再次投给其他期刊；③在未接到期刊确认撤稿的正式通知前，将稿件投给其他期刊；④将只有微小差别的多篇论文，同时投给多个期刊；⑤在收到首次投稿期刊回复之前或在约定期内，对论文进行稍微修改后，投给其他期刊；⑥在不做任何说明的情况下，将自己(或自己作为作者之一)已经发表的论文，原封不动或做些微修改后再次投稿。

(6) 重复发表。重复发表的表现形式包括：①不加引注或说明，在论文中使用自己(或自己作为作者之一)已发表文献中的内容；②在不做任何说明的情况下，摘取多篇自己(或自己作为作者之一)已发表文献中的部分内容，拼接成一篇新论文后再次发表；③被允许的二次发表不说明首次发表出处；④不加引注或说明地在多篇论文中重复使用一次调查、一个实验的数据等；⑤将实质上基于同一实验或研究的论文，每次补充少量数据或资料后，多次发表方法、结论等相似或雷同的论文；⑥合作者就同一调查、实验、结果等，发表数据、方法、结论等明显相似或雷同的论文。

(7)违背研究伦理。论文涉及的研究未按规定获得伦理审批，或者超出伦理审批许可范围，或者违背研究伦理规范，应界定为违背研究伦理。

(8)其他学术不端行为。其他学术不端行为包括：①在参考文献中加入实际未参考过的文献；②将转引自其他文献的引文标注为直引，包括将引自译著的引文标注为引自原著；③未以恰当的方式，对他人提供的研究经费、实验设备、材料、数据、思路、未公开的资料等，给予说明和承认(有特殊要求的除外)；④不按约定向他人或社会泄露论文关键信息，侵犯投稿期刊的首发权；⑤未经许可，使用需要获得许可的版权文献；⑥使用多人共有版权文献时，未经所有版权者同意；⑦经许可使用他人版权文献，却不加引注，或引用文献信息不完整；⑧经许可使用他人版权文献，却超过了允许使用的范围或目的；⑨在非匿名评审程序中干扰期刊编辑、审稿专家；⑩向编辑推荐与自己有利益关系的审稿专家；⑪委托第三方机构或者与论文内容无关的他人代写、代投、代修；⑫违反保密规定发表论文。

随着学术不端问题日趋突显，很多国家意识到单靠学术自律是难以遏制学术不端行为的滋生蔓延，并开始通过科技政策和法律对学术不端行为予以规制。

在我国，遏制学术不端行为同样需要我们逐步改变思维方式，从学术自律向学术他律转变，尤其是要建立一种包含自律和他律的学术不端治理模式。科技和法律被认为是现代文明的支柱，在他律方面，法律规范是管理学术不端行为不可或缺的途径。

在学术不端的表现形式上，国家的科技和教育等行政主管部门已经制定了相对全面的规定。然而，随着科学活动内外环境的不断演变，学术不端行为的表现形式也将变得多样化和更加隐秘。例如，随着科研项目和科研经费竞争的加剧，以及学术评价和学术成果出版中各种潜在规则的显现，学术活动中的不当交易行为也变得更加常见。因此，有必要在传统的学术不端外延或范围界定的基础上，通过立法扩大学术不端行为的表现形式和种类的定义。以下几类学术行为也应被视为学术不端行为。

(1)学术活动中的不正当交易行为。这种行为是指在学术领域，科研人员或其他相关参与者出于追求不正当利益的目的，进行各种不符合学术职业道德甚至违法的物质或非物质利益交换。这些行为的主要表现包括：①科研项目申报者和项目管理者、评审者私下进行权钱、权色等不正当交换，以获准项目立项；②第三者在科研项目和学术成果申报、评审中居中在申请者和管理者、评审者之间提供不当交易的机会，从中渔利；③科研人员为谋取物质性或非物质性利益，充当"枪手"，代为进行学术论文（包括博士论文、硕士论文、项目论文、职称评审论文等）的撰写和发表；④出版单位或学术期刊及其工作人员为获取不正当利益，为科研人员出版或刊发学术研究成果；⑤在学术研究过程中，科研人员与相关主体进行的其他不正当交易行为。

(2) 科研项目的"转包"行为。这是一种隐蔽的学术不端行为。其主要表现为科研人员在科研项目获得批准后，将项目全部或部分任务转交给其他科研人员实际执行，而这些执行者通常不是项目申请时的课题组成员或成员单位，也可能不具备项目实施所需的资质。这种情况下，项目实施的质量难以保证，并容易失去有效监督。一些项目负责人采取这种做法是因为他们认为，参与更多、更高档次的项目可以彰显他们的学术实力，有助于获得相关荣誉、技术职称或技术职务等，然而，实际情况是这些项目负责人并没有能力亲自完成研究任务，这可能是因为他们在学术能力上有所欠缺，也可能是因为时间和精力有限。此外，这种"转包"往往伴随着"低价转包"的情况，即实际执行研究任务的科研人员只能获得项目经费的一小部分作为报酬，而项目经费的大部分被项目负责人占为己有。因此，这种不正当行为应被纳入学术不端行为的法律规范之中。

(3) 学术活动中的不作为行为。指的是科研人员在学术活动中，明知法律或约定规定的研究义务或相关义务需要履行，但有能力而未履行，或者没有正当理由而懈怠于履行的行为状态。这种不作为行为具体表现为以下两种情况：①科研人员不能按照科研项目约定的时间或者项目管理规定的期间要求完成学术研究任务，并且没有提出延期结项申请，或者提出的申请理由不正当；②经过科研项目主管单位或委托单位的中期检查、终期检查，认定不合格或发现问题后，要求限期改正或完善研究活动中的不足，科研人员不予改正或完善的。

(4) 虚构科研项目的行为。编造科研项目的行为通常发生在非政府组织委托的横向研究课题中，其主要特点包括以下几点：①项目委托方通常为私人组织，审批项目时具有相对较大的自由度和灵活性；②项目资金往往表现为虚拟性，即委托方先向科研人员所在单位拨付一定数量的研究经费，然后由项目承担者私下返还一部分给委托方；③这种行为的主要目的是满足特定的职称评审、奖励评选、职务聘任等要求，以获取特定等级或经费规模的科研项目；④项目承担者和委托方通常存在亲朋好友或师生等密切的社会关系，这种不当的科研行为不仅操作便捷，还具有一定的隐蔽性，因此相关监管部门较难有效监督[27]。

### 10.2.2 国外对学术不端的认定：以美国为例

科学是人类社会文明的重要标志。但也有少数人罔顾科学研究的基本原则和道德准则，甚至出现了学术不端行为。如何认定和处理学术不端行为，是国际社会面临的重要课题。美国学术界在长期实践中积累了丰富经验，形成了一整套严谨的处理程序。其有关学术不端行为的认定和处理程序，具有较高的权威性和可借鉴性。

1. 美国学术界对学术不端行为的认定标准

美国是世界上学术不端行为认定与处理最严格的国家。从联邦到地方各级政府，都设有专门机构或委员会对学术不端行为进行认定与处理。联邦政府的有关法律和政策，为联邦政府和地方政府机构认定学术不端行为提供了依据和指南。美国也是对学术不端行为较早予以规制的西方国家。早在1989年，美国公共卫生署在国内率先将学术不端界定为"在建议、进行或报告研究时发生的捏造、篡改、剽窃行为，或严重背离科学共同体公认规则的其他行为。"为消除学术不端界定不一的状况，2000年美国联邦政府颁布了学术不端的统一定义，结束了多个联邦机构使用不同定义的分散局面。该定义将学术不端行为界定为"在建议、进行或评议研究，或在报告研究结果时发生的捏造、篡改或剽窃行为"。此外，美国学术界还形成了一套科学严谨的程序规则，以确定学术不端行为的性质和程度。

2. 学术不端行为的调查程序

在美国，对学术不端行为的调查一般分为三个阶段：首先是发现并认定学术不端行为，包括对具体案件的初步调查和审查；其次是将认定结果向公众公布，并向特定组织或部门做出报告；最后是由组织或部门根据调查结果采取相应的措施。在这三个阶段中，最为关键的是第一阶段，也就是发现并认定学术不端行为。在这三个阶段中，调查程序都有特定的规则和标准，以保证调查程序的合法性、公正性和客观性。

3. 后续相关处理程序

美国学术界在长期的实践中形成了一套严谨的处理程序，有一套比较完整的运行机制。从实践看，美国学术界在认定和处理学术不端行为方面，既有分工明确、系统严密的专门机构，又有相对独立、灵活有效的处理程序。从美国学术界处理学术不端行为的具体案例看，其基本程序包括线索搜集、初步调查、召开会议讨论、做出决定、公开报道和发布消息等。

## 10.2.3 学术不端行为的危害

学术研究作为一种创新性的科学活动，通过理论创新、技术创新等方式助推创新型国家建设，提升国家综合国力和竞争力。学术研究作为深受公众尊重的科研人员或高级知识分子严谨求实的问学、治学、科学活动，科研人员的言谈举止不仅代表着学术界或科学界的形象，更影响着整个社会对至真至诚道德信念的理解和操行。作为公众心目中的知识创新者和道德模范者，科研人员的学术不端行为无疑具有诸多社会危害性。

1. 破坏学术公平，影响人才培养

尽管学术不端在西方科研史上广泛存在，但在我国，特别是在高校学术科研领域，其严重后果可能更为显著。目前，我国的高等教育和科研事业正处于快速发展的关键时期，若不能有效抑制学术不端行为，可能会带来巨大损害。这一问题牵涉到破坏公平竞争机制，可能影响优秀科研人员的公平待遇，还可能导致高级人才的大规模流失，浪费大量财政资金，最终对科研水平和学术质量造成严重影响，甚至使刚刚建立的科研体系陷入混乱，与西方发达国家之间的差距进一步扩大。学术不端行为不仅违反社会公平和正义原则，还破坏了市场经济下的诚信和公平竞争制度。当前社会机遇众多，国家迫切需要竞争力强的人才来推动发展，尤其是对于我国的民族复兴而言，建立有效的人才选拔机制和公平竞争规则至关重要。否则，我们将无法在国际竞争中立于不败之地，高级学术人才和科研工作者可能会大规模外流，进一步削弱国内科研事业。诚信缺失和人才流失将危害生产力，导致科研事业的倒退。此外，学术不端可能导致大量低水平研究的重复，抄袭和剽窃现象猖獗，阻碍了科研界形成严谨求实的文化氛围。原创性和独创性的科研成果可能不再受到重视，科研造假、重复研究、投机取巧、抄袭剽窃等行为可能会泛滥成灾。这不仅会危害科研事业，还可能破坏正常的人才培养机制，威胁未来的经济建设和社会发展，最终阻碍了实现"创新型国家建设"的目标。

2. 浪费学术资源，阻碍科技进步

科研是一项复杂而深入的追求真理的任务，要求长期积累知识并不断验证实验。即使在国际科研舞台上，一流学术成果通常需要科研人员耗费数十年，有时甚至终生的不懈努力方能呈现。这些卓越的成就不仅代表了当时的学术水平，还成为宝贵的学术遗产，对后人产生深远的影响。以诺贝尔奖获得者为例，他们的研究成果通常是通过数十年的辛勤探索和持之以恒的实验工作，才达到国际一流水平的原创性成果。然而，相对于这种辛勤工作，国内一些学者急功近利，大量产生论文和专利，着重于数量。然而，这些成果通常经受不住时间的检验，存在抄袭、低水平重复研究以及虚假数据等问题，它们缺乏真正的科研价值，被学术界视为学术垃圾。这些不道德行为不仅严重损害了学术研究的诚实和规范，也扰乱了科研领域的秩序。这种急功近利的做法浪费了宝贵的科研资源，不仅无助于提高科研水平，还限制了真正的创新成果的涌现。因此，我们必须认识到，科研是一项需要时间和毅力的追求真理的旅程，只有坚守真实、诚实和高标准的科研原则，才能真正推动学术进步和科学发展。只有这样，我们才能建立强大而可靠的学术基础，为未来的科研贡献更有价值的成果。

3. 影响国家人才培养和引进

在近现代，世界上许多强国的崛起都离不开对教育和科技的高度关注。在这一全球趋势的背景下，我国坚定地采取了人才培养和引进的措施，这一措施秉承了成功的发展经验。科研和人才一直都是推动国家发展的关键要素。在知识经济时代，高等教育和科研体系变得尤为重要。学术诚信在这个体系中扮演着至关重要的角色。如果失去了诚信，将会对科研人才的培养和科研成果产生严重的不利影响。科研水平不仅反映了国家的科技实力，更代表了国家文化的宝贵遗产。特别是在我国积极推动人才培养和引进的时代，学术诚信的表现能够推动前沿研究，鼓励学者大胆地探索"新精尖"领域，而不是沦为低水平和重复性工作的套路。然而，一旦学术诚信受到侵蚀，将会危及科研人才的职业道德，妨碍创新发展，损害国家的科研实力和人才素质。抄袭、作弊等不道德行为不仅对国际竞争构成威胁，还会损害国际声誉，限制创新进程。近年来，政府对科研的财政投入逐渐增加，但不幸的是，学术不端行为也逐渐增多，这对于人才培养和引进构成了严重的威胁。学术诚信问题不仅损害了国家形象，还会严重制约创新型国家的建设和长期发展。

4. 破坏社会伦理氛围，引发信任危机

近年来，我国引入竞争机制到学术领域，旨在提升科研实力，但不幸的是，伴随而来的是大量学术不端现象的产生。这些不诚信行为严重破坏了公众对科学界的信任，损害了社会伦理，引发了信任危机。长期以来，高校科研人员因坚守公正和诚实的职业道德而备受尊敬，被认为是文化传承和社会进步的推动力。然而，学术不端的出现揭示了一部分科研工作者的道德滑坡，他们为了个人利益而抛弃了良心，损害了学者的声誉。这是我国精神文明建设中不容忽视的问题，学术不端反映了时代发展的问题，也是社会问题的体现。因此，我们必须坚决打击学术不端，建立学术诚信文化，推动我国的精神文明建设，以避免信任危机的加剧。

与此同时，我国的市场经济体制逐渐确立，这也对学术界产生了一定的冲击。学者的价值观可能会发生变化，一些人开始追求金钱和名利，逐利之心逐渐膨胀。

目前，我国高校和其他科研机构的科研激励和评价体系仍不够完善，刺激了一些科研工作者追求不正当的经济利益。著名学者胡适曾经探讨过发表与研究的关系，他强调发表不仅是对研究成果的尊重，也是实现个人价值的重要途径，同时也为学者提供了生活来源。然而，不完善的评价体系和逐利之心导致了经济利益、个人诚信和学术研究之间的失衡。过分强调论文和专利等科研成果的数量，而忽视了它们的质量，导致学术成果缺乏原创性和创新性，充斥着低水平的大量重复成果，这被称为"学术垃圾"。如果不采取措施制止学术诚信的侵蚀，将会严重损害学术研究，进而导致社会伦理信任的崩溃。

总之，对当前正处于加快发展的中国而言，高校学术科研界应清醒地认识到，学术诚信失范行为的危害不止于腐蚀科学记录的可靠性、影响学术研究的质量，也不止于败坏学术道德学风、影响科学的纯洁形象和学术科技界的崇高社会信誉，而更在于从根本上危及"科教兴国"战略的顺利实施和中华民族的伟大复兴之路。

## 10.3　科研人员如何遵循学术规范

学术规范代表着长期学术实践所积累的行为准则，它强调了对知识产权和学术伦理的尊重，坚决反对抄袭和剽窃等不正当行为。同时，学术规范鼓励学者充分理解并尊重前人和同行的学术贡献，通过引用、注释等方式清晰地标明参考来源，从而促进学术交流和鼓励创新。

科研人员在社会中担负着先进生产力的角色，传播科技知识和现代文明。因此，必须严格遵守国家法律法规，绝不参与可能危害国家安全和社会稳定、损害国家利益的行为。科研人员应积极传播科学精神和科研方法，坚持严肃、严格、严密的科学态度，忠于真理，积极寻求真知。科研人员应该维护学术声誉，坚决反对虚报和忽视质量的不端行为。在项目设计、数据收集、研究成果公布以及对同事、合作者和其他人贡献的确认等方面，科研人员必须始终实事求是，确保数据的有效性和准确性[28]。

科研人员应在遵守国家秘密和保护知识产权的前提下，公开科研过程和结果，以实现科研活动的社会效益最大化。科研人员要进行公平竞争，充分承认竞争者和合作者的贡献，评价时必须坚持客观标准。绝对不能采用不道德或非法手段来干扰竞争对手的科研工作，包括损坏研究设备或试验结果，故意拖延评审时间，或未经允许将未公开的科研成果和信息传给他人等行为。同时，科研人员应尊重他人的知识产权，通过引用来承认和尊重他人的研究成果，坚决反对不当的署名和侵犯他人成果。科研人员还应尊重他人对自己科研假说的证实和质疑，要求合作者之间互相尊重，同时遵循特定学科领域的要求和专业惯例。

### 10.3.1　学术规范概述

1. 学术道德规范

学术道德规范是学术规范的核心部分，具体包括以下内容。

(1) 学术研究应坚持严肃认真、严谨细致、一丝不苟的科学态度，不得虚报教学和科研成果，反对投机取巧、粗制滥造、盲目追求数量不顾质量的浮躁作风和行为。

(2) 学术评价应遵循客观、公正、准确的原则，如实反映成果水平，在充分掌握国内外材料、数据的基础上，做出全面分析、评价和论证，不可滥用"国际领先""国内首创""填补空白"等词语。

(3) 学术论文的写作应坚持继承与创新的有机统一；树立法治观念，保护知识产权，要充分尊重前人劳动成果，在论文中应明确交代论文中哪些借鉴引用了前人的成果，哪些是自己的发明创见。

2. 学术法律规范

学术法律规范是学术活动中必须遵循的国家法律法规及相关要求，主要内容如下。

(1) 必须遵守《中华人民共和国宪法》；应坚决贯彻执行党的路线、方针和政策，坚持以马克思列宁主义、毛泽东思想和邓小平理论为指导，坚持四项基本原则，坚持学术研究为社会主义现代化建设服务的方向。

(2) 必须遵守《中华人民共和国著作权法》。按照《中华人民共和国著作权法》等有关法律文件的规定，应特别注意做到以下几点：合作创作的作品，版权由合作者共同享有；未参加创作，不可在他人的作品上署名；不允许剽窃、抄袭他人的作品；禁止在法定期限内一稿多投；合理使用他人作品的有关内容。

(3) 必须保守党和国家的秘密，维护国家和社会利益。遵守《中华人民共和国保守国家秘密法》，对学术成果中涉及国家机密等不宜公开的重大事项，均应严格执行送审批准后才可公开出版(发表)的制度。

(4) 遵守其他适用的法律法规。

(5) 国外也有相应的学术活动法律法规，例如 2005 年美国发布的《联邦道德规范》(Federal Regulations on Research Misconduct)，规定了联邦政府对于科研不端行为的定义、调查程序和处罚标准。它适用于接受联邦资助的科研项目，旨在维护科研的诚信和道德。又如 2017 年发布的《欧洲研究伦理守则》(European Code of Conduct for Research Integrity)，旨在鼓励欧洲国家的科研机构和研究者遵循高标准的研究伦理，包括透明度、数据管理、作者权益等。它的目标是提高欧洲科研领域的道德标准。

3. 学术技术规范

学术技术规范主要指在以学术论文、著作为主要形式的学术创作所必须遵守的有关内容及形式规格的要求，包括国内外有关文献编写与出版的标准、法规文件等。

(1) 对学术创作内容的相关要求。选题应新颖独特，具有一定的理论研究或实际应用价值。观点要明确，资料要充分，论证要严密。观点必须反映客观事物的本质或规律，必须科学、准确且具有创新性。资料必须真实、可靠、翔实，最好选用第一手资料。论证必须概念清晰一致，判断准确无误，推理逻辑严密，达到材料与观点、历史与逻辑的有机统一。要能提供新的科技信息、研究观点、研究结果等，内容应有所发现、有所发明、有所创造、有所前进，而不是重复、模仿、抄袭前人的工作。

(2) 对学术创作形式的相关要求。要求做到结构合理、文字正确、图表规范、著录标准、合法出版。

## 10.3.2 文献合理使用

合理使用是指在一定的条件下使用受著作权保护的作品，可以不经著作权人的许可，也不必向其支付报酬。合理使用最直观的考虑是不允许使用他人的作品时出现阻碍自由思想的表达和思想交流的情形。它主要关注个人性的使用和非直接为营利的使用。

1. 文献合理使用制度

《中华人民共和国著作权法》的立法原则是，除了首先保护著作权人的利益外，还要维护作品的传播者和使用者的权益，以利于科学文化的传播、传承和创新。著作权的"合理使用"是著作权限制制度的一种，其目的就是在于防止著作权人权利的滥用，损害他人学习、欣赏、创作的自由，妨碍社会科学文化技术的进步。

在下列情况下使用作品，可以不经著作权人许可，不向其支付报酬，但应当指明作者姓名或者名称、作品名称，并且不得影响该作品的正常使用也不得不合理地损害著作权人的合法权益。

(1) 为个人学习、研究或者欣赏，使用他人已经发表的作品。

(2) 为介绍、评论某一作品或说明某一问题，在作品中适当引用他人已经发表的作品。

(3) 为报道新闻，在报纸、期刊、广播电台、电视台等媒体中不可避免地再现或者引用已经发表的作品。

(4)报纸、期刊、广播电台、电视台等媒体刊登或者播放其他报纸、期刊、广播电台、电视台等媒体已经发表的关于政治、经济、宗教问题的时事性文章,但著作权人声明不许刊登、播放的除外。

(5)报纸、期刊、广播电台、电视台等媒体刊登或者播放在公众集会上发表的讲话,但作者声明不许刊登、播放的除外。

(6)为学校课堂教学或者科学研究,翻译、改编、汇编、播放或者少量复制已经发表的作品,供教学或者科研人员使用,但不得出版发行。

(7)国家机关为执行公务在合理范围内使用已经发表的作品。

(8)图书馆、档案馆、纪念馆、博物馆、文化馆等为陈列或者保存版本的需要,复制本馆收藏的作品。

(9)免费表演已经发表的作品,该表演未向公众收取费用,也未向表演者支付报酬且不以营利为目的。

(10)对设置或者陈列在公共场所的艺术作品进行临摹、绘画、摄影、录像。

(11)将中国公民、法人或者非法人组织已经发表的以国家通用语言文字创作的作品翻译成少数民族语言文字作品在国内出版发行。

(12)以阅读障碍者能够感知的无障碍方式向其提供已经发表的作品。

(13)法律、行政法规规定的其他情形。

2. 文献的合理引用

为介绍、评论某一作品或者说明某一问题,在作品中适当引用他人已经发表的作品,可以不经著作权人许可,不向其支付报酬,但应当指明作者姓名、作品名称,并且不得侵犯著作权人依法享有的其他权利,所引用部分不能构成引用作品的主要部分或者实质部分。

文献引用贯穿于学术论文的写作中:在引言部分,研究者在大量的背景信息(被引用的文献)中找出该研究领域中的某些"空白"之处(发现问题或提出问题),以说明进行本研究的缘由;在具体实验中,研究者通常利用前人相关研究中的一些方法和技术路线(被引用的文献);研究者对实验结果进行总结,提出理论假说的验证结果,并与已知经验或理论知识(被引用的文献)进行对照比较,提出肯定、否定和修正与发展的意见。

引用主要有以下几个方面的作用:支持论文作者的论证,提出有力的证据;体现科学研究的继承性,以及研究的依据、起点和深度;反映论文作者严谨的科学态度和对他人劳动成果的尊重;给读者提供详细具体的文献信息,便于读者查证和阅读原始文献;有助于文献情报人员进行情报研究和文献计量学研究;有利于精减论文篇幅,节省版面。

引用的基本原则是:参考文献要全面、权威、富有时效性;引文要准确、中立,不带感情倾向;要告知读者哪些是引用的,及时地标明或声明;访问录,未发表或出版的论著,不宜公开的内部资料、文件,以及未经发表的国家、地方政府及单位的计划等,不得引用。

### 10.3.3 规范进行各项科研工作

1. 文献检索

一切研究工作都建立在前人的成果之上,因此,科研人员有义务承担查阅已有的、已发布的研究成果的责任。文献综述是科学研究不可或缺的一环,通过它,我们能及时了解国内外同行的研究进展,有助于优化研究工作,减少资源浪费,避免低水平的重复劳动,从而更有效地推进研究。此外,查新也是对前人研究成就和贡献的一种尊重。

进行文献综述需要全面深入地了解相关研究领域,了解已有研究的广度、深度和存在的问题。通过文献综述,我们能更好地明确自己研究的目标和内容的价值,及时调整和优化研究方向和方法。

2. 项目申请

科研人员在申报或接受科研项目时,必须经过严肃的调研和充分的可行性评估。选题应当符合社会需求或学科自身的发展趋势。项目申请材料中应真实反映项目的国内外研究现状、科研人员的能力、项目的创新性、学术价值、潜在问题和解决方案、经济效益或目标、所需经费和技术指标等。在充分论证的基础上,要明确详细的研究计划,绝不允许故意隐瞒潜在问题。严禁夸大项目的学术价值和经济效益,绝不允许采用虚假手段欺骗获得项目资助。不得伪造推荐人或合作者的签名,也不能提供虚假信息,如职称、简历、获奖证明以及研究基础等,无论出于何种理由或方式。此外,不得违反项目资助单位或管理单位的相关规定。

3. 项目实施

研究必须按照项目计划书的规定进行,不得擅自改变研究内容或计划。对于项目团队成员的更改以及研究计划、方案等的重大修改,必须在事前征得项目资助单位的书面同意。按照项目资助单位的要求,及时提交项目年度进展报告、结题报告或研究成果报告等书面和电子版材料,绝不允许提交虚假的报告、伪造的原始记录或其他材料;项目资助经费不得被挪用或侵占;不可泄露国家秘密。此外,不得滥用科研资源,不得以不正当手段获取个人利益,严禁浪费科研资源。

科研人员必须忠实记录观察和实验的原始数据,不得随意篡改或删除原始数据。不能因迎合某种主观期望而捏造、篡改、伪造引用资料、研究结果或实验数据,也不能投机取巧、断章取义,以不客观的方式提出研究结论。在使用统计学方法分析、整理和呈现数据时，不得滥用统计方法以夸大研究结果的重要性。此外，绝对不能有抄袭他人作品、剽窃他人学术观点、学术思想或实验数据、调查结果等行为。

4. 同行评议

同行评议是一项学术工作的价值和重要性评估方法，由同一学术共同体的专家学者组成，旨在促进学术发展，通常是一项公益服务。相关专家有责任积极参与同行评议活动。评价结论应建立在充分的国内外对比数据或检索证明材料的基础上，对评价对象的科学、技术和经济内涵进行全面、实事求是的分析。不得滥用抽象用语，如"国内先进""国内首创""国际先进""国际领先""填补空白"等。未经规定程序验证或鉴定的研究成果不应随意标榜为"重大科学发现""重大技术发明""重大科技成果"等夸张用语。对于夸大他人成果水平、不真实、不负责、在评价活动和结论中虚假夸大等行为，应坚决制止。

科研人员在技术开发、转让、咨询、服务等技术交易活动中，应坚守诚实守信和互利原则，遵循社会主义市场经济规则。应真实反映项目的技术状况和相关信息，不得故意夸大技术价值或隐瞒技术风险。应切实履行技术合同的相关约定，以确保科技成果转化的质量和应用效益。

科研人员不应担任与其不熟悉的学科领域相关的评审专家。那些长期脱离本学科领域前沿、未能掌握最新趋势和进展的个人不宜担任评审专家。为了保障评审的公正性，评审专家不得绕过评审组织机构直接与评审对象接触，也不得接受评审对象赠送的可能影响公正评审的礼物或其他馈赠。

# 参 考 文 献

[1] 张俊东, 杨亲正. SCI 论文写作和发表: You Can Do It[M]. 2 版. 北京: 化学工业出版社, 2016.

[2] 徐勇, 王志刚. 英语科技论文翻译与写作教程[M]. 北京: 化学工业出版社, 2015.

[3] Lansky S, Betancourt J M, Zhang J, et al. A pentameric TRPV3 channel with a dilated pore[J]. Nature, 2023, 621(7977): 206-214.

[4] Dehghan B M M. Stress-wave induced fracture in rock due to explosive action[D]. Toronto: University of Toronto, 2010.

[5] Bagde M N, Petros V. Fatigue properties of intact sandstone samples subjected to dynamic uniaxial cyclical loading[J]. International Journal of Rock Mechanics and Mining Sciences, 2005, 42(2): 237-250.

[6] Jing L. A review of techniques, advances and outstanding issues in numerical modelling for rock mechanics and rock engineering[J]. International Journal of Rock Mechanics and Mining Sciences, 2003, 40(3): 283-353.

[7] Sagong M, Bobet A. Coalescence of multiple flaws in a rock-model material in uniaxial compression[J]. International Journal of Rock Mechanics and Mining Sciences, 2002, 39(2): 229-241.

[8] 李兴昌. 科技论文的规范表达: 写作与编辑[M]. 北京: 清华大学出版社, 2016.

[9] Chen J Z, Li X B, Cao H, et al. Experimental investigation of the influence of pulsating hydraulic fracturing on pre-existing fractures propagation in coal[J]. Journal of Petroleum Science and Engineering, 2020, 189(6318): 107040.

[10] 韩小霞, 谢建, 冯永保, 等. 基于模型信息的电静液作动器降阶线性自抗扰控制[J]. 控制与决策, 2023, 38(3): 681-689.

[11] 中科幻彩. 科研论文配图设计与制作从入门到精通[M]. 北京: 人民邮电出版社, 2017.

[12] 梁福军. 科技论文规范写作与编辑[M]. 3 版. 北京: 清华大学出版社, 2017.

[13] Zhang Y, Wong L N Y, Chan K K. An extended grain-based model accounting for microstructures in rock deformation[J]. Journal of Geophysical Research: Solid Earth, 2019, 124(1): 125-148.

[14] Wu Z, Zhang P, Fan L, et al. Numerical study of the effect of confining pressure on the rock breakage efficiency and fragment size distribution of a TBM cutter using a coupled FEM-DEM method[J]. Tunnelling Underground Space Technol, 2019, 88: 260-275.

[15] Zhang T, Yu L, Peng Y, et al. Influence of grain size and basic element size on rock mechanical characteristics: Insights from grain-based numerical analysis[J]. Bulletin of Engineering Geology and the Environment, 2022, 81(9): 347.

[16] He M C, Miao J L, Feng J L. Rock burst process of limestone and its acoustic emission characteristics under true-triaxial unloading conditions[J]. Journal of Petroleum Science and Engineering, 2010, 47(2): 286-298.

[17] Griffiths L, Heap M J, Baud P, et al. Quantification of microcrack characteristics and implications for stiffness and strength of granite[J]. Journal of Petroleum Science and Engineering, 2017, 100: 138-150.

[18] Gercek H. Poisson's ratio values for rocks[J]. Journal of Petroleum Science and Engineering, 2007, 44(1): 1-13.

[19] Gratchev I, Kim D H. On the reliability of the strength retention ratio for estimating the strength of weathered rocks[J]. Engineering Geology, 2016, 201: 1-5.

[20] Robert A D. 科技论文写作与发表教程[M]. 6 版. 北京: 电子工业出版社, 2006.

[21] 罗伯特·A·戴, 芭芭拉·盖斯特尔. 科技论文写作与发表教程[M]. 顾良军, 林东涛, 张健, 译. 7 版. 北京: 中国协和医科大学出版社, 2013.

[22] Tao M, Zhang X, Wang S F, et al. Life cycle assessment on lead-zinc ore mining and beneficiation in China[J]. Journal of Cleaner Production, 2019, 237: 117833.

[23] Tao M, Lu D, Shi Y, et al. Utilization and life cycle assessment of low activity solid waste as cementitious materials: a case study of titanium slag and granulated blast furnace slag[J]. Science of The Total Environment, 2022, 849: 157797.

[24] Tao M, Ma A, Zhao R, et al. Spallation damage mechanism of prefabricated elliptical holes by different transient incident waves in sandstones[J]. International Journal of Impact Engineering, 2020, 146: 12.

[25] Wang S F, Li X B, Du K, et al. Experimental study of the triaxial strength properties of hollow cylindrical granite specimens under coupled external and internal confining stresses[J]. Rock Mechanics and Rock Engineering, 2018, 51(7): 2015-2031.

[26] 教育部科学技术委员会学风建设委员会组. 高等学校科学技术学术规范指南[M]. 北京: 中国人民大学出版社, 2010.

[27] 吴宇. 高校学术诚信治理体系研究[M]. 成都: 四川大学出版社, 2017.

[28] 吴长江. 现代信息资源检索案例化教程[M]. 2版. 武汉: 华中科技大学出版社, 2022.